차량 통신 시스템

VEHICLE COMMUNICATION SYSTEMS

오현서 지음

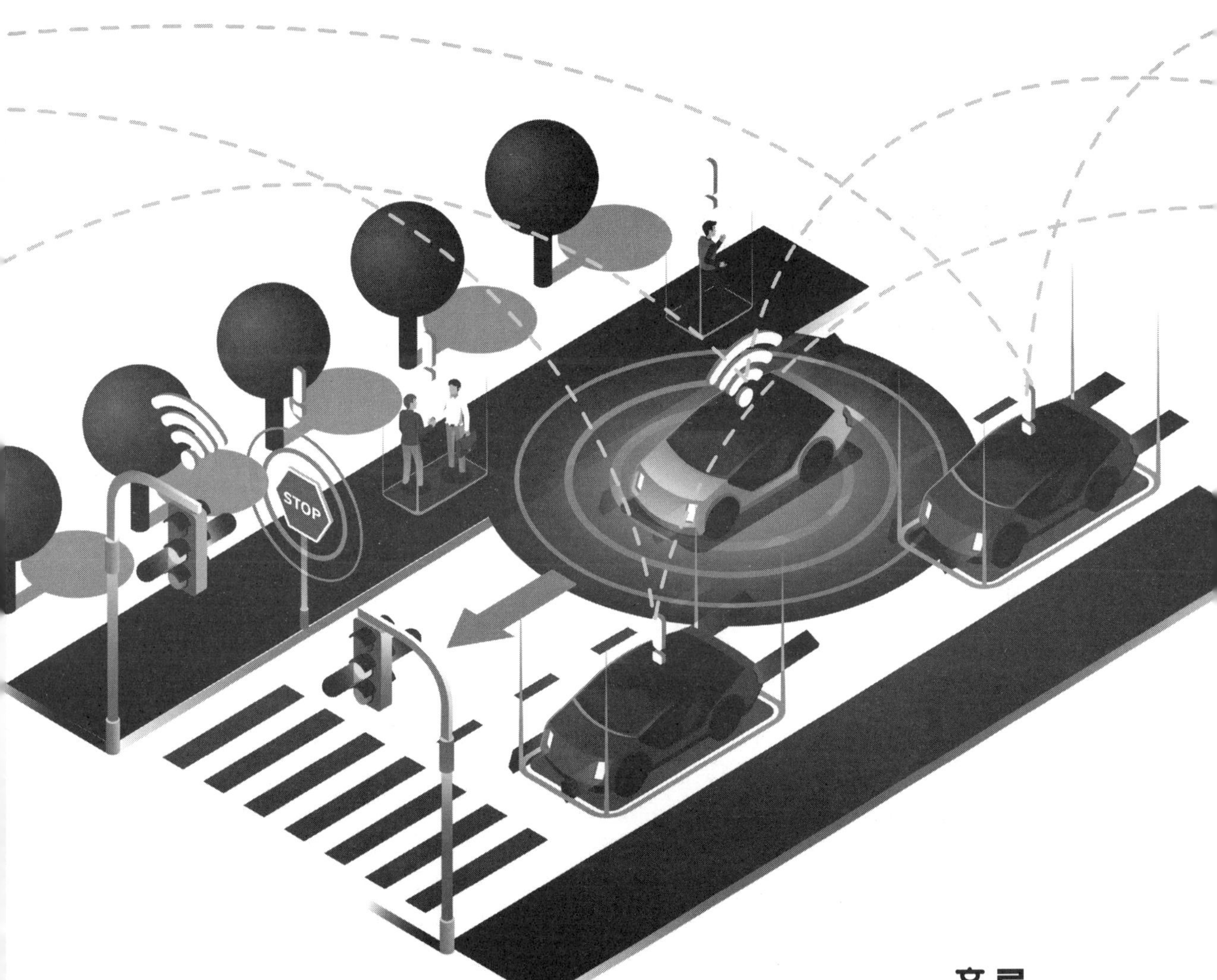

도서출판 홍릉

저자소개

오현서

숭실대학교와 연세대학교 대학원에서 전자공학을 전공하였고, 1982년도부터 한국전자통신연구원(ETRI)에서 암호통신기술, CDMA/WCDMA 통신기술, ITS 서비스를 위한 DSRC, WAVE 통신기술 그리고 자율주행서비스를 위한 V2X 통신기술 분야에서 40여년간 연구하였다.

2022년 아크링크(주)를 창업하고 재난 안전 IoT 통신 플랫폼을 제공하고 있으며, ITS학회 특임부회장, TTA ITS/철도/차량 ICT PG 의장, ITU-R WP5A ITS 국제 표준화 전문가로 활동하여 왔다. 현재는 ETRI 연구전문위원, 대구가톨릭대학교와 몽골후레대학교에서 차량통신시스템, C 언어 프로그램 등을 강의하며 ICT 산업 발전과 과학기술교육에 힘쓰고 있다.

차량 통신 시스템

Vehicle Communication Systems

인　쇄 : 2024년 1월 10일 초판 1쇄
발　행 : 2024년 1월 17일 초판 1쇄

저　자 : 오현서
발행인 : 송 준
발행처 : 도서출판 홍릉
주　소 : 01093 서울시 강북구 인수봉로 50길 10
등　록 : 1976년 10월 21일 제5-66호

전　화 : 02-999-2274~5, 903-7037
팩　스 : 02-905-6729
e-mail : hongpub@hongpub.co.kr
http://www.hongpub.co.kr
ISBN : 979-11-5600-148-5(93560)

정　가 : 21,000원

서문

지혜는 그 얻은 자에게 생명나무라 지혜를 가진 자는 복되도다. [잠언 3:18]

필자는 대학에서 전자공학을 전공하고 1982년 한국전자통신연구원에서 연구원의 첫걸음을 시작으로 40년 동안 이동통신과 ITS 분야에 연구하면서 자신에게 끊임없이 질문했던 화두는 “안다는 것과 참 지혜란 무엇인가?”이었습니다. 그러한 질문에 대하여 성경의 잠언에 나오는 “지혜는 생명나무이다”라는 비유에서 해답의 실마리를 얻었습니다.

나무는 저마다 생명이 있어서 뿌리를 내리고 줄기가 왕성하게 성장하며 열매를 맺는 특징이 있습니다. 지혜란 새로운 것을 생각할 수 있는 상상력과 그 상상한 것을 만들어 보일 수 있는 실행능력입니다. 그리고 어떤 주제에 대해 다양한 관점에서 이해하고 설명할 수 있는 통합적 시각이라고 생각합니다. 예를 들어 나무를 심어 힐링 숲을 조성한다고 하면, 숲의 전체적인 모습을 볼 수 있는 시각과 상상력, 숲을 조성하는 나무 종류와 특성, 그리고 토양과 기후에 지식과 체험이 필요합니다. 따라서, 지혜의 핵심 요소는 새로운 것을 생각하는 힘과 전체적인 이미지를 그리는 상상력, 가시화된 형태로 만들 수 있는 실행력과 통합적 시각이라고 말할 수 있습니다.

ITS 서비스와 자율주행서비스를 제공하는 V2X 차량통신시스템은 도로와 자동차 간 통신기술을 의미하지만 기본적으로 센서 기술, 컴퓨터 및 제어 기술, 빅 데이터 및 AI 기술 등을 포함한 융·복합 기술의 집합입니다.

V2X 차량통신시스템은 상위 레벨에서의 ITS 서비스와 시스템 구조와 하위 레벨에서의 무선접속기술과 무선통신기술, 그리고 무선 채널로 구분하여 서술하였습니다. 그리고 V2X 차량통신시스템에 대한 평가는 이론적인 시스템 성능분석과 시뮬레이션과 실험적 방법으로 설명하였습니다.

이번에 출판하는 V2X 차량통신시스템의 목차와 내용은 다음과 같습니다.

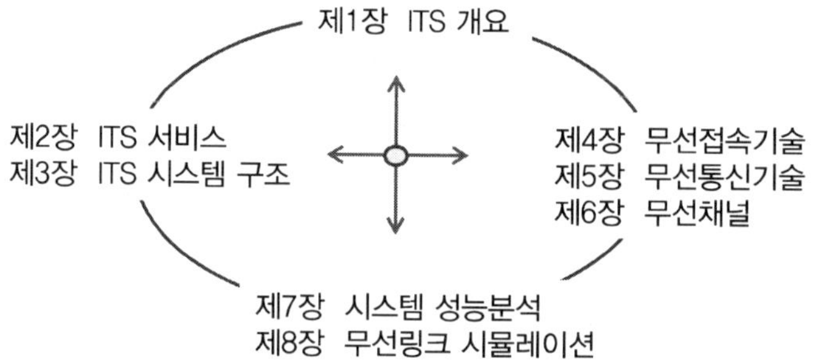

제1장에서는 ITS 서비스와 시스템과 통신기술에 대한 파노라마 시각을 갖게 하며, 7장과 8장은 이론적인 성능분석과 시뮬레이션에 의한 성능분석을 설명하여 시스템을 평가할 수 있는 시각을 갖게 하였습니다. 제2장과 3장은 ITS 서비스와 시스템 구조를 설명하여 서비스 이용자와 설계자를 이해하는 시각을 갖게 하였습니다. 제4장과 5장은 무선접속기술과 무선통신기술, 그리고 6장은 무선 채널을 설명하여 무선통신에 대한 기본 개념과 핵심 원리를 이해하는 시각을 갖도록 하였습니다.

이 책은 ITS, 자동차 IT 융합, 자율주행 분야를 전공하는 대학생과 대학원생의 한 학기 강의 분량의 교재로 사용하기에 적합하다고 추천을 드립니다. 아울러 동일한 분야에 종사하는 연구자나 개발자들이 V2X 차량통신시스템을 이해하는데 좋은 길잡이가 될 것으로 기대합니다.

2024년 1월 10일

오 현 서

감사의 글

이 책을 출판하기까지 인도하신 하나님께 감사와 영광을 올려 드립니다.

지금은 천국에 계신 부모님과 장인어른, 그리고 사랑하는 형제와 가족들에게도 감사를 드립니다.

정보통신 학문의 길로 이끌어 주신 연세대학교 강창언 명예교수님, 한국전자통신연구원 방승찬 원장님, 모빌리티로봇연구본부 최정단 본부장님과 자율주행지능연구실 민경욱 실장님, 동고동락하며 ㈜아크릿크를 창업한 한국전자통신연구원 조한벽 박사님, 곽동용 박사님께 감사의 마음을 드립니다. 대학 교육에 헌신하시는 후레대학교 정순훈 총장님, 대구카톨릭대학교 정종호 교수님, 사랑과 기도로 섬기시는 대전중앙성결교회 박종운 목사님과 성도들에게 무한한 감사를 드립니다.

출간에 도움을 주신 도서출판 홍릉의 임직원과 최윤석 이사님께도 감사를 드립니다. 끝으로 어떠한 상황에서든지 화평한 미소지며 격려와 용기를 준 아내 윤명아에게 감사드리며 이 책을 바칩니다.

2024년 1월 10일

오 현 서

차례

제 3 장 ITS 시스템 구조

제 4 장 무선접속기술

제 5 장 무선통신기술

제 8 장 시스템 시뮬레이션

그림 목차

표 목차

약어

3GPP	The 3rd Generation Partnership Project
ACTS	Activation Slot
AGC	Automatic Gain Control
API	Application Interface
ASK	Amplitude Shift Keying
AWGN	Additive White Gaussian Noise
BCR	Benifit to Cost Ratio
BER	Bit Error Rate
BPSK	Binary Phase Shift Keying
CALM	Communications Access for Land Mobiles
CDMA	Code Division Multiple Access
C-ITS	Cooperative ITS Communication
CRC	Cyclic Redundancy Check
CSMA/CA	Carrier Sensing Multiple Access/Collision Avoidance
C-V2X	Cellular Vehicle to Anything
DARC	Data Radio Channel
DCC	Distributed Congestion Control
DCO	Digital Controlled Oscillator
DMB	Digital Multimedia Broadcasting
DQPSK	Differential QPSK
DES	Data Encryption Standard
DFCE	Decision Feedback Channel Estimation
DFCE-AD	Decision Feedback Channel Estimation – Antenna Diversity

DMRS	DeModulation Reference Signal
DSB	Digital Sound Broadcasting
DSRC	Dedicated Short Range Communication
DU	Digital Unit
e-call	Emergency Call
EDCA	Enhanced Distributed Channel Access
EGC	Equal Gain Combining
ETC	Electronic Toll Collection
FCMC	Frame Control Message Slot
FDD	Frequency Division Duplexing
FDMA	Frequency Division Multiple Access
FEC	Forward Error Control
FFT	Fast Fourier Transform
GMSK	Gaussian filtered Minimum Shift Keying
GNSS	Global Navigation Satellite System
GPS	Global Positioning System
GSM	Global System for Mobiles Communication
ICT	Information and Communication Technologies
ID	IDentification
IEEE	Institute of Electrical and Electronics Engineers
IETF	Internet Engineering Task Force
IMT-2000	International Mobile Telecommunication-2000
IP	Internet Protocol
ISM	Industrial, Scientific and Medical
ISO	International Organization for Standardization
ITS	Intelligent Transport System
LAN	Local Area Network
LDM	Local Dynamic Map
LDPC	Low Density Parity Check

LMSK	Level Controlled Minimum Shift Keying
LOS	Line of Sight
LS	Least Square
LTE	Long Term Evolution
LTE-R	Long Term Evolution for Railway
LTE-V2X	LTE based V2X
MAC	Medium Access Control
MCS	Modulation Coding Selection
MDS	Message Data Slot
MIMO	Multiple Input Multiple Output
MLC	Maximal Ratio Combining
MMSE	Minimum Mean Square Error
MS	Mobile station
NLOS	Non Line of Sight
NOMA	Non Orthogonal Multiple Access
NR-V2X	New Radio Vehicle to Anything
NRZ	None Return to Zero
NRZI	None Return to Zero Inverted
OBE	On-board equipment
OFDM	Orthogonal Frequency Division Multiplexing
OFDMA	Orthogonal Frequency Division Multiple Access
OQPSK	Offset Quadrature Phase Shift Keying
OSI	Open System Interconnection
OOK	On Off Keying
P2C	Pedestrian to Center
P2I	Pedestrian to Infrastructure
P2V	Pedestrian to Vehicle
P2X	Pedestrian to Anything
PC5	Device-to-Device Direct Link

PER	Packet Error Rate
PHY	Physical Layer
PLL	Phased Looped Lock
PN	Pseudo Noise
PKC	Public Key Cryptography
PSK	Phase Shift Keying
PTT	Push To Talk
QAM	Quadrature Amplitude Modulation
QCELP	Qualcomm Code Excited Linear Prediction
QPSK	Quadrature Phase Shift Keying
RDS	Radio Data System
RF	Radio frequency
RMS	Root Mean Square
RRU	Remote Radio Unit
RSE	Road Side Equipment
RSRP	Reference Signal Received Power
RSSI	Received Signal Strength Indicator
RPE-LTE	Residual Pulse Excitation Long Tern Prediction
SC-FDMA	Single Carrier Frequency Division Multiple Access
SDMA	Space Division Multiple Access
SINR	Signal to Interference Noise Ratio
SNR	Signal to Noise Ratio
TBS	Tansport Block Size
TCP/IP	Transmit Control Protocol/Internet Protocol
TDD	Time Division Duplexing
TDL	Tappled Delay Line
TDMA	Time Division Multiple Access
TPEG	Transport Protocol Experts Group
TRS	Trunked Radio System

TTA	Telecommunication Technology Association
UDP/IP	User Datagram Protocol/Internet Protocol
UE	User Equipment
UMTS	Universal Mobile Telecommunications System
URLCC	Ultra Reliable Low Latency Communication
UTRAN	UMTS Terrestrial Radio Access Network
Uu	Link to Base Station to Device
V2I	Vehicle to Infrastructure
V2N	Vehicle to Network
V2V	Vehicle to Vehicle communication
V2X	Vehicle to Anything
VCO	Voltage Controlled Oscillator
VICS	Vehicle Information and Communication System
VMC	Vehicle Multi-hop Communication
VoIP	Voice over Internet Protocol
WAVE	Wireless Access for Vehicle Environment
WCDMA	Wideband Code Division Multiple Access
WLAN	Wireless Local Area Network
WSMP	WAVE Short Message Protocol

제 1 장

ITS 개요

사람이 이동하고 도로 교통이 발달하게 됨에 따라 사고가 발생하고 도로가 정체되며 CO_2가 증가하는 현상이 일어나게 되었으며 이러한 문제를 해결하기 위해 ITS(Intelligent Transport System)가 태동하게 되었다.

ITS는 정보통신망을 기반으로 도로교통정보를 공유하여 제공하는 서비스라고 말할 수 있다. 이 장에서는 ITS를 전체적으로 이해하는 시각을 갖도록 역사적 배경과 ITS 개념, 교통 데이터와 정보 이론, ITS 통신시스템과 무선통신기술, 그리고 ITS 도입 효과에 관하여 설명한다.

1.1 역사적 배경

지구상에 사람이 존재했던 태초부터 사람들은 생존을 위해 이동하며 살아야 했다. 인간의 배고픔을 해결하기 위해서 사냥이나 수렵 활동을 해야 했으므로 이동은 필수적이었을 것이다. 시간이 흐름에서 따라 곡식을 재배하는 농사법을 발견하게 되고 정착하게 되었고 강가를 중심으로 함께 모여 마을을 이루며 살게 되었다. 인류의 4대 문명의 발생지인 중국 황하강, 이집트 나일강과 메소포타미아의 유프라테스강, 그리고 인도의 인더스강이 이를 말해주고 있다. 이러한 시기의 사람들은 걸어서 이동하거나 소나 말을 이용하여 이동했으므로 사람이 걸어서 이동하는 속도는 보통 4~6 km/h 정도이고, 말이 달리는 속도는 60~70 km/h 정도가 된다.

"모든 길은 로마로 통한다"는 말이 있는데 이는 로마는 도로가 발달했음을 단적으로 말해준다. 길은 라틴어로 "VIA"라고 하는데 무엇을 "들다 운반하다 옮기다"라는 기능적인 요소를 포함한다. 로마인들은 도로를 건설하여 물자의 이동과 소식의 전달, 그리고 군대 이동에 사용하였다. 로마 시대에 건설한 포장도로는 5,000마일이고 전체도로는 250,000마일이 되며 도로 건설에 대한 기술과 법이 제정되었으며 로마인들은 건설한 도로는 현재에도 사용하고 있다. 로마인들은 건설한 도로는

그림 1-1 폼페이에 있는 로마의 도로

세계사적으로 정치, 경제 및 문화적으로 끼쳤으며 오늘날에도 남아있는 도로가 있다. 그림 1-1은 로마 시대에 건설한 현존하는 도로인데 도로 폭을 볼 때 전차가 이동할 수 있는 크기이고 도로 양편에는 배수로와 인도까지 만들었으므로 도로포장 기술이 매우 발달했음을 알 수 있다.

18세기 영국에서 일어난 산업혁명으로 인하여 이동에 혁신적인 변화가 일어났다. 제임스 와트가 발명한 증기기관차는 물을 끓여 증기의 힘으로 기관차를 구동시키는 원리로 움직인다. 이 증기기관차는 말이 이끄는 마차에 비해 더 많은 사람과 물자를 빠르게 수송할 수 있게 되었고 이러한 기술은 20세기에 자동차와 항공기의 발명으로 이어지게 되었다. 독일의 벤츠가 자동차를 세계 최초로 발명하고 미국의 핸리 포드가 대량 생산 시스템을 도입하여 새로운 자동차 시대를 열었다.

자동차의 발달은 자동차가 달릴 수 있는 고속도로의 건설에 기인한다고 말할 수 있다. 최초의 고속도로는 독일의 아우토반(Autobahn)이다. 아우토반에서 Auto는 자동차, Bahn은 도로 라는 뜻이 있으며 아우토반은 "자동차가 달리는 도로"라는 뜻이 된다. 독일은 1차 세계대전의 패배로 막대한 전쟁보상금을 지불하게 되어 실업자가 대량으로 발생하고 경제공황에 빠지고 된다. 1933년 아돌프 히틀러가 이끄는 나찌당이 정권을 잡게 되고 일자리를 만드는 공공사업으로 아우트반을 건설하였다. 이 아우토반은 2차 세계대전동안 군수적인 목적으로 사용되었으며 미국은 독일의 아우토반을 보고 하이웨이를 건설하였다. 우리나라도 1970년대 서울과 부산간 고속도로를 건설하여 교통의 발달과 경제성장에 크게 기여하였다.

그림 1-2 독일의 아우토반

그림 1-3 한국의 경부 상행선(대전시 호남선 분기점)

그림 1-2 독일에 건설된 아우토반이고 그림 1-3은 한국의 경부선 고속도로 사진을 보여 준다.

도로의 의미

도로(道路)는 사람과 자동차 등 도로 이용자들이 통행을 위해 사용하는 길을 말하며 길을 따라 사람과 물자가 이동하고 도시와 도시를 연결하므로 도로망은 도시의 혈관으로 비유하기도 한다.

1903년 12월 17일 미국의 라이트 형제가 조종이 가능한 비행기를 제작하여 동력 비행에 성공함으로 항공기 시대도 열게 되었다. 산업혁명부터 현대에 이르기까지 철도, 자동차, 그리고 항공기를 이용하게 되었고 이동속도에 있어 자동차는 100 km/h, 열차는 300 km/h, 항공기는 900 km/h 정도로 증가하게 되었다. 그림 1-4는 교통수단에 따른 이동성의 변화를 보여 준다. 이러한 이동성의 급속한 변화는 1900년대에 산업혁명으로 시작이 되었고 사람들은 대도시를 중심으로 이동성이 증가하게 되었다.

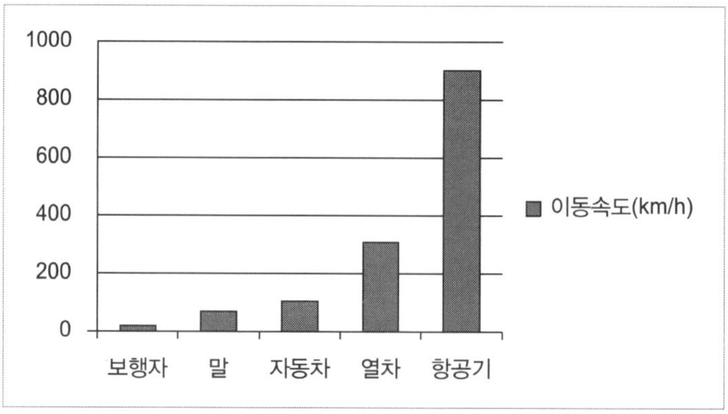

그림 1-4 교통수단의 이동성 변화

1.2 ITS 개념

자동차와 도로의 발전과 함께 사람들은 자동차의 편함을 즐겼으나 동시에 자동차로 인한 사고로 인명적인 손실과 경제적인 손실도 발생하였으며 배출가스로 인한 대기오염도 심각한 문제로 대두 되었다. 그림 1-5는 2000년부터 2014년까지 한국의 교통사고 통계자료를 보여준다. 대도시의 경우 교통 혼잡과 대기오염은 더욱 심각하며 교통사고를 줄이고 교통 혼잡을 해소하며 대기오염을 근본적 해결하려는 시도가 이루어졌는데 이것이 ITS(Intelligent Transport System)의 태동을 가져왔다.

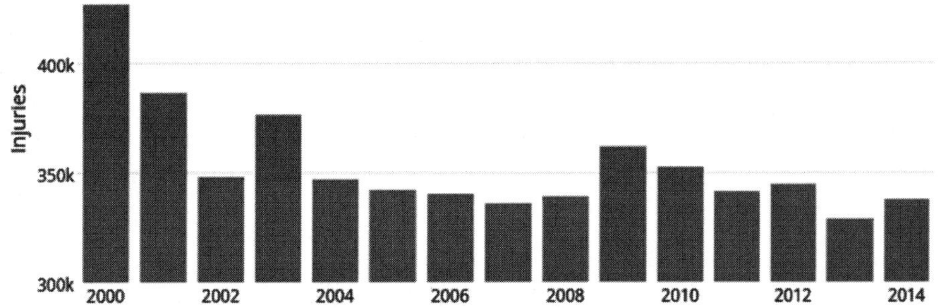

그림 1-5 교통사고 통계자료(인용)

ITS는 지능형교통체계 또는 지능형교통시스템이라고 말한다. 우리나라의 경우 국가통합교통효율화법에서 정의하는 지능형교통체계란 "교통수단과 교통시설에 대하여 전자·제어 및 통신 등 첨단교통기술과 교통정보를 개발·활용함으로써 교통체계의 운영 및 관리를 과학화·자동화하고, 교통의 효율성과 안전성을 향상시키는 교통체계"라고 설명한다. 즉, ITS는 도로 사용자와 도로간 통신을 적용하고 상호 정보전달을 통하여 교통의 효율성과 안전성을 높이는 시스템을 의미하는 것이다.

지능형교통시스템은 그림 1-6과 같이 교통환경을 수집하고 수집된 정보를 처리하고 가공하여 사용자에게 정보를 제공하기 위하여 기본적으로 교통정보수집, 통신망, 관제센터와 단말장치로 구성된다. 물리적인 도로상의 교통 상황에 대한 정보 제공 서비스를 제공하기 위해서는 일차적으로 교통정보수집이 필요하다. 교통정보 수집은 도로상의 날씨, 교통 흐름, 사고 유무 등에 관한 정보를 획득하는 기능을 말한다. 예를 들어, 도로에 설치하는 센서는 특정 지점에서 차량의 속도를 검지하여 차량 데이터를 생성할 수 있다. 이 차량 데이터는 디지털 이진 데이터로 변환하여 디지털 정보를 생성한다. 이 디지털 정보는 통신망을 통하여 교통센터 또는 차량 단말에 전달이 되어 최종적으로 관제센터에 있는 교통 관리자 또는 일반 사용자가 활용하게 된다. 이러한 교통정보의 수집과 처리, 그리고 전달 과정을 통해 ITS 서비스가 이루어진다.

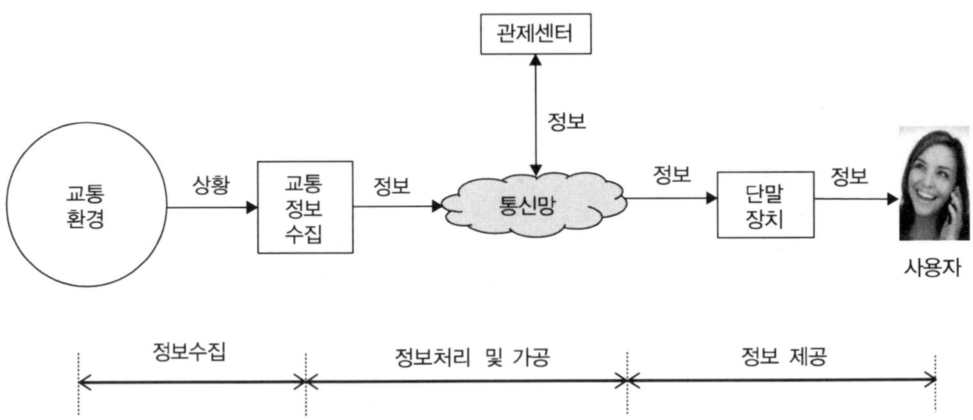

그림 1-6 지능형 교통 시스템 구성

이러한 지능형 교통 시스템을 이용하여 ITS 서비스를 제공한다. ITS 서비스는 차량과 도로와의 정보 교환을 통해 사용자에게 정보를 제공하거나 관리하는 서비스이며 이러한 서비스를 제공하는 ITS 서비스는 서비스 목적과 내용에 따라 상용 차량 관리, 주차 관리, 정보 제공, 여행자 정보, 데이터 관리, 공공 안전, 차량 안전,

표 1-1 ITS 서비스 종류

상용 차량 관리	데이터 관리	유지보수 및 건설
주차 관리	공공 안전	공공 교통
정보 제공	관광 정보	트래픽 관리
여행자 정보	차량 안전	날씨 정보

유지보수 및 건설, 대중교통, 트래픽 관리 그리고 날씨 정보 등으로 구분할 수 있다. 표 1-1은 대표적인 ITS 서비스 종류를 보여준다.

1.3 교통 데이터와 정보 이론

ITS 서비스는 교통 데이터 또는 교통정보의 흐름을 통해 이루어지므로 교통 데이터와 교통정보에 대한 이해가 중요하다. 일반적으로 교통 데이터는 물리적인 교통 환경을 측정을 통해 수집한 단순한 사실이나 결과치로 가공되지 않은 교통자료를 의미한다. 이에 비해 교통정보는 처리 가공되고 의사결정에 영향을 줄 수 있는 유용한 형태의 디지털 정보를 말한다. 데이터는 도로 센서로부터 얻어진 자료이므로 특정 지점의 차량 위치, 속도, 교통량이라면 정보는 이러한 데이터를 기반으로 도로 구간에서의 통행 시간이나 혼잡 여부를 의미하는 것이다.

■ 교통 데이터 검지기

교통 데이터는 특정 지점에 센서를 설치하고 센서에서 데이터를 수집하며 이 센서를 검지기라고 부른다. 검지기는 사용하는 센서 기술과 설치 방법, 그리고 동작에 따라 압력 검지기(Pressure detector), 유도 루프 검지기(Inductive loop detector), 자기 검지기(Magnetic detector), 초음파 검지기(Ultrasonic detector), 적외선 감지기(Infrared detector), 영상 검지기(Image detector)가 있다. 압력기 검지기, 유도 루프 검지기, 자기 검지기는 도로에 매설하여 사용하는 방식이고 초음파 검지기, 적외선 감지기, 영상 검지기는 도로변에 설치하여 사용하는 방식으로 구분할 수 있다.

유도 루프 검지기는 오랫동안 사용된 기술로 검지기의 구성과 검지 원리에 대하여 알아본다. 유도 루프 검지기는 그림 1-7과 같이 도로에 도선 루프가 설치되어 도선 루프가 검지 장치에 연결이 된다. 검지 장치는 보호 회로부, 장애 평가 회로부, 공진 발진 회로부, 신호 변환부, 주기/주파수 평가부, 마이크로프로세서부, 출력부로 구성이 되어 검지 기능을 수행하게 된다.

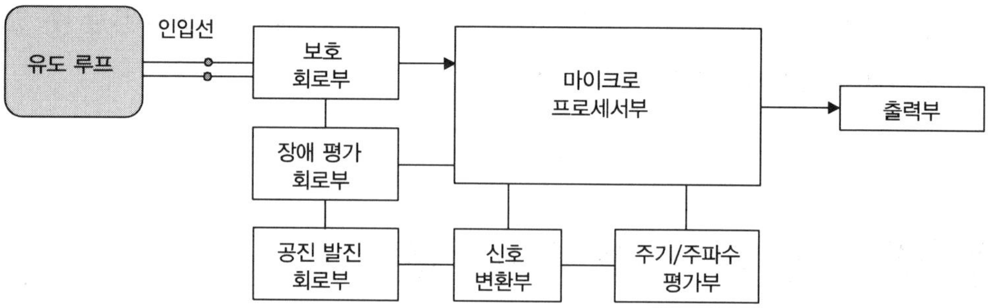

그림 1-7 유도 루프 검지기 구성도

검지 장치의 공진발진회로에서 10~200 KHz 주파수 신호를 생성하여 도선 루프에 전송하면 도선 루프에는 자기장이 생성하게 된다. 차량이 도선 루프를 통과하게 되면 자기장이 변화하게 되고 전기적이 신호를 얻을 수 있게 된다. 이 변화량은 차량의 크기나 속도에 따라서 신호의 크기와 폭이 달라지게 되어 차량의 차종을 검지할 수 있는 것이다. 차량이 이동으로 시간에 따른 검출된 신호는 그림 1-8과 같다. 이 검지 신호를 분석하여 차량의 속도를 알 수 있다. 이 검지된 차량의 속도

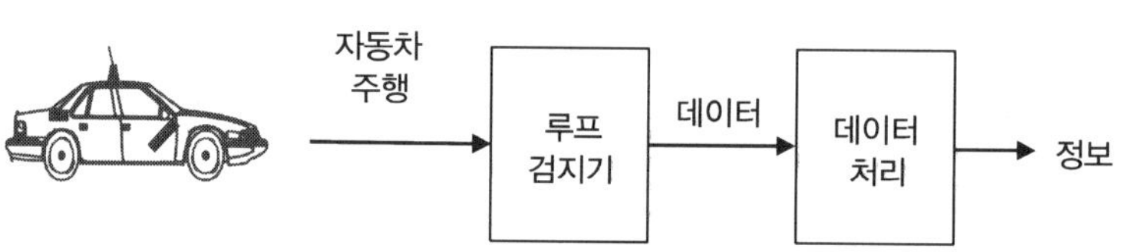

그림 1-8 자동차 주행속도 검지

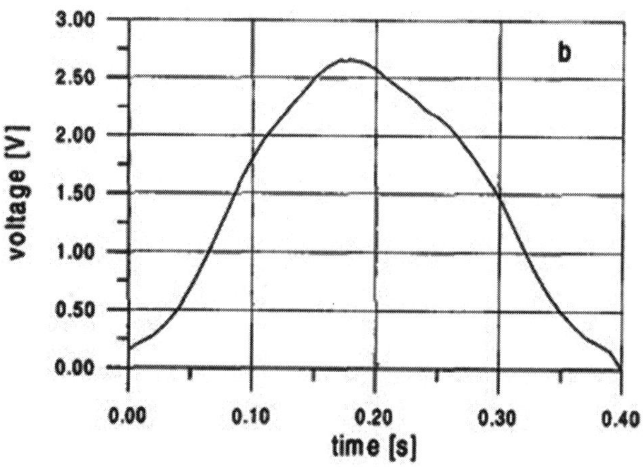

그림 1-9 루프 검지기의 출력 데이터(인용)

값을 교통 데이터라고 부른다. 이 데이터는 아날로그 형태로 존재하므로 마이크로 프로세서나 컴퓨터가 처리할 수 있는 디지털 데이터로 변환되고 가공되어 유용한 정보를 생성하게 된다. 그림 1-8은 차량의 주행속도 정보를 얻기 위한 루프 검지기의 구성을 보여 주며 그림 1-9는 루프 검지기의 아날로그 출력 신호의 예를 보여 준다.

아날그로 형태의 신호는 디지털 샘플링과 코딩 과정을 통하여 디지털 비트 정보로 표현된다. 그림 1-10은 아날로그 신호를 디지털 샘플로 변환하고 디지털 심플을 코딩하여 디지털 비트 정보로 변환하는 과정을 보여 준다.

샘플링은 아날로그 신호의 주파수 성분에 비해 2배보다 높은 주파수로 샘플링을 할 경우 원래 아날로그 신호를 복원할 수 있으며 이를 Nyquist 샘플링 이론이라고 부른다. 그림 1-10에서 아날로그 정보가 10 Hz(100 msec) 주파수 성분을 가지고 있으므로 20 Hz(50 msec)로 샘플링하여 디지털 샘플 신호를 얻는다고 가정한다.

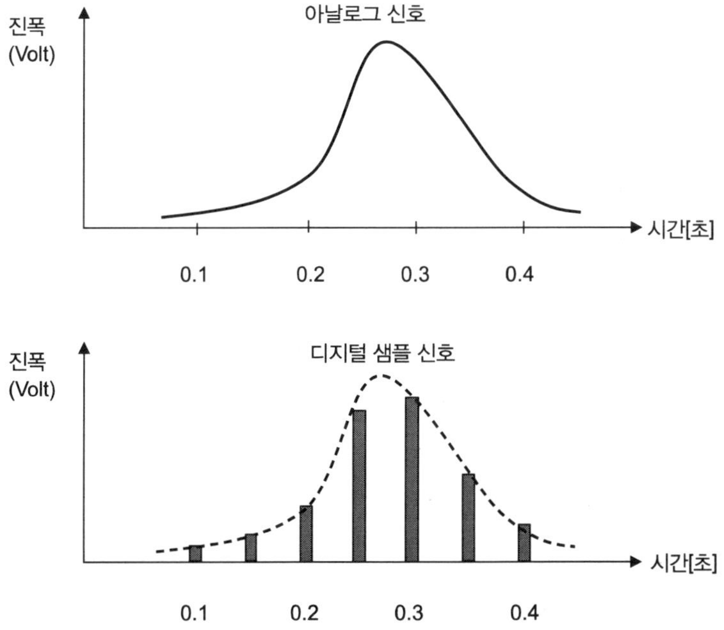

디지털 비트 0010(2), 0011(3), 0100(4), 1100(12), 1101(13), 1000(8), 0011(3)

그림 1-10 검지 신호의 디지털 신호처리 과정

그리고 디지털 샘플마다 4비트로 코딩을 하면 최종적으로 디지털 비트 정보를 얻게 되는 것이다. 이 디지털 정보 비트의 정보량은 50 msec 당 4비트이므로 1초당 80비트가 된다. 즉, 루프 검지기에서 검지된 아나로그 신호를 20 Hz로 샘플링하고 4비트로 코딩하면 디지털 비트 정보량은 80 bps 가 된다. 여기서, 디지털 샘플링 주파수와 디지털 코딩 비트가 증가하면 디지털 정보량은 증가한다는 것을 알 수 있다.

디지털 정보량 산출

ITS 서비스에 이용되는 아날로그 신호를 디지털 비트 정보로 변환하는 경우에 디지털 정보량은 디지털 샘플로 변환하는 샘플링 주파수와 디지털 샘플을 디지털 코드로 변환하는 비트 수의 곱으로 계산이 되는 것을 알 수 있다.

예를 들어, ITS 서비스는 센서 데이터를 주로 이용하지만 음성이나 영상 신호를 이용하기도 하며 음성 신호의 경우는 코딩 방식에 따라서 정보량이 12~64 Kbps이고 영상 신호의 경우는 코딩 방식에 따라 정보량이 1 Mbps~100 Mbps가 된다.

디지털 비트 정보는 정보처리를 통하여 유효한 교통정보를 얻게 되며 서비스에 이용하게 된다. 예를 들어, 루프 검지기의 출력 데이터를 활용하는 사용자가 차량이 있는지 또는 없는지를 구분하는 것이 필요한 경우 디지털 데이터의 길이는 1비트를 사용하여 "0"이면 차량이 없고 "1"이면 차량이 있다고 알려 줌으로써 가능할 것이다. 하지만, 차량 이동의 유무와 함께 차량의 속도가 필요하다면 디지털 비트 정보의 크기를 증가하는 것이 필요하다. 표 1-2는 2비트를 사용하여 차량의 주행 속도를 알려주는 예를 보여준다. 차량의 주행속도를 좀 세분하여 알려 주려면 디지털 정보량은 증가하게 된다는 것을 알 수 있다.

표 1-2 차량 주행속도와 디지털 정보의 할당 예

차량 주행 속도	디지털 정보
20 km/h 이내	00
20~40 km/h	01
40~60 km/h	10
60 km 이상	11

ITS 대표적인 서비스로는 자동요금징수, 차량 및 도로 안전, e-call, 교통정보, 그리고 자율주행서비스이다. 이러한 ITS 서비스는 데이터 정보를 기반으로 제공하며 표 1-3는 서비스 종류별로 정보의 속성과 크기, 그리고 발생 빈도수를 보여 준다. ITS 서비스의 정보량은 단일 사용자를 기준할 때 패킷 크기와 빈도수의 곱으로 계산이 될 수 있다.

┃표 1-3┃ ITS 서비스 종류에 따른 정보 속성 및 크기, 발생 빈도수

항목	필요한 정보	패킷 크기	빈도수
자동요금징수	차량 ID, 차종, 위치, 과금	64바이트	이벤트 발생 시
차량 및 도로 안전	차량 ID, 위치, 속도, 사고 정보	300바이트	10회/1초
e-call	차량 ID, 위치, 긴급 구조	64바이트	이벤트 발생 시
교통 정보	소통, 차량 사고	64바이트	이벤트 발생 시
자율주행서비스	차량 ID, 위치, 속도, 돌발 정보	6,000바이트	10~100회/1초

■ 샤논 정보화 이론(Shannon Information Theory)

1948년 미국의 C. E. Shannon은 "통신의 수학적 이론"이라는 논문을 발표하였는데 이 논문은 디지털 통신과 정보화 이론의 효시가 되었다. 샤논은 일반적인 통신시스템 모델을 제시하면서 통신의 원리를 정보화 개념과 수학적인 모델로 설명하였다.

샤논의 일반적인 통신시스템의 모델은 그림 1-11과 같이 정보 생성과 송신기, 잡음과 채널, 수신기와 정보 수신의 과정으로 설명한다.

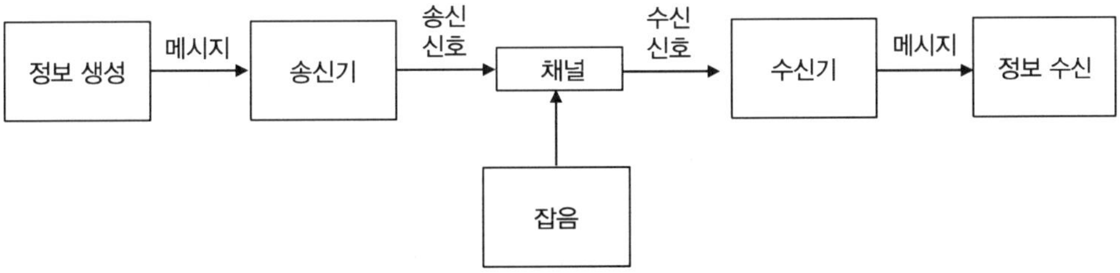

그림 1-11 샤논의 일반적인 통신시스템 모델

정보 생성은 물리적인 세계에서 발생하는 사건이나 전달하고자 하는 메시지를 만들어내는 것을 의미한다. 예를 들어 타이피스트가 치는 문자, 컴퓨터 보드에서 치는 문자 메시지가 있다. 사람이 통화하는 내용은 음성 정보이고 TV 방송국에서 생성되는 영상 정보도 있다. 즉 정보 생성의 종류는 데이터, 음성, 영상이 있고 이러한 정보가 합해지는 멀티미디어 정보가 된다.

송신기는 생성된 메시지를 정보 종류에 따라서 전송 채널에 적합하도록 신호를 변환하는 기능을 말한다. 예를 들어 컴퓨터에서 치는 문자 메시지는 디지털 데이터로 변환하고 변조 신호를 생성하여 송신한다. 사람이 말하는 물리적인 음성 신호는 전기적인 신호로 변환하고 변조 신호를 생성하여 송신하기도 한다. 그리고 TV 영상 정보도 전기적인 신호로 변환하고 변조 신호를 생성하여 송신하는 것이다.

채널은 송신기와 수신기간 정보를 전달하는 매체를 의미하며 유선 채널과 무선 채널이 있다. 채널은 한정된 자원으로 송신 신호를 채널을 통해 송신할 때 채널의 주파수 대역과 신호의 크기는 제약이 있고 채널의 고유 잡음으로 인하여 수신 신호에는 에러가 발생한다. 따라서 수신 신호로부터 송신 신호를 정상적으로 복구하기 위해서는 채널의 특성과 잡음을 이해하는 것이 매우 중요하다.

수신기는 송신기의 역과정을 처리하는 기능을 수행한다. 수신기에서는 채널을 통해 수신 신호를 받아서 송신기에서 보내 메시지를 복구하는 기능을 수행하여 정상적으로 메시지 수신이 이루어진다.

여기서, 물리적인 세계에서 일어나는 사건과 디지털 정보량과의 관계, 그리고 디지털 정보를 전달하기 위한 채널 코딩과 정보 용량에 관하여 이론적으로 설명하였는데 이것을 샤논의 정보 이론이라고 부른다. 샤논의 정보 이론은 다음과 같다.

샤논 정리 I

소스 코딩 이론으로 정보의 평균 부호화 길이(L)는 정보원의 엔트로피(H)보다 작다. 임의 사건이 확률적으로 발생한다고 가정하면, 이 사건에 대한 정보량은 일어나는 사건의 확률에 반비례한다. 예를 들어, 항상 일어나서 확률이 1인 경우 정보량은 "0"이 되며, 일어날 확률이 0.5인 경우 정보량은 "1"비트이고 일어날 확률이

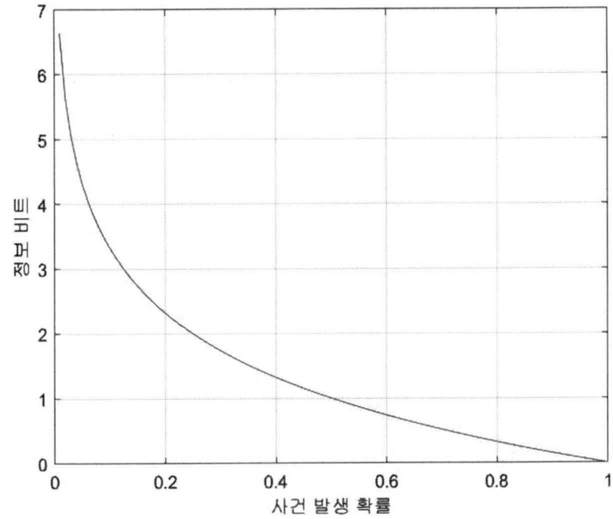

그림 1-12 사건의 발생 확률과 정보량의 관계

적을수록 정보량이 증가하게 된다. 사건의 발생할 수 있는 확률에 따른 디지털 정보량은 식 1-1에 의해 계산되며 사건의 확률과 정보량의 관계는 그림 1-12와 같다.

$$I(x) = -\log_2(p_i) \tag{1-1}$$

이러한 정보의 평균값을 엔트로피(H)라고 하며 수식 1-2와 같이 표현하며 i개의 사건에 대한 평균 정보량 값을 의미한다. 예를 들어, 두 사건의 발생 확률이 각각 0.5인 경우 엔트로피는 수식(1-2)에 대입하여 계산하면 1비트($-0.5\times\log_2(0.5)-0.5\times\log_2(0.5) = 1$)가 된다.

$$H(x) = -\sum_i p_i \cdot \log_2(p_i) \tag{1-2}$$

샤논 정리 II

채널 코딩 이론으로, 이것은 임의의 정보를 전달하는 정보 전송율(R)은 채널의 용량(C)보다는 작다. 이 이론은 한정된 채널 용량을 기준하여 최적의 부호화 기술과 변조 기술을 찾고 평가할 때 도움이 된다.

샤논 정리 III

채널 용량 이론으로, 전송하는 신호가 S, 열잡음이 N, 채널 대역폭이 B라고 가정할 때 채널 용량 C는 수식(1-3)으로 표현된다. 즉, 채널 용량은 주파수 채널 대역폭과 신호 전력과 잡음 전력의 비(SNR)의 Log 값에 비례하는 것을 의미한다.

$$C = B \cdot \log_2\left(1 + \frac{S}{N}\right) \tag{1-3}$$

샤논의 제3정리는 통신시스템을 분석하고 평가하는데 중요한 수식이다. 잡음이 가우시안 잡음인 경우에 잡음 전력은 N_oB에 결정되며 N_o는 정규화된 잡음 전력으로 정의한다.

위의 수식1-3에서 신호대 잡음비(S/N)이 1에 비해 충분이 크면 채널 대역폭이 적은 협대역 신호로 해석하며 수식1-4와 같이 된다. 이러한 경우에 채널 용량은 채널 대역폭과 S/N의 로그함수의 곱으로 채널 용량은 다음과 같이 근사값을 갖게 된다.

$$C \approx B \cdot \log_2\left(\frac{S}{N}\right) = B \cdot \log_2\left(\frac{S}{N_oB}\right) \approx 3.32 \cdot B \cdot SNR(dB) \tag{1-4}$$

위의 수식1-3에서 신호와 잡음비(S/N)이 1에 비해 작게 되면 신호전력이 제한되는 경우로 채널 용량은 다음과 같은 수식으로 근사화가 된다.

$$C \approx 1.44 \frac{S}{N_0} \tag{1-5}$$

AWGN 환경에서 채널 대역폭과 채널 용량의 관계는 그림 1-13과 같은 특징을 갖는다. 그림 1-13에서 SNR = 20 dB인 경우에 채널 대역폭이 증가함에 따라 채널 용량을 분석한 결과이며 채널 용량은 주파수 대역폭이 증가해도 일정한 크기로 수렴함을 알 수 있다.

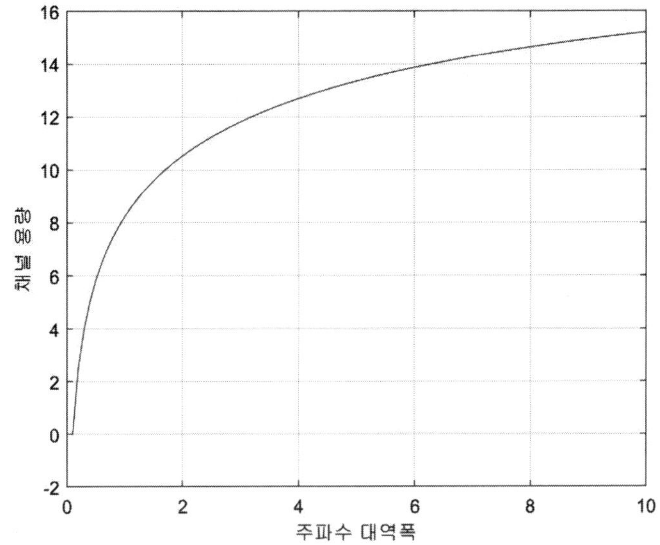

그림 1-13 AWGN 환경에서 채널용량 한계

> **협대역 신호과 광대역 신호**
>
> 전파 신호의 전력(Power)은 신호의 주파수 채널 대역폭(B)과 신호의 크기의 곱으로 계산이 된다. 동일한 송신 전력을 가정하는 하면 주파수 채널 대역폭이 적으면 신호의 크기를 크게 해야 하며 주파수 채널의 대역폭이 크면 신호의 크기는 적게 해야 한다. 즉, 전력에 제약이 되는 경우 주파수 대역이 적은 경우를 협대역 신호라 부르고, 주파수 대역이 큰 경우를 광대역 신호라 부른다.

▪ 통신 용량 계산

통신 채널의 용량은 수식1-3에서 나타난 것처럼 채널 대역폭과 SNR에 의해 결정이 된다. 채널 대역폭이 적은 협대역 신호와 채널 대역폭이 상대적으로 큰 광대역 신호에 대하여 통신 채널을 계산하고자 한다.

채널 대역폭이 1 MHz이고 SNR = 10, 100인 경우의 전송 용량은 간략화된 수식 1-4를 적용하면. SNR = 10은 채널 용량이 3.32 Mbps, SNR = 100은 채널 용량이 6.64 Mbps가 된다.

GSM 통신 용량

GSM 통신기술은 TDMA 기반의 2세대 셀룰러 통신기술로 200 KHz 주파수 채널 대역폭을 사용하는 대표적인 협대역 신호이다. GSM 송신 신호는 BPSK 방식을 사용하여 1 Hz 당 1비트 전송하므로 200 KHz 주파수 채널을 기준으로 200 Kbps를 전송할 수 있다. SNR 값이 10이면 dB 값으로 1이므로 GSM 채널의 전송 용량은 200 Kbps가 된다. GSM 규격은 코딩을 고려한 GSM 신호의 전송 속도는 270.833 Kbps가 된다.

WAVE 통신 용량

WAVE 통신기술은 C-ITS 서비스를 위한 IEEE 기반 통신기술로 10 MHz 주파수 채널 대역폭을 사용한다. WAVE 송신 신호는 BPSK 방식을 사용하여 1 Hz 당 1비트 전송하므로 10 MHz 주파수 채널과 SNR = 10 dB 기준으로 10 Mbps를 전송할 수 있다. WAVE 규격은 BPSK 변조 방식은 데이터 속도가 3 Mbps이고 QPSK, 16QAM, 64QAM 경우 데이터 속도가 6, 18, 27 Mbps이다.

LTE 통신 용량

LTE 통신기술은 OFDMA 기반의 4세대 셀룰러 통신기술로 1.4, 3, 5, 10, 15, 20 MHz 주파수 채널 대역폭을 사용하는 광대역 신호이다. LTE 송신 신호는 BPSK, QPSK, 16QAM, 64QAM 방식을 사용하며 고효율 변조 방식을 적용 시에 전송 용량이 증가하게 된다.

1.4 ITS 통신시스템

ITS 서비스를 사용자가 요구하는 정보는 통신시스템을 통하여 전달함으로써 이루어진다. 그러므로 ITS 서비스를 제공하는 통신시스템과 통신시스템에서 정보 흐름을 이해하는 것이 필요하다.

ITS 통신시스템은 그림 1-14와 같이 OBE, RSE, 데이터 통신망과 관제센터로 구성이 된다. OBE(On-Board Equipment)는 차량에 탑재되는 단말 장치를 의미하며 용도에 따라 여러 가지 형태가 존재할 수 있다. RSE(Road Side Equipment)는 노변에 설치되는 기지국이며 OBE와 무선접속 기능을 지원하며 노변 기지국이라고 부른다. RSE와 관제센터간에는 패킷 데이터 통신망으로 구성되어 OBE와 관제센터간 정보를 전달하여 서비스가 이루어지도록 한다.

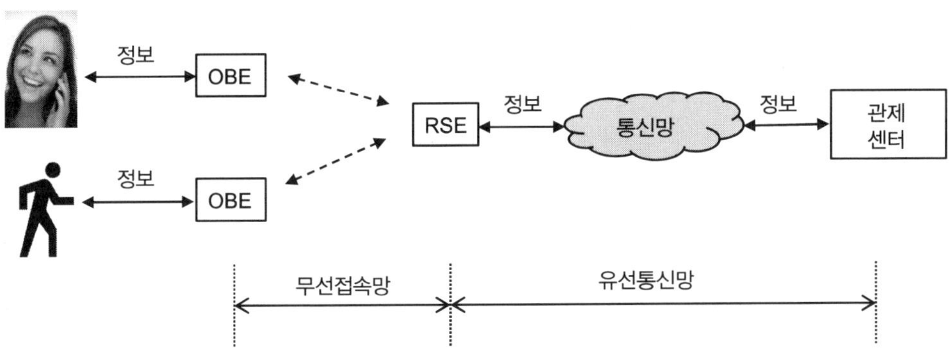

그림 1-14 ITS 통신시스템 구성

ITS 서비스의 주체는 사용자와 관제센터의 운영 관리자 또는 서비스 제공자가 된다. 사용자는 OBE을 구입하고 관제센터에 등록하고 OBE를 사용하여 서비스를 제공받는다. 관제센터 운영관리자 또는 서비스 제공자는 노변 기지국과 데이터 통신망과 관제센터를 설치하고 운영하며 유무선통신망을 통하여 사용자에게 서비스를 제공한다.

사용자가 OBE를 초기화하고 나면 무선접속절차를 거쳐서 OBE와 RSE간 무선 채널이 형성이 된다. RSE와 관제센터간에는 전용통신망으로 구성이 되어 있으므로 RSE와 관제센터간에는 패킷 데이터를 보낼 수 있는 상태이므로 OBE와 RSE 간 무선접속이 완료되면 OBE와 관제센터간에는 통신이 가능한 상태가 된다. 사용자가 서비스를 요청을 하는 메시지를 관제센터로 보내면 관제센터에서는 요청하는 정보를 제공하여 서비스가 이루어진다. 관제센터에서 요청하는 서비스도 동일한 절차로 정보가 제공되어 서비스가 이루어진다. 그림 1-15는 ITS 서비스 흐름도의 예를 보여 준다.

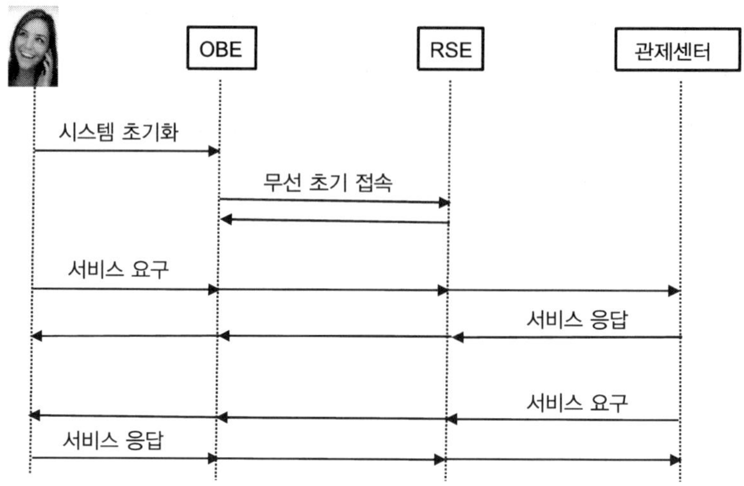

그림 1-15 ITS 서비스 흐름도(예)

ITS 서비스의 정보 흐름을 보면 OBE와 RSE 간에서 무선접속구간이고 RSE와 관제센터간에서 유선접속구간이다. 유무통신구간에서 통신의 채널 용량과 채널의 특성을 볼 때, 무선접속 구간은 무선채널 대역폭과 송신 출력에 제약이 있으므로 유선접속구간보다는 무선접속구간에서의 용량 한계가 있는 것이다. 또한 무선접속구간의 무선 채널은 고속으로 이동하는 환경이므로 무선 채널로 인한 성능의 영향이 큰 특징이 있다. 따라서 무선접속구간에서 이동하는 채널에서의 통신 성능과 채널 용량을 분석하고 검증하는 것이 매우 중요하다.

1.5 무선통신기술

ITS 무선통신시스템에 대한 기본적인 동작 원리를 이해하고 시스템을 설계하기 위해서는 무선접속기술과 무선전송기술, 그리고 무선 채널의 개념과 특성을 이해하고 시스템 평가에 대한 방법을 터득하여야 한다.

무선접속기술은 다수의 사용자가 무선 채널을 공유하면서 정보를 전달하는 방법에 관한 기술을 말한다. 무선통신은 역사적으로 방송기술, 셀룰러 통신기술 그리고 무선랜기술로 발전하고 있으며 이러한 기술들은 서비스 형태와 무선접속이 다르므로 개별적으로 이해하는 것이 필요하다.

방송기술은 무선통신의 초창기 기술로 방송국에서 정보를 무선으로 불특정 다수에게 전송하는 기술로 방송국별로 주파수 채널을 할당하여 사용하여 음성 서비스를 기본적으로 제공하며 부가적으로 데이터 서비스를 제공한다. 이 방송기술은 주파수 분할 다중 접속 방식(FDMA: Frequency Division Multiple Access) 방식을 사용하고 있다.

셀룰러 통신기술과 무선랜 통신기술은 ITS 서비스를 위한 통신기술과 밀접한 관련이 있으며 그림 1-16은 통신기술의 발전 추세를 보여 준다. 셀룰러 통신기술은 면허 주파수 대역에서 고속으로 이동하는 환경에서 음성, 데이터, 영상 서비스를 제공할 수 있도록 2G 셀룰러 방식에서 5G 셀룰러 방식으로 발전하고 있다. 무선랜 통신기술은 비면허 주파수 대역에서 보행자 이동 환경에서 고속의 데이터를 제공할 수 있도록 IEEE 802.11 무선랜 기술에서 IEEE 802.11ax 무선랜 기술로 발전하고 있다. ITS 서비스를 위한 통신기술은 고속 이동 환경에서 저지연 응답성을 갖는 DSRC, WAVE, C-V2X 통신기술로 발전하고 있다.

셀룰러 통신기술은 1970년대 출현했으며 사용자 단말과 노변 기지국간에 무선 채널을 업 링크와 다운 링크로 구분하여 설명한다. 업 링크는 차량 단말에서 기지국

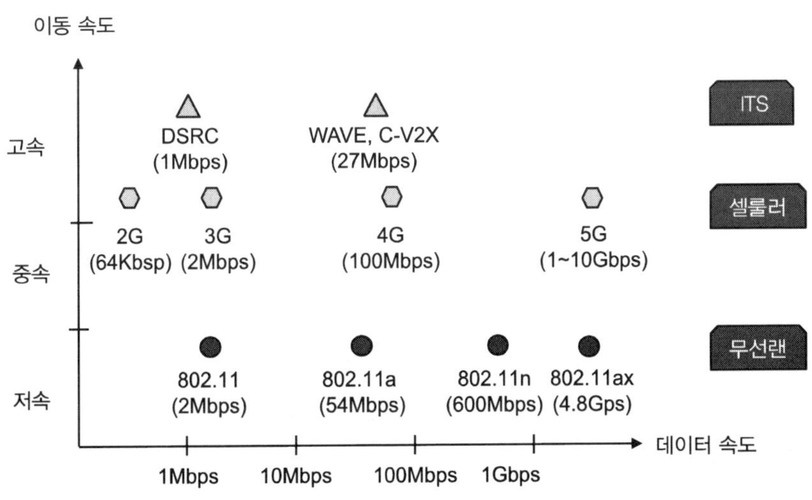

그림 1-16 무선통신기술의 발전 추세

으로 보내는 무선 채널을 의미하고 다운 링크는 기지국에서 차량 단말로 보내는 무선 채널을 말한다. 셀룰러 통신에서 업 링크 주파수와 다운 링크 주파수를 구별하여 할당하는 방식을 FDD(Requency Division Duplex)라고 하고 업 링크와 다운 링크 주파수가 동일하게 할당하고 시간적으로 나누어 사용하는 방식을 TDD (Time Division Duplex)라고 부른다.

셀룰러 통신기술에서 차량 단말과 노변 기지국간 무선통신 채널을 할당함에 있어서 주파수 대역으로 나누면 FDMA, 시간 타임 슬롯으로 나누면 TDMA, 대역 확산 코드로 나누면 CDMA, 서브 캐리어 그룹으로 나누면 OFDMA라고 부른다. 이러한 방식은 무선 채널의 자원이 되는 주파수, 시간, 코드, 서브 캐리어 영역을 기지국에서 관리하고 다수 사용자와 기지국 간에 채널을 사용하는 방법을 말한다.

무선랜 통신기술은 비면허 대역 주파수를 사용하면서 다수 사용자와 AP간에 통신하며 TDD 통신 방식을 사용하며 다중접속방식은 CSMA/CA를 사용한다. CSMA/CA 방식은 AP가 자원 관리하는 방식과 단말기간 애드혹 통신을 하는 분산 제어 방식이 있다.

무선전송기술은 주어진 채널 대역폭을 사용하여 전송할 패킷 데이터를 무선으로 전송하고 수신된 정보를 복원하는 변복조기술과 채널 코딩 기술을 말한다. 일반적으로 사용되는 디지털 변조 방식으로는 전송 데이터에 따라 변조 신호의 진폭, 주파수 및 위상을 변화시키어 전송하며 ASK, FSK, PSK, QAM, OFDM 변조방식이 있다. 이러한 변조 방식은 한정된 주파수 대역폭에서 전송 용량을 증대하는 기술로 주파수 효율을 증가하는 효과를 준다. 이 변조 기술과 다수의 안테나를 적용하여 전송용량을 증대시키는 MIMO 기술이 결합이 되어 사용되고 있다.

ITS 서비스를 제공하는 차량 단말은 차량에 탑재되어 운영되므로 차량 단말과 노변 기지국 간에 근거리 무선구간에서 열잡음과 다경로 페이딩 현상이 발생한다. 그러므로, 열잡음과 다경로 페이딩 채널에 대한 특성과 수신 신호에 미치는 영향을 이해하여야 한다. 이러한 이해를 바탕으로 수신기에서의 이론적인 성능 분석, 시뮬레이션을 통한 성분 분석 및 시스템 시험을 통한 성능 평가를 하여 ITS 통신 시스템을 설계하고 성능을 검증할 수 있는 능력을 갖출 수 있는 것이다.

1.6 ITS 효과

ITS 기술을 도입함으로 기술적인 발전과 혁신을 가져오는 것은 매우 중요하다. 그리고 ITS 도입에 따른 경제성을 평가하는 것도 중요하다. 왜냐하면 ITS를 도입하는 것은 인프라를 구축에 막대한 비용을 지불해야 하므로 경제적인 측면에서 가치를 평가하는 것이 반드시 필요하다.

ITS의 경제성 분석은 CBA(Cost-Benifit Analysis) 방법을 사용한다. 이것은 공공복지에서 적용하는 방식으로 ITS 도입에 따라 비용 지출과 편익 비용을 분석하는 것이다. 이것은 다음과 같은 과정을 통해 분석을 한다.

- ITS 기술을 도입하기 전과 도입한 후의 서비스 차이를 설명한다.
- 도입한 ITS 서비스 관련 비용과 편익 파라미터를 도출한다.
- ITS 서비스 인프라 구축에 따른 비용을 계산한다.
- 서비스 편익 효과를 계산한다.
- 편익과 지출비를 계산한다(B/C: Benefit/Cost).

편익과 지출비는 다음과 같은 수식으로 표현이 된다.

$$BCR = \frac{\sum_{t=0}^{T-1} \frac{B_t}{1+i)^t}}{\sum_{t=0}^{T-1} \frac{C_t}{(1+i)^t}} \tag{1-5}$$

여기서, t는 시간의 주기를 의미하며 일년을 기준으로 하며 B_t는 t년의 편익을 나타낸다. 마찬가지로 C_t는 t년의 지출비용을 나타낸다. i는 이자율을 의미한다.

편익과 지출비(BCR)를 계산한 결과 BCR이 1 이내이면 경제성이 없다고 판단하며, BCR이 1보다 크고 3보다 작으면 경제성이 있다고 판단한다. 그리고 BCR이 3 이상이면 경제성이 크다고 보는 것이다.

그림 1-17은 유럽에서 추진한 simTD 연구과제의 편익과 지출비 분석결과를 보여

준다. 이 프로젝트는 자동차 중심으로 V2X 통신기반 차량 안전 서비스를 적용하는 경우에 사고를 줄이고 도로 효율성을 증가시킬 수 있으며 이러한 두 가지 요인이 경제적으로 미치는 효과를 분석하였다.

ITS 서비스를 도입하기 위해서는 초기 인프라 구축과 단말 보급으로 인한 투자가 필요하므로 초기 5년간은 BCR이 감소하지만 10년이 경과하면 ITS 서비스로 인한 편익이 증가함에 따라 BCR이 계속 증가한다는 것을 보여 준다.

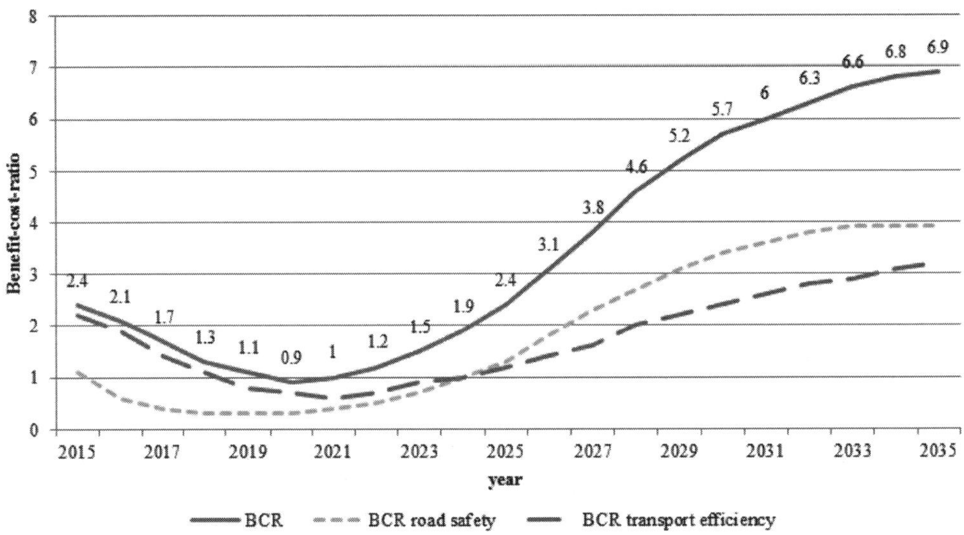

그림 1-17 simTD 프로젝트의 BCR 분석

요약

- 지능형교통체계 또는 지능형교통시스템은 "교통수단과 교통시설에 대하여 전자·제어 및 통신 등 첨단교통기술과 교통정보를 개발·활용함으로써 교통체계의 운영 및 관리를 과학화·자동화하고, 교통의 효율성과 안전성을 향상시키는 교통체계"를 말한다.
- 교통 데이터는 물리적인 교통 환경을 측정을 통해 수집한 단순한 사실이나 결과치로 가공되지 않은 교통자료이고, 교통정보는 처리 가공되고 의사결정에 영향을 줄 수 있는 유용한 형태의 디지털 정보를 말한다.
- ITS 서비스 종류에 따라 요구하는 정보 속성과 패킷 크기, 그리고 정보의 빈도수가 달라진다.
- 샤논의 정보 이론은 디지털 통신 시스템의 수학적 모델로서, 정리1은 평균 부호화 길이와 정보량 관계, 정리2는 채널 용량과 전송률의 관계, 정리3은 채널 용량과 채널 대역폭, 신호대 잡음비(SNR) 관계를 설명한다.
- ITS 통신시스템은 OBE(On-Board Equipment), RSE(Road Side Equipment), 관제 센터, 관제센터와 RSE간 유무선통신망으로 구성된다.
- ITS 서비스를 제공하기 위하여 방송기술, 셀룰러 통신기술, 무선랜 기술이 이용되고 있으며 ITS 서비스 전용 DSRC, WAVE, C-V2X 통신기술이 있다.
- ITS의 경제성 분석을 위하여 CBA(Cost-Benifit Analysis) 방법을 사용한다. 이것은 공공복지에서 적용하는 방식으로 ITS 도입에 따른 비용 지출과 편익 효과를 분석하는 것이다.

참고문헌

[1] Klein, Lawrence A. Sensor technologies and data requirements for ITS. 2001.

[2] https://kojects.com/2015/11/04/traffic-accidents-in-korea.

[3] Gajda, Janusz, et al. "A vehicle classification based on inductive loop detectors." IMTC 2001. Proceedings of the 18th IEEE Instrumentation and Measurement Technology Conference. Rediscovering Measurement in the Age of Informatics (Cat. No. 01CH 37188). Vol. 1. IEEE, 2001.

[4] Ali, S. Sheik Mohammed, et al. "A multiple inductive loop vehicle detection system for heterogeneous and lane-less traffic." IEEE Transactions on Instrumentation and Measurement 61.5 (2011): 1353-1360.

[5] Shannon, Claude E. "A mathematical theory of communication." Bell system technical journal 27.3 (1948): 379-423.

[6] Verdu, Sergio. "Fifty years of Shannon theory." IEEE Transactions on information theory 44.6 (1998): 2057-2078.

[7] Schulz, Wolfgang, and Isabella Geis. "Future role of cost-benefit analysis in intelligent transport system-research." IET Intelligent Transport Systems 9.6 (2015): 626-632.

[8] Qiu, Tony Z., Xiao-Yun Lu, and Andy HF Chow. "Real-time density estimation on freeways with loop detector and probe data." IFAC Proceedings Volumes 42.15 (2009): 298-303.

[9] Boulter, Paul, and Robin Smit. "The effects of intelligent transport systems on CO_2 emissions-an Australia perspective." Proceedings of the CASANZ Conference, Sydney. 2013.

제 2 장

ITS 서비스

ITS 서비스는 차량과 도로와의 정보 교환을 통해 사용자에게 정보를 제공하는 것을 의미하며 서비스를 이해하기 위해서는 정보 흐름과 정보량을 파악하고 정보의 상호 호환성을 고려한 표준에 대한 이해가 필요하다.

이 장에서는 세계적으로 널리 사용하는 ETC 서비스, 차량/도로 안전 서비스, e-call 서비스, 교통정보 서비스, 자율주행 서비스, 그리고 V2X 통신기반의 협력형 ITS 서비스를 소개하고 이러한 서비스에 대한 기술 개념과 특징, 그리고 서비스 시나리오와 정보 용량을 설명한다.

2.1 ITS 서비스 개요

세계적으로 수십 년간 도시화가 진행되고 인구 집중과 자동차 이용이 증가하고 있다. 이로 인하여 사고가 발생하고 교통이 정체되며 대기오염이 문제가 대두되고 있다. ITS는 컴퓨터 기술, 제어 기술, 통신 및 센서 기술 등 다양한 기술을 적용하여 교통사고를 줄이고 교통 정체를 해소하고 대기오염을 줄이는 융복합 서비스 또는 시스템으로 그림 2-1과 같이 다양한 교통수단을 지원하는 서비스이다.

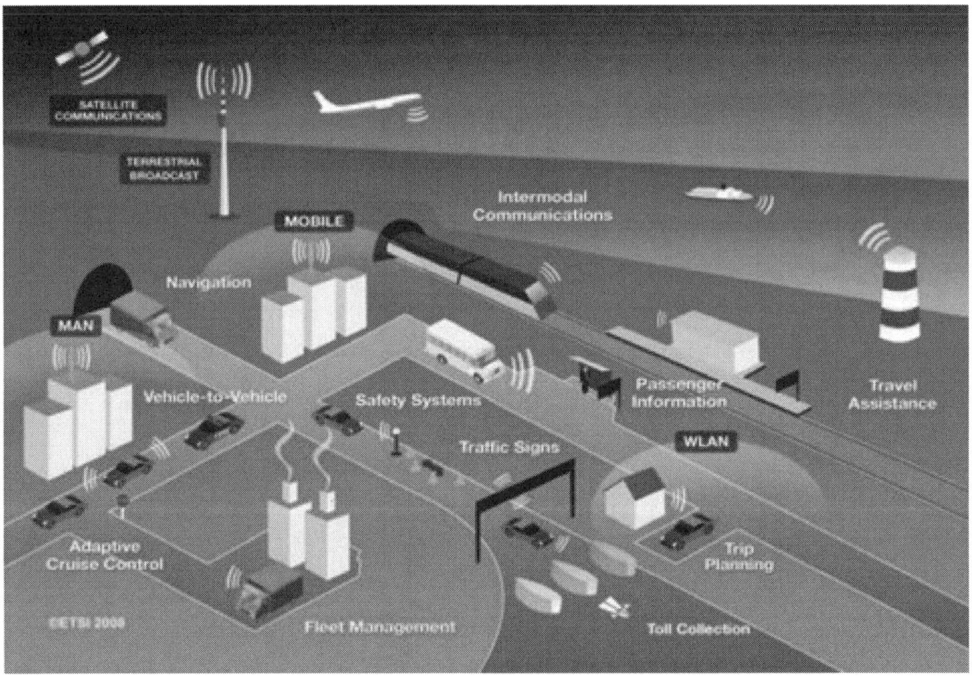

그림 2-1 ITS 서비스 개념

ITS 서비스는 차량과 도로와의 정보 교환을 통해 사용자에게 정보를 제공하거나 관리하는 서비스이며 이러한 서비스를 제공하는 ITS 서비스는 표 2-1과 같이 서비스 목적과 내용에 따라 상용 차량 관리, 주차 관리, 정보 제공, 여행자 정보, 데이터 관리, 공공 안전, 차량 안전, 유지보수 및 건설, 대중교통, 트래픽 관리 그리고 날씨 정보 등으로 구분할 수 있다.

표 2-1 ITS 서비스 종류

상용 차량 관리	데이터 관리	유지보수 및 건설
주차 관리	공공 안전	공공 교통
정보 제공	관광 정보	트래픽 관리
여행자 정보	차량 안전	날씨 정보

ITS 서비스 사용자는 이용하는 목적에 따라 세 가지 그룹으로 나눌 수 있다.

첫 번째 ITS 서비스 이용자 그룹은 도로 관리자이다. 도로 관리자는 교통의 흐름을 파악하고 관리하며 안전사고에 대응하는 역할이 있으며 도로 관리자는 교통상황을 파악하고 사용자에게 상황 정보를 제공한다.

두 번째 ITS 서비스 이용자 그룹은 차량 운전자이다. 이들은 사고 없이 목적지까지 가기를 원하므로 ITS 서비스의 직접적인 고객이면서 간접적으로 도로의 데이터를 제공할 수 있는 사용자 그룹이 된다.

세 번째 ITS 서비스 이용자 그룹은 여행자 또는 보행자로 이들은 교통정보를 이용하여 여행을 계획하고 환승 정보를 이용하며 비상 구조 서비스를 요청하는 사용자이다.

2.2 ITS 서비스 종류 및 특징

ITS 서비스는 컴퓨터와 통신기술의 발전과 더불어 진화하였으며, 사용하는 무선통신기술에 따라서 세계적으로 널리 이용되는 5가지 서비스는 표 2-2와 같다.

ETC 서비스는 5.8GHz DSRC 통신기술을 사용하며 100 m 이내의 통신 영역에서 양방향 패킷 통신의 특징을 갖는다. 차량 및 도로 안전 서비스는 5.9 GHz V2X 통신기술 또는 LTE V2X 통신기술을 사용하며 1000 m 이내의 통신 영역에서 양방향 패킷 통신과 패킷 방송을 특징으로 한다. 응급 구조 서비스는 셀룰러 기술을 사용하는 서비스로 장거리 통신 영역에서 양방향 음성 및 패킷 통신의 특징을 갖는다.

교통정보 서비스는 방송기술을 이용하여 장거리 영역에 정보를 제공하는 서비스이며 TPEG 표준을 사용한다. 자율주행 서비스는 5G V2X 통신기술과 차량 센서기술을 융합하여 사용하는 서비스로 양방향 데이터와 방송을 특징으로 하며 패킷 메시지의 저지연과 고신뢰 성능이 요구되는 서비스이다.

표 2-2 ITS 서비스 종류 및 무선통신기술 특징

서비스 형태	무선통신기술	통신 형태	통신 영역	시간 지연
ETC	DSRC	양방향 데이터	좁은 영역 (~100 m)	짧다 (<100 ms)
차량 및 도로 안전	5.9 GHz V2X, LTE V2X	양방향 데이터, 데이터 방송	중간 영역 (~1000 m)	짧다 (<100 ms)
응급 구조	셀룰러 통신	양방향 음성, 양방향 데이터	장거리 영역 (~10 km)	길다 (~1 sec)
교통정보서비스	TPEG	데이터 방송	장거리 영역 (~100 km)	중간 (~1 sec)
자율주행	5G V2X	양방향 데이터, 데이터 방송	중간 영역 (~1000 m)	짧다 (<5 msec)

■ ETC 서비스

ETC 서비스는 차량이 톨게이트를 통과할 때 동행료를 부가하는 서비스이다. 차량이 통신 영역이 들어가면 OBU와 RSU간 통신을 시작하고 과금 및 인증 처리 절차를 수행한다. 만약에 과금 에러가 발생하면 카메라로 차량번호를 인식하여 강제적으로 과금을 처리할 수 있게 한다. 그림 2-2는 ETC 서비스 개념을 보여 준다.

ETC 서비스는 안전하고 신속하게 과금이 되어야 하므로 통신의 시간 지연과 신뢰성이 매우 중요하다, ETC 서비스는 DSRC 통신기술과 셀룰러 통신기술을 모두 사용할 수 있지만 셀룰러 통신기술은 정확한 위치 인식 기능과 과금 부가 기능이 추가되어야 하므로 DSRC 통신이 널리 사용되고 있다.

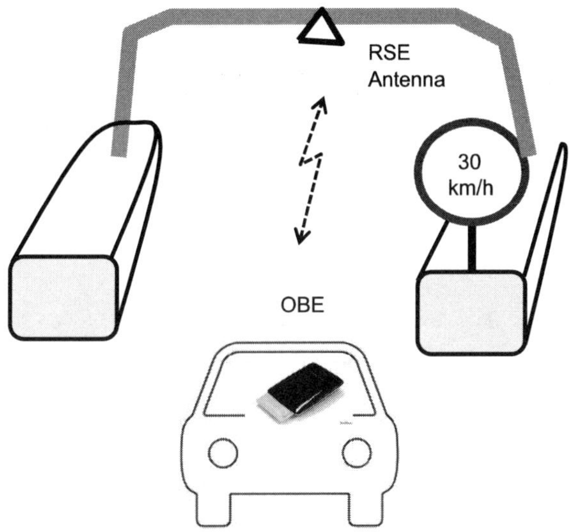

그림 2-2 ETC 서비스 개념

■ 차량 및 도로 안전 서비스

차량 안전 서비스는 교통사고를 예방하기 위하여 차량 운전자에게 경고 정보를 제공한다. 대표적인 서비는 교차로 안전 지원 서비스이다. 차량이 교차로에 접근할 때 교차로의 건물로 인하여 다른 차량이 접근하는 것을 알지 못한다. 차량이 위치와 상태를 주기적으로 전송하면 차량은 다른 차량이 접근하는 것을 인지하여 충돌을 예방할 수 있다. 그림 2-3은 차량간 통신(V2V)에 의한 교차로의 경고 서비스를 보여 준다. IEEE 802.11p 기반 WAVE 통신과 ITS G5 통신기술은 기지국이 없는 상태에서도 차량간 통신을 제공하고 1 km 이내 통신 영역에서 메시지 시간 지연이 100 ms 이내이고 데이터 전송 속도가 최대 27 Mbps를 제공할 수 있다.

I2V 통신에 의한 교차로 안전 지원 서비스도 제공할 수 있다. 교차로의 신호등 정보를 RSU가 차량에 주기적으로 방송하면 차량은 신호등 정보를 수신하고 현재 차량의 위치와 속도를 고려하여 교차로에서 속도를 낮추거나 정지함으로써 사고를 예방할 수 있다. 이러한 서비스는 일반 차량뿐만 아니라 자율주행 자동차에서도 적용이 가능한 서비스이다.

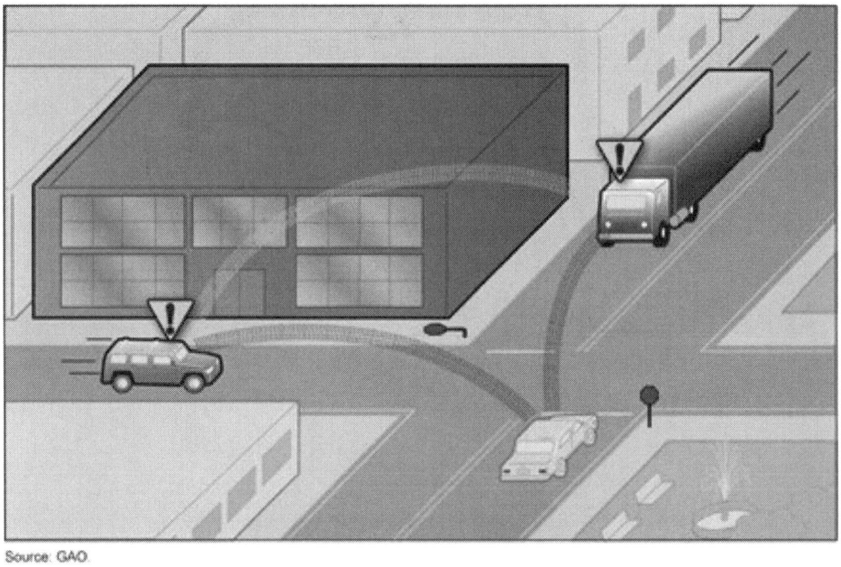

그림 2-3 V2V 통신에 의한 교차로 안전 서비스 개념

■ e-call 서비스

긴급 구조 서비스는 차량 운전자 구조를 위해 음성 및 데이터 서비스를 제공한다. 만약에 차량에서 사고가 발생하면 긴급 전화 또는 데이터를 전송하여 긴급 구조를 요청한다. 긴급 구조와 텔레매틱스(Telematics) 서비스는 양방향 음성과 패킷 데이터를 이용하는 대표적인 서비스이다. 그림 2-4는 긴급 구조 서비스 개념을 보여준다.

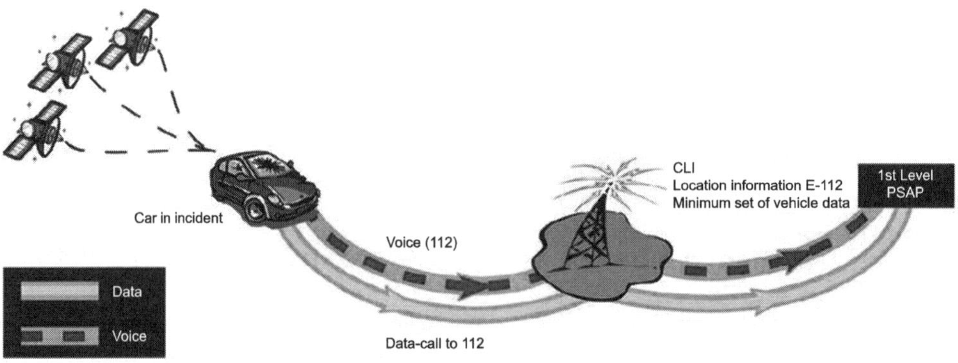

그림 2-4 긴급 구조 서비스

■ 교통정보 서비스

교통정보 서비스는 디지털 방송을 이용하여 운전자에게 정보를 제공한다. TPEG은 교통 및 여행 정보에 관한 국제 표준으로, 교통 막힘, 도로 건설, 교통사고 등의 TTI 정보는 TPEG 표준으로 변환하여 디지털 방송 채널로 전송된다. 그림 2-5는 교통정보 서비스 개념을 보여 주며, 이 서비스는 방송 채널을 사용하므로 통신 영역은 넓고 메시지 시간 지연도 양호한 특징을 가지고 있다.

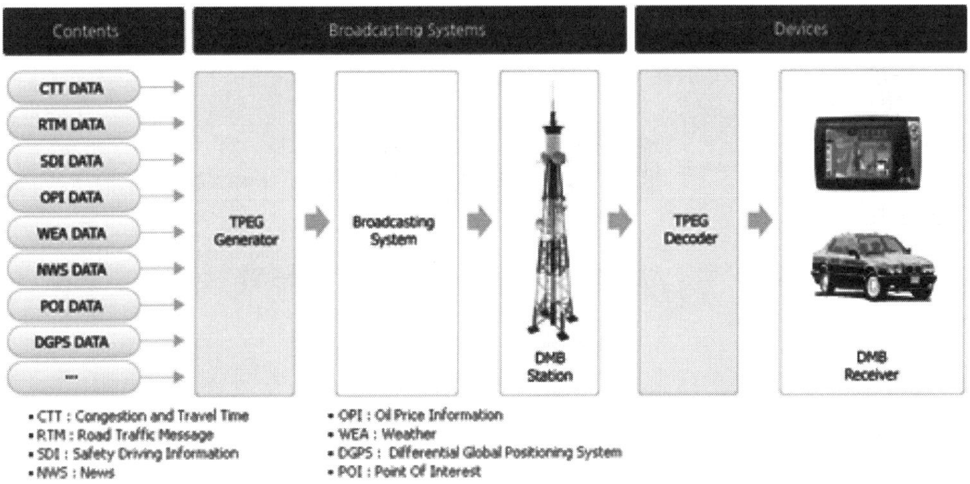

그림 2-5 교통정보 서비스

■ 자율주행 서비스

자동차는 차량에 레이더와 라이다(Lidar), 그리고 카메라 비전과 같은 차량 센서를 기반으로 차량을 제어하여 자율주행 서비스를 제공할 수 있다. 차량 센서는 날씨에 민감하고 인식 거리와 범위에 제약이 있으므로 V2X 통신을 연계하면 차량 센서의 약점을 보완할 수 있다. 차량 센서와 V2X 통신을 융합하여 자율주행에 적용하는 대표적인 서비스로는 군집 주행, 오토 발렛 파킹, 교차로 안전 및 원격 제어 서비스가 있다.

군집 주행은 다수의 차량이 그룹을 지어 주행하는 서비스이며 군집 주행 시에 차량 레이더는 안전거리를 유지하는 기능을 제공하고 V2V 통신은 차량의 주행 속도, 감속 및 가속 제어, Steering wheel 정보를 실시간으로 공유하고 제어하는 서비스이다. 원격 제어 서비스는 차량 센서에서 인지한 정보를 서버에 실시간으로 전송하고 서버는 판단 및 제어하는 기능을 담당하고 차량에 제어 명령을 전송하여 원격으로 자율주행 서비스를 제공하는 것이다. 그림 2-6은 차량 센서와 V2X 통신을 융합한 자율주행 서비스를 보여 준다.

그림 2-6 차량 센서와 V2X 통신을 융합한 자율주행 서비스

2.3 협력형 ITS 서비스

무선통신기술이 제공하는 기술의 특성은 ITS 서비스 형태와 서비스 품질을 결정하게 된다. ISO 표준에서 제시하는 협력형 ITS(Cooperative ITS) 서비스는 그림 2-7과 같이 개인 단말, 차량 단말, 기지국 그리고 센터로 구성되며 상호 연결에 따라 서비스가 결정된다. 여기서는 개인 단말 중심의 P2X 서비스, 차량 단말 중심의 V2X 서비스를 설명한다.

2.3.1 P2X 통신 기반 서비스

보행자를 중심으로 보행자와 차량간 통신(P2V) 서비스, 보행자와 인프라간 통신(P2I) 서비스 그리고 보행자와 관제 센터간 통신(P2C) 서비스를 나누어 설명한다.

- P2V 통신 기반 서비스는 보행자 단말과 차량 단말 사이에 직접 통신이 이루

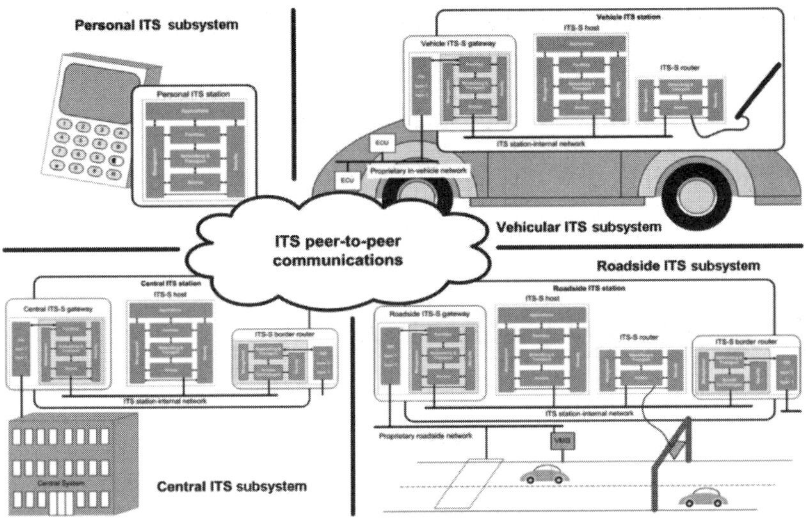

그림 2-7 C-ITS 시스템 구성(인용)

어지고 두 단말이 근접하게 되며 경고음을 발생하여 보행자와 차량 추돌을 방지하게 한다.

- P2I 통신 기반 서비스는 교차로에서 보행자 또는 교통약자에게 길 안내를 하거나 차량이 근접할 때 경고음을 발생하는 서비스이다.
- P2C 통신 기반 서비스는 교차로에서 보행자 또는 여행자에게 교통 정보를 제공하거나 카카오 택시와 같은 편의 서비스를 제공하는 것이다.

2.3.2 V2X 통신 기반 서비스

차량을 중심으로 차량과 인프라 간 통신(V2I), 차량과 관제센터 간 통신(V2C), 차량 간 통신(V2V) 그리고 차량과 모든 사물과 통신(V2X) 서비스를 나누어 설명한다.

- V2I 통신 기반 서비스는 노변 기지국이 설치되는 곳에서 서비스 제공이 가능하며, ETC, 차량 데이터 수집, 커브길 속도 경고, 긴급 차량 신호 우선 지원, In-vehicle 사인 등 다양한 서비스가 있다.
- V2C 통신 기반 서비스는 차량 단말과 관제 센터 간 서비스이며 대표적인 서비스로는 버스 안내 서비스, 차량 데이터 수집 및 제공, 긴급 구조 서비스가 있다.

- V2V 통신 기반 서비스는 차량 센서와 융합한 서비로 긴급 브레이크 경고, 교차로 추돌 경고, CACC 등의 서비스가 있다.
- V2X 통신 기반 서비스는 차량 센서 또는 노변 센서와 융합을 통하여 제공하는 서비스로, 자동 발렛 파킹, 자율주행서비스가 있다.

2.4 서비스 통신 용량 분석

2.2절에서 설명한 ITS 서비스에 대하여 시스템 구성과 서비스 시나리오, 그리고 서비스에서 요구하는 채널 용량을 분석한다.

■ ETC 서비스

시스템 구성

ETC 서비스는 DSRC 통신 방식을 사용하며 그림 2-8과 같이 차량에는 OBE 장치가 부착되고 입구 요금소와 출구 요금소에 RSE가 노변에 설치되어 OBE와 RSE간 패킷 통신이 가능하다. 입구 요금소와 출구 요금소의 RSE는 IP 통신망을 통하여 ITS 센터와 연동이 가능하다.

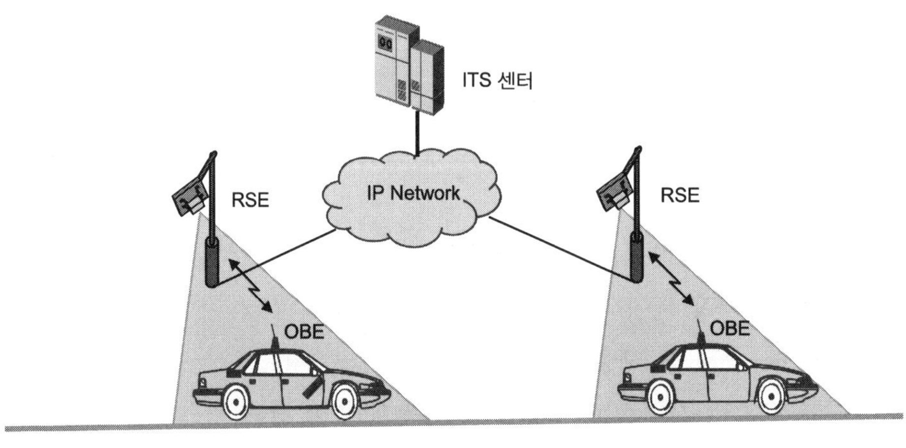

그림 2-8 ETC 서비스를 제공하는 시스템 구성

ETC 서비스 시나리오

차량이 도로에 설치된 입구 요금소에 진입하고 출구 요금소를 나오면 차종과 주행거리에 따라 통행요금을 부과하는 서비스를 제공하며 기본 절차는 다음과 같다.

① 차량이 입구 요금소에 진입하여 차량에 설치된 OBE와 노변에 설치된 RSE 간에 링크 접속이 짧은 시간에 이루어진다.
② RSE는 OBE에 저장된 차량 ID와 차종 데이터를 읽는다. 그리고 과금을 위해 입구 요금소 ID를 차량 OBE에 입력하고 입구 요금소를 통과한다.
③ 차량이 출구 요금소에 진입하면 RSE는 OBE에 저장된 차량 ID, 차종 데이터, 입구 요금소 ID 정보를 기반으로 통행료를 계산하고 OBE에 전달하며 OBE에 부착된 스마트카드로 통행요금을 정산한다.
④ OBE 미부착, 스마트카드 잔액 부족 및 차종이 일치하지 않는 경우는 차량번호를 촬영하여 후불처리를 한다.

상기 서비스 시나리오 따른 OBE와 RSE간 서비스 흐름은 그림 2-9와 같다.

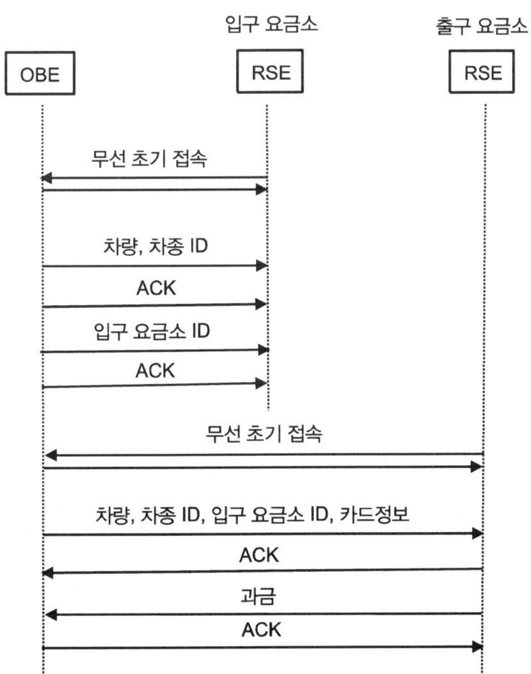

그림 2-9 ETC 서비스 흐름도

ETC 채널 용량 분석

– 기본 조건

ETC를 위한 DSRC 통신 영역은 10 m이고 차량이 시속 60 km/h로 주행한다고 가정한다. 그리고 차량이 통신 영역에 들어와서 OBE와 RSE간 통신을 할 때 패킷 크기가 64바이트이고 통신 횟수가 20번이 정보교환이 필요하다면 ETC 서비스에 필요한 채널 용량은 얼마인가?

– 용량 분석

차량 속도가 60 km/h는 초당 16.6 m/sec이므로 통신 영역 10 m를 통과하는데 걸리는 시간은 600 ms이고 이 시간은 통신이 가능한 시간이다. 패킷 크기가 64 바이트, 통신 횟수가 20이므로 필요한 정보량은 64바이트 × 8비트 × 20회 = 10.24 kbits이다. 통신이 가능한 시간 600 ms로 나누면 채널 용량은 17 kbps가 된다. 따라서, ETC 서비스를 위한 채널 용량은 17 kbps가 된다. 채널 용량에 미치는 요인은 통신 영역, 차량의 주행 속도, 통신의 패킷 크기, 통신 횟수이며 이러한 변수에 따라 채널 용량을 분석을 기반으로 무선 채널의 규격을 설계할 수 있다.

■ 긴급 브레이크 경고 서비스

시스템 구성

긴급 브레이크 경고 서비스는 WAVE 통신 방식을 사용한 차량간 직접 통신 서비스이며 그림 2-10과 같이 차량에는 OBE 장치가 부착되고, OBE는 GPS와 CAN 버스가 연결되어 차량의 위치와 시각 정보를 알 수 있고 차량의 속도와 진행방향, ECU 운행 제어 정보를 알 수 있다.

긴급 브레이크 서비스 시나리오

그림 2-11은 긴급 브레이크 경고 서비스 흐름을 보여 주며, 차량 간 통신에 이용한 긴급 브레이크 경고 서비스의 기본 절차는 다음과 같다.

① 차량에 OBE가 장착되고 OBE에 GPS와 CAN이 연결되어 있고 WSA 메시지를 수신하여 초기 링크 접속이 이루어진다.

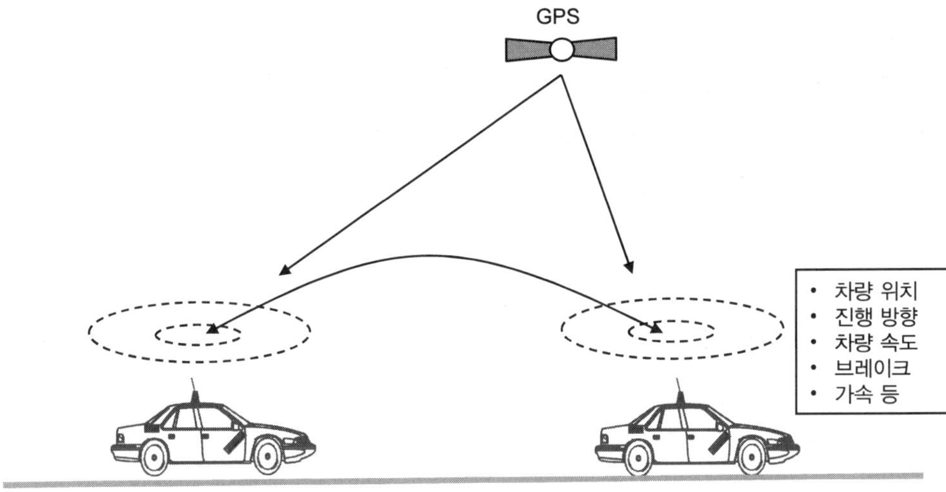

그림 2-10 긴급 브레이크 경고 서비스를 제공하는 시스템 구성

② OBE는 자동차의 위치와 주행 상태(감가속, 가속, 브레이크 등)를 안전 메시지로 생성하여 1초당 10회 주기적으로 방송을 한다.
③ 차량이 갑자기 브레이크를 밟으면 100 ms 이내에 안전 메시지로 방송이 된다.
④ 전방 차량을 따라가는 후행 차량은 안전 메시지를 수신하고 전방 차량이 긴급 브레이크를 밟은 것을 인지하고 경고음을 생성하여 운전자에게 알려 준다.

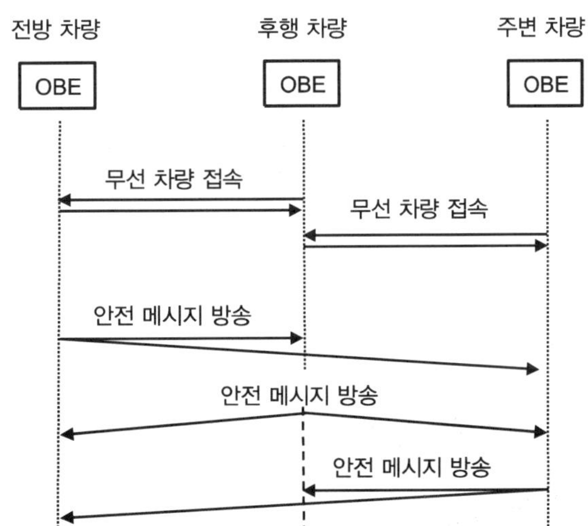

그림 2-11 긴급 브레이크 경고 서비스 흐름

- 기본 조건

  차량의 OBE 단말은 안전 메시지를 1초당 10번 방송을 하며 안전 메시지의 평균 패킷 길이는 300바이트이다. 그리고 100대가 밀집되어 있고 모든 OBE가 안전 메시지를 방송할 때 긴급 브레이크 겨경고 서비스를 위해 필요한 채널 용량은 얼마인가?

긴급 브레이크 채널 용량 분석

하나의 OBE가 방송하는 채널 용량은 300바이트 × 8비트 × 10회 = 24 kbps가 되며, 100대가 동시에 전송하기 위해서는 정보량이 100배가 증가되므로 필요한 채널 용량은 2.4 Mbps가 된다.

■ e-call 서비스 시나리오

시스템 구성

e-call 서비스는 셀룰러 통신 방식을 사용한 서비스이며 그림 2-12과 같이 차량에는 OBE 장치가 부착되고 긴급 구조 메시지를 전달할 수 있는 셀룰러 망과 긴급구조 센터로 구성된다. 차량의 OBE는 GPS가 부착되어 사고 위치를 알고 차량의 사고유무를 감지하는 센서 기능이 필요하다. 셀룰러 통신은 무선 커버리지가 넓어서

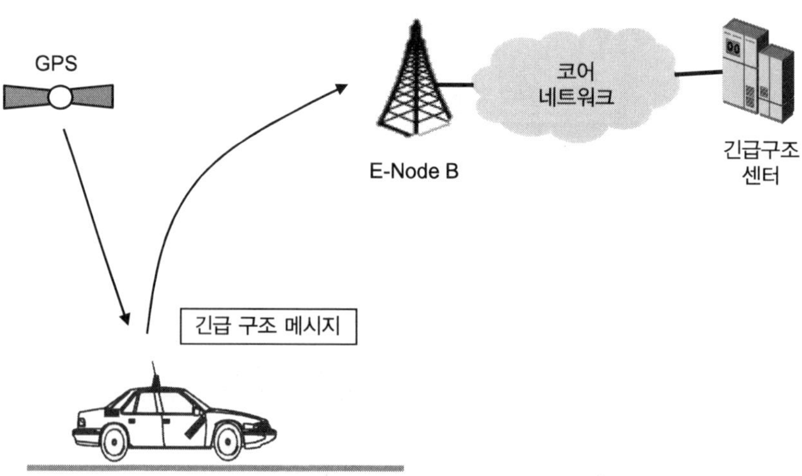

그림 2-12 e-call 서비스 시스템 구성

e-call 서비스에 적합하나 DSRC 또는 WAVE 통신망도 사용할 수 있다.

긴급 구조 서비스 시나리오

그림 2-13은 긴급 구조 서비스 흐름을 보여 주며, 긴급 구조 서비스 기본 절차는 다음과 같다.

① 긴급 구조를 위한 차량 단말이 차량에 탑재된다.
② 차량사고가 발생 시에 운전자는 긴급 통화를 시도하며 긴급구조 센터에 구조를 요청한다.
③ 사고 발생시에 사고 위치 정보와 상태를 반복적으로(5회) 송출한다.
④ 긴급 구조 요청을 받은 기관은 관계 기관에 알리고 긴급 구조 활동을 시작한다.

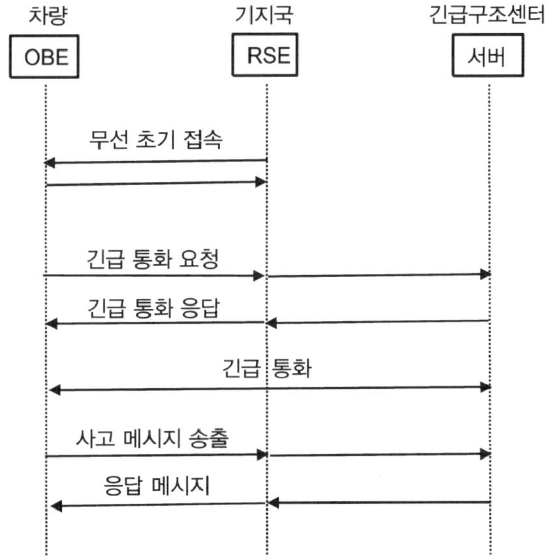

그림 2-13 긴급 구조 서비스 흐름

- **기본 조건**

  차량의 OBE 단말은 차량 사고 시 음성 통화와 긴급 구조용 패킷 크기 64바이트를 5회 반복 전송을 위한 서비스를 위해 필요한 채널 용량은 얼마인가?

긴급 구조 채널 용량

긴급 구조를 위한 음성 통화 1채널의 통신 용량은 보통 16 Kbps이고 긴급 구조용 패킷 크기는 64바이트를 5번 반복 전송하면 64바이트 × 8비트 × 5회 = 2.56 kbits 이므로 채널 용량은 18.56 kbps가 된다.

■ 교통 정보 서비스

시스템 구성

교통 정보 서비스는 방송 채널을 통해 차량에 제공하는 서비스이며 그림 2-14와 같이 방송국과 송출국, 그리고 차량 단말로 구성이 된다. 교통 정보를 수집하고 가공하는 시스템은 별도로 존재한다.

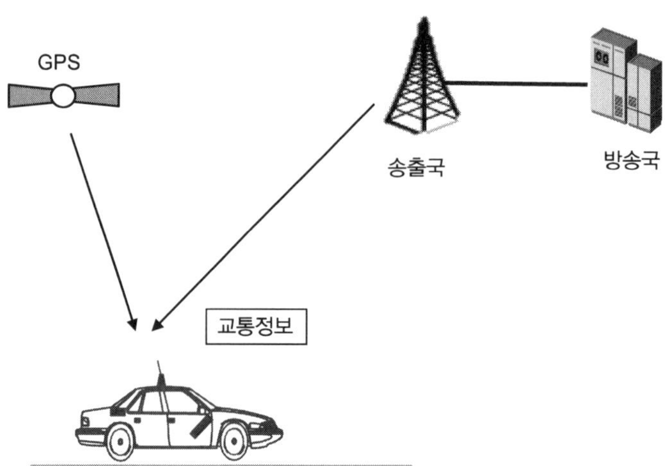

그림 2-14 방송 서비스 시스템 구성

교통 정보 서비스 시나리오

그림 2-15는 교통 정보 서비스 흐름을 보여 주며, 방송 채널을 이용한 교통 정보 서비스의 기본 절차는 다음과 같다.

① 교통 정보를 수신하는 단말이 차량에 탑재된다.

② 방송국에서는 교통 정보를 패킷으로 수 분 단위(1~5분)로 송출한다.

③ 교통 정보를 수신한 단말은 교통 정보를 처리하여 운전자에게 제공한다.

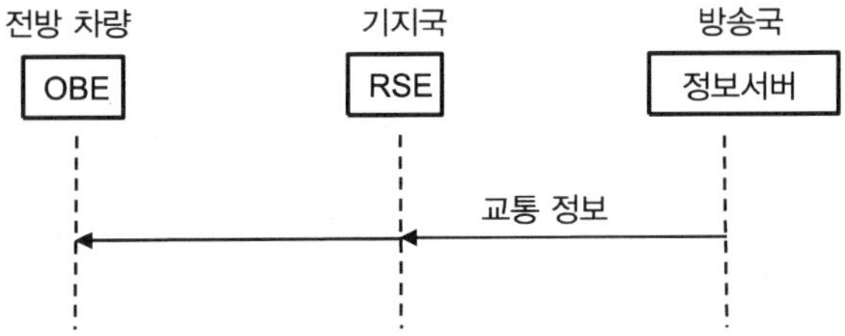

그림 2-15 교통 정보 서비스 흐름

- 기본 조건

  차량의 OBE 단말은 교통 정보 패킷 크기가 512바이트 정보를 1분 단위로 수신할 때 방송 채널의 채널 용량은 얼마인가?

교통 정보 채널 용량

512바이트는 4.96 Kbits이므로 채널 용량은 4.96 kbps가 된다.

■ 자율주행 서비스

시스템 구성

자율주행 서비스는 가용한 통신 인프라와 연계하여 제공하는 서비스이며 그림 2-16과 같이 차량에는 OBE 장치가 부착되고 DSRC/WAVE, 셀룰러 및 방송망이 ITS 센터와 접속이 되어 서비스를 제공할 수 있다. DSRC/WAVE 통신망은 교차로 또는 사고다발 지역 등 특정 지점을 중심으로 통신망이 설치되므로 광역 서비스를 위해서 셀룰러 망과 연동이 필요하다. 그리고 방송망은 광역으로 교통 정보나 위치 보정 정보를 제공할 수 있으므로 서비스에 유리한 점이 있다. DSRC/WAVE 통신을 이용하여 도로 인프라 정보를 받을 수 있고 방송 채널을 이용하여 위치 보정 정보를 수신하여 차량의 위치를 정확하게 보정할 수 있다고 가정한다.

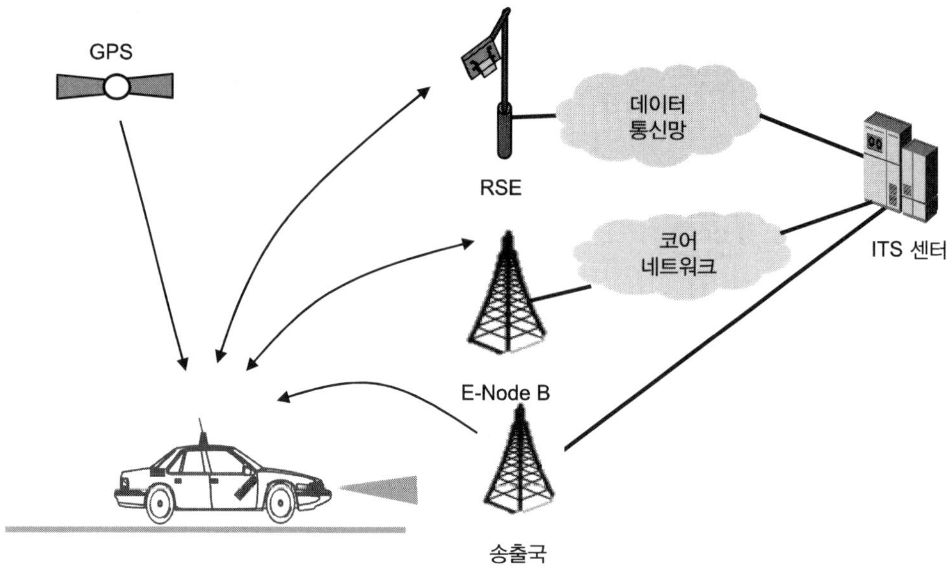

그림 2-16 자율주행 서비스 시스템 구성

자율주행 서비스 시나리오

그림 2-18은 자율 주행 서비스 흐름을 보여 주며, 차량 센서 정보를 서버에 업로드하고 도로 센서 정보(교차로 상황, 신호 등 정보 등)와 융합한 자율주행 서비스의 기본 절차는 다음과 같다.

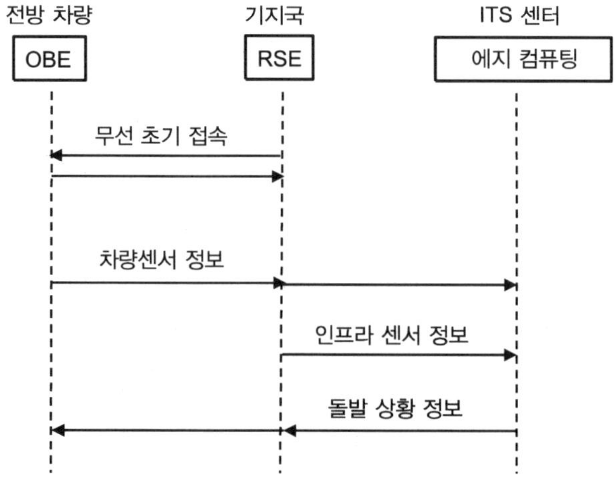

그림 2-17 자율 주행 서비스 흐름

① 자율주행차에 차량 센서와 V2X 통신, 그리고 자율주행제어를 지원하는 단말 플랫폼이 차량에 탑재된다.
② 차량의 레이더와 영상 카메라 정보를 차량 단말에서 서버로 업로드 한다.
③ 서버에서는 차량 주변 상황을 인지하고 판단하며 돌발 이벤트 정보를 생성한다.
④ 서버는 돌발 이벤트 정보를 차량 단말에 보내어 자율주행차가 자율주행제어를 하게 한다.

- 기본 조건
  차량 레이더는 전방 상황으로 100 ms 단위로 512 bytes로 검지하고 카메라는 HD급 영상 정보(H.264 640 pixels × 480 pixels × 8 bits, 10 프레임 기준)를 이용하여 전방 상황을 인지하고 동시에 RSE로 1초당 10회를 업로드하며 자율주행제어를 한다. 차량 센서 정보를 업로드하기 위한 정보 용량은 얼마인가?

자율주행 채널 용량

- 전방 차량 레이더의 정보량은 512바이트 × 8비트 × 10회 = 40.96 Kbits
- 카메라 영상 정보는 640 pixels × 480 pixels × 8 bits × 10프레임 = 24.576 Mbits 이므로 총정보량은 24.616 Mbits이다. 그러므로 레이더와 카메라를 융합한 센서 정보의 채널 용량은 24.616 Mbps이 된다. 차량 레이더와 카메라 개수를 늘리면 센서 정보의 채널용량은 증가하게 된다.

대표적인 ITS 서비스에서 제공하는 정보 종류 및 채널 용량을 정리하면 표 2-3과 같다.

표 2-3 ITS 서비스 종류별 채널 용량 분석

구분	정보 종류	채널 용량
ETC	차량 ID, 차종, 과금	8.5 Kbps
긴급 브레이크 경고	차량 안전 메시지, 100대 기준	2.4 Mbps
e-call	음성, 사고 위치	2.56 Kbps, 16 Kbps 음성
교통 정보	교통 정보	4.96 Kbps
자율 주행	레이더, 카메라 영상, 1대 기준	24.616 Mbps

2.5 서비스 표준

서비스 기능은 서비스를 제공하기 위한 세부 기능과 이러한 세부 기능을 이용한 서비스 절차 또는 정보 흐름을 설명하는 것으로, 서비스는 정보의 흐름에 의해 이루어지므로 정보의 메시지 규격과 메시지 흐름을 포함한다. 따라서 정보의 흐름에는 서비스별로 정보의 크기나 정보량이 다르기 때문에 무선통신에 대한 성능적 요구사항을 설명하기도 한다.

이러한 서비스 요구사항은 서비스 제공자와 개발자, 그리고 이용자 관점을 모두 반영해야 하고 서비스 장치간 상호 연동과 호환성을 모두 고려해야 하므로 ITS와 같은 공공 서비스는 서비스 표준이 꼭 필요하다. ITS 서비스 표준은 ISO TC204, 유럽의 ETSI, 미국의 IEEE, 한국의 TTA, ITS Korea 등에서 표준화를 진행하고 있으며 이러한 표준을 준용하여 서비스 제공 및 확산을 진행하고 있다.

대표적인 ITS 서비스는 자동요금징수, e-call, C-ITS, 교통정보방송, 그리고 자율주행서비스가 있으므로 여기서는 한국에서 하이패스 서비스에 적용하고 있는 자동요금징수 서비스의 예를 들어 서비스 요구사항을 소개한다. 한국의 국토교통부 자

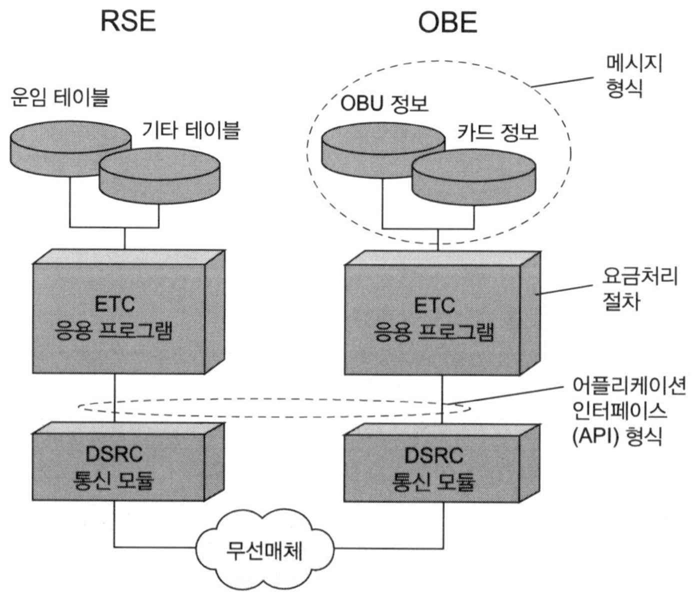

그림 2-18 자동요금서비스 모델

동요금징수 서비스 기준 모델은 그림 2-18과 같이 RSE와 OBE간 DSRC 통신을 통하여 자동요금을 제공하는 서비스 메시지 형식과 요금 절차에 대하여 정의한다.

DSRC 응용 인터페이스(API)는 ISO 14906 표준에서 정의하는 5가지 기본적인 명령어를 사용하며 표 2-4와 같다.

| 표 2-4 | DSRC API 명령어

명령어 종류	API 명령어	설명
초기화 명령	Initialize	OBE(OBU와 카드)를 초기화
정보 읽기 명령	Get	OBE의 정보를 읽기
정보 쓰기 명령	Set	OBE에 정보를 쓰기
동작 수행 명령	Action	OBE에 특별한 동작 수행을 요청
이벤트 정보전달	Event Report	OBE의 상태 문의하거나 이벤트 보고

그리고 자동요금징수 응용프로그램의 요금처리 절차는 그림 2-19와 같이 3단계로 구분하여 수행하며, 정보형식의 포맷과 속성은 세부적으로 정의되어 있다(참고 2).

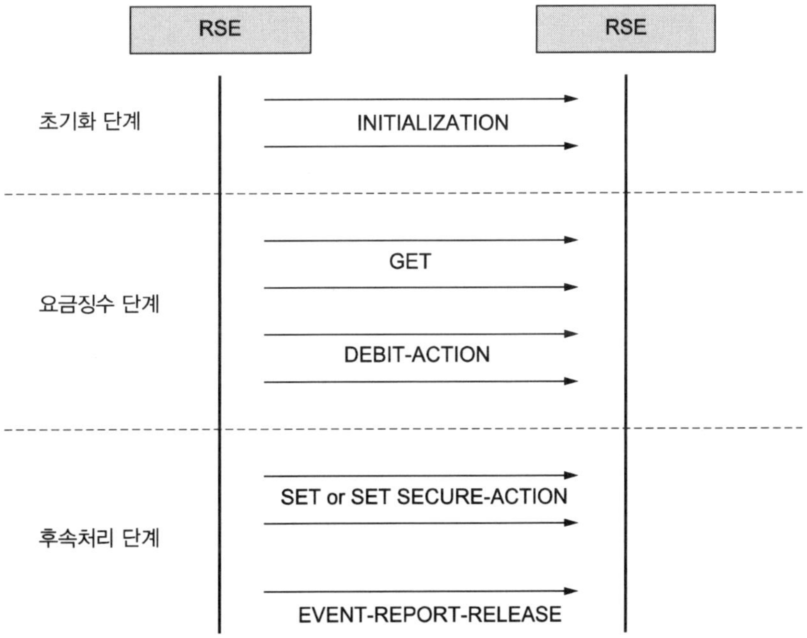

그림 2-19 자동요금서비스 절차

- **초기화 절차(Initialization phase)** : OBE가 카드를 초기화하고 RSE에게 통신 영역의 진입을 통보하는 절차
- **징수 절차(Transaction phase)** : RSE가 카드 및 OBU내에 기록된 기본발행정보 및 교통관련 추가정보를 읽고 요금을 계산한 후, 카드의 요금 차감을 수행하는 절차
- **후속처리 절차(Post transaction phase)** : 요금차감 후 처리결과를 OBU 및 카드에 기록하는 절차

요약

- ITS 서비스는 서비스 목적과 내용에 따라 상용 차량 관리, 주차 관리, 정보 제공, 여행자 정보, 데이터 관리, 공공 안전, 차량 안전, 유지보수 및 건설, 대중교통, 트래픽 관리 그리고 날씨 정보 등으로 구분할 수 있다.
- ETC 서비스는 5.8 GHz DSRC 통신기술을 사용하며 100 m 이내의 통신 영역에서 양방향 패킷 통신의 특징을 갖는다.
- 차량 및 도로 안전 서비스는 5.9 GHz WAVE 통신기술 또는 LTE V2X 통신 기술을 사용하며 1000 m 이내의 통신 영역에서 패킷 방송을 특징으로 한다.
- 응급 구조 서비스는 셀룰러 기술을 사용하는 서비스로 장거리 통신 영역에서 양방향 음성 및 패킷 통신의 특징을 갖는다.
- 교통정보 서비스는 방송기술을 이용하여 장거리 영역에 정보를 제공하는 서비스이며 TPEG 표준을 사용한다.
- 자율주행 서비스는 5G V2X 통신기술과 차량 센서 기술을 융합하여 사용하는 서비스로 양방향 데이터와 방송을 특징으로 하며 패킷 메시지의 저지연과 고신뢰 성능이 요구되는 서비스이다.
- 서비스 종류에 따른 정보 속성과 크기, 그리고 사용자 수에 따라서 채널 용량이 결정된다. 자율주행 서비스는 레이더와 영상 정보를 이용하므로 정보 용량이 증가하게 된다.

참고문헌

[1] ITS Land Mobile Handbook, ITU-R WP5A ITS SWG, 2020.

[2] 근거리 전용통신(DSRC)를 이용한 자동요금징수시스템(ETCS)의 정보교환 기술기준(노변-단말간), 국토교통부고시 제2013-251호(개정), 2013.4.11.

[3] 전용 근거리 통신(DSRC) 메시지 세트 사전, SAE J2735, 2020.07.

[4] 지능형 교통 시스템: 차량 통신 응용 기본 세트, ETSI TS 637, 2010,

[5] 차량 통신 시스템 3단계 : 응용 프로토콜 인터페이스, TTA TTAK.KO-06.0242/R1, 2012.

[6] C-ITS 서비스를 위한 메시지 규격서 - BSM, PWD, ITS Korea ITSM-WD-00100, 2016.

[7] V2X 서비스를 서비스 요구사항, 3GPP TS 22.185.

제 3 장

ITS 시스템 구조

ITS 시스템 구조는 서비스를 계획하고 개발하며 운영하는 전반적인 과정에 대한 기본적인 틀을 제공하는 것으로 사업적인 관점, 기능적인 관점, 물리적인 관점, 그리고 통신시스템 관점에서 시스템 구조를 이해하는 것이 필요하다. 이것은 여러 가지 모양의 퍼즐이 모여 하나의 그림을 형성하듯 다양한 기능 블록이 모여 하나의 시스템을 형성한다는 측면에서 시스템 구조를 이해하는 것이다.

이 장에서는 DSRC 통신시스템, WAVE 통신시스템, 셀룰러 V2X 통신시스템과 방송 시스템의 구조를 소개한다. 이러한 통신시스템에 대하여 계층적 구조와 전송 메시지 처리 절차를 설명하고, 그리고 ISO CALM 시스템 구조 표준을 간략하게 설명한다.

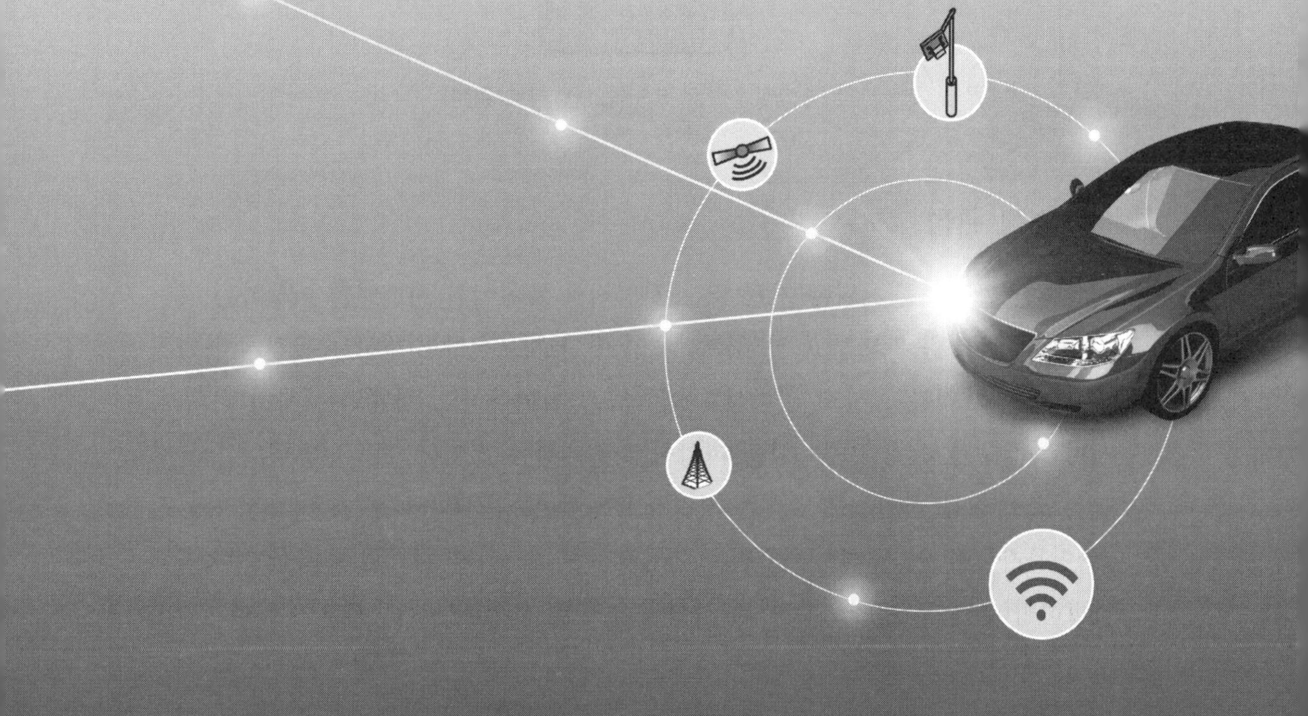

3.1 ITS 시스템 구조

ITS 시스템 구조는 기본적으로 다양한 기술을 적용할 수 있고 운영자가 ITS 서비스를 설계하고 계획하며 구현할 수 있도록 기본적인 프레임 워크를 제공할 수 있어야 한다. 미국의 국토교통부는 ITS 시스템 구조를 설명함에 있어 ARC-IT 시스템 구조 모델을 제시하고 있으며, 그림 3-1과 같이 사업적 관점, 기능적 관점, 물리적인 관점, 그리고 통신 시스템 관점에서 ITS 시스템 구조를 설명한다,

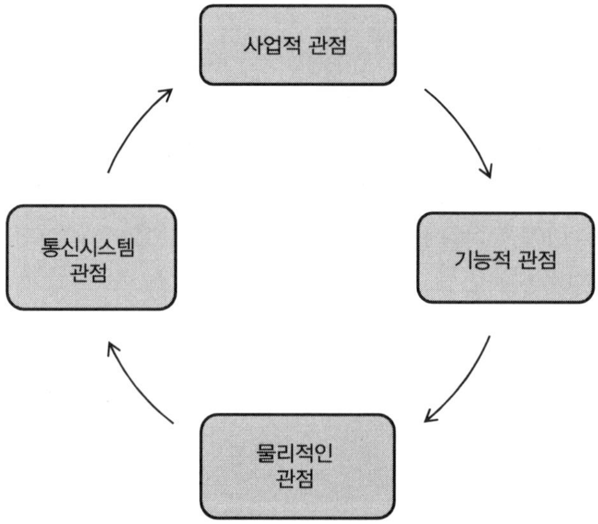

그림 3-1 ITS 시스템 구조 관점

■ 사업적 관점

사업적인 관점은 관계되는 기관 또는 사업적인 측면에서 시스템을 이해하는 것이다. ITS 서비스를 계획하고 설계하며 운영 및 유지보수를 수행하는 관점에서 관계되는 기관의 역할과 상호 관련성을 정의하는 것이다. 즉, 관계되는 사업 운영자, 서비스 사용자 간에 요구사항을 파악하고 정의하는 것이다. ITS 시스템의 사용자들은 도로 교통 시설을 운영하는 기관과 ITS 서비스를 활용하는 차량 운전자와 정보 이용자들이 있다. ITS 시스템은 공공의 목적을 위해 시스템 구축을 계획하고 개발하며 운영 및 유지보수 등의 일련의 업무를 수행해야 하므로 ITS 운영기관의

요구사항을 반영하는 것이 중요하다. ITS 운영기관이 ITS 시스템을 구축하여 운영하여도 실제 서비스를 제공받는 차량 운전자와 정보 이용자들이 편리성을 느껴야 서비스 단말이 보급되고 확산이 될 수 있으므로 ITS 운영기관과 서비스 이용자들의 요구사항을 모두 파악하고 요구사항에 반영해야 한다. 그리고 ITS 시스템의 소유, 운영, 개발, 설치 및 유지보수를 누가 할 것인지를 협의를 통해 결정하여야 한다. 즉, ITS 시스템에 관계되는 기관들의 역할을 정립하고 서비스 요구사항을 정의하는 것으로 시스템 구조와 설계에 직접적인 영향을 미치게 된다.

■ 기능적 관점

기능적인 관점은 ITS 시스템을 기능적인 측면에서 이해하는 것이다. ITS 서비스의 요구사항을 만족하기 위한 시스템의 구성과 독립적인 기능 블럭, 그리고 기능 블럭 간의 상호관계를 정의하는 것이다.

ITS 시스템 기능은 하위 레벨의 논리적인 기능 블럭으로 세분화하고, 기능 블럭이 처리하고 보관해야 하는 정보의 속성과 동작에 대한 조건을 정의한다. 그리고 논리적인 기능 블럭 간의 상호 연동과 연동으로 인한 정보 흐름을 설명하는 것이다. 이러한 기능 블럭들은 ITS 서비스를 시스템의 기능으로 정보 수집, 정보 변환, 정보 발생 및 관리와 같은 기능 블럭이 존재할 수 있다.

시스템 구조를 기능적인 관점에서 분석하는 것은 ITS 시스템의 기능과 정보 흐름을 설명하는 상위 레벨의 시스템 기능 요구사항을 작성하는 단계를 의미한다고 볼 수 있다.

그림 3-2는 ITS 서비스 사용자가 서비스를 요청하는 경우, ITS 시스템에서 교통환경을 검지하여 교통정보를 수집하는 기능과 통신망을 통하여 교통 데이터를 전

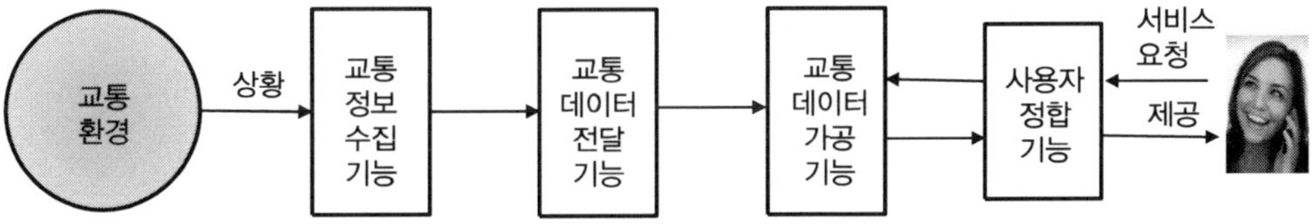

그림 3-2 시스템 기능적 요구사항 정의

달하는 기능, 그리고 서버에서 교통 데이터 가공하여 서비스 정보를 생성하는 기능, 그리고 사용자에 대한 서비스를 제공하는 사용자 정합 기능으로 설명할 수 있다.

■ 물리적인 관점

물리적인 관점은 ITS 시스템을 물리적인 구성과 물리적인 블록 간 인터페이스를 정의하는 것이다. 시스템의 논리적인 기능 블럭들을 물리적인 서브 시스템 또는 장치로 구분하고 서브 시스템 간 인터페이스 방식을 분석하는 것이다.

ITS 시스템은 형상화된 물리적인 시스템으로 구현되어야 하며 일반적으로 단말과 기지국, 통신망과 교통정보 센터로 구성된다. 이러한 물리적인 시스템의 독립적인 기능과 정보 흐름에 의하여 ITS 서비스가 제공되므로 기능적인 관점에서 정의한 시스템의 기능 블럭들을 물리적인 서브 시스템에 매핑하여 사용자가 이용할 수 있도록 물리적으로 형상화하는 것이 필요하다.

이 단계에서는 서비스 요구사항과 시스템 기능 요구사항이 물리적인 시스템에 잘 반영되었는지를 확인하는 것이 필요하며 시스템의 물리적인 구성과 기능을 설명하는 시스템 구조 설계서가 작성되어야 한다.

ITS 시스템은 여행자 디바이스, 차량, 노변 기지국(통신망 포함), 교통정보센터로 구성되며 시스템 간 정보 흐름을 위한 인터페이스를 제공한다. 그림 3-3은 ITS 시스템의 물리적인 구성을 보여 준다.

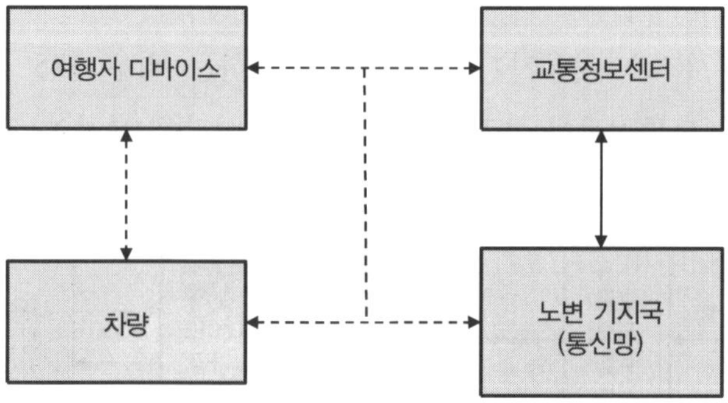

그림 3-3 시스템 물리적 구조의 예

■ 통신 시스템 관점

통신 시스템 관점은 물리적인 서브 시스템이나 장치의 기능과 통신 프로토콜을 정의하는 것이다. 물리적인 서브 시스템이나 장치는 서비스를 제공하는 기능을 제공해야 하며 다수의 장치들이 유무선 통신 채널을 통하여 전달되어야 하므로 통신 프로토콜에 대한 표준이 필요하다.

통신 시스템은 ITS 서비스 품질을 결정하므로 통신 시스템 관점에서 ITS 서비스에서 요구하는 채널 용량, 통신 기능과 성능에 대한 요구사항을 설명하는 요구사항 문서와 통신 시스템의 구성과 기능을 설명하는 통신 시스템 구조 문서를 작성하는 것이 필요하다.

그림 3-4는 ISO 표준에서 제시하는 통신 시스템의 7 계층 구조를 보여준다. 이 계층 구조는 응용 계층, 표현 계층, 세션 계층, 전송(트랜스포트) 계층, 네트워크 계층, 데이터 링크 계층과 물리 계층으로 구성된다.

응용 계층은 서비스를 제공하기 위해 메시지 속성과 포맷을 정의한다. 표현 계층은 전송하는 정보량을 압축하거나 정보의 암호화를 하는 기능을 정의하고, 세션 계층은 통신을 위한 인증과 세션 제어 기능을 정의한다. 응용 계층에서 세션 계층은 상위 응용 계층이라고 부르며, 처리되는 정보 단위는 메시지이다.

전송 계층은 송수신 장치 간에서 채널에서 발생한 에러를 검출하고 에러를 정정하

그림 3-4 통신 시스템 계층 구조

기 위한 기능을 제공한다. 네트워크 계층은 장치 주소를 부여하고 목적지 주소까지 정보를 라우팅하고 스위칭하는 기능을 제공한다. 데이터 링크 계층은 물리 계층에서 채널에서 발생한 에러를 검출하고 패킷의 흐름 제어를 한다. 물리 계층은 비트 단위의 정보를 변조하고 복조하는 기능을 제공한다. 전송 계층에서 물리 계층까지를 하위 전송 계층이라고 부르며, 처리되는 정보 단위는 패킷 또는 데이터 프레임이다.

3.2 ITS 통신 시스템 구조

ITS 통신 시스템 구조는 ITS 서비스를 효율적으로 개발하고 구현할 수 있도록 교통시설과 통신을 엮어 주는 프레임 워크를 제공한다. ITS 통신 시스템은 서비스에 따라서 다양한 통신기술을 사용할 수 있으므로 특정 기술을 지정하지는 않는다. 그리고 기존에 사용하였던 기술과 새로운 기술을 모두 수용할 수 있어야 하며 시스템을 설치하고 운영하는데 비용이나 위험 요소를 최소화할 수 있는 통신 시스템 구조를 고려해야 한다.

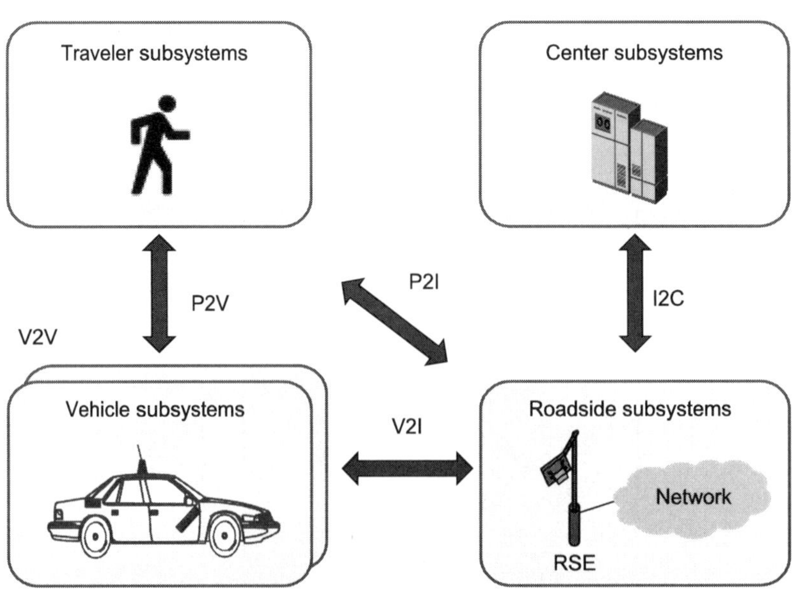

그림 3-5 ITS 통신 시스템 기본 구성

ITS 통신 시스템은 그림 3-5와 같이 보행자 서브시스템, 차량 서비스 시스템, 노변 서브시스템 그리고 센터 서브시스템으로 구성이 된다. 이 서브시스템 간 보행자를 중심으로 P2V/P2I 접속이 있고, 차량을 중심으로 V2V/V2I 접속이 있으며 노변 기지국과 센터간 I2C 접속 기능을 제공한다. 이러한 접속을 통해 정보 전달이 된다.

노변 기지국과 센터 간 I2C 통신은 움직이지 않는 지점 대 지점 통신으로 센터는 교통 관제용 센서, 교통 신호 등의 정보를 유선망을 통해 모니터링하고 관리할 수 있으며 I2C 통신기술로는 전용 회선이나 임대 회선을 사용할 수 있고 케이블 또는 광 통신을 사용할 수 있다. 그리고 유선망 대신 무선 통신망을 사용할 수 있다.

보행자나 차량 운전자와 노변 기지국이 접속되는 P2I, V2I는 통신 영역에 따라 통신 방식을 선택할 수 있다. 전국적으로 서비스 중단이 없이 제공되어야 하고 양방향 통신이 필요하면 셀룰러 통신을 사용할 수 있다. 광역에서 단방향 서비스가 필요하면 AM이나 FM 방송 채널을 이용하여 서비스를 제공받을 수도 있는 것이다.

차량 간 통신(V2V)이나 차량과 인프라 간 통신(V2I) 경우는 근거리 통신을 사용한다. 차량 간 통신은 교차로 안전 지원 서비스, 고속도로에서 자율주행 서비스에 적용한다. 그리고 V2I 서비스는 교통 신호와 연계한 서비스, ETC, 정보 제공 등의 서비스에 적용한다.

ITS 통신 시스템에서는 광역 통신과 근거리 통신, 그리고 유무선 통신이 사용되고 있으며 그림 3-6은 ITS 시스템간 상호 접속을 보여 준다.

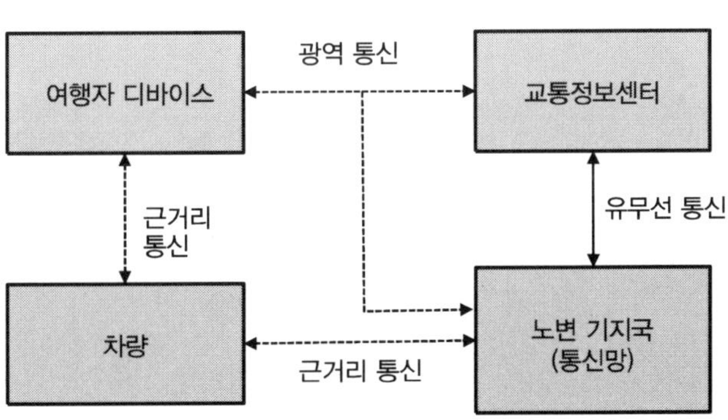

그림 3-6 ITS 통신 시스템 상호 접속

■ ITS 통신 네트워크

ITS 통신 네트워크는 DSRC, 셀룰러와 방송망이 있으며 서비스에 따라 통신 방식이 결정될 수 있다. ITS 통신 네트워크는 보행자와 차량 운전자, 노변 기지국과 센터로 구성이 되어 서비스를 제공한다. 보행자와 차량 운전자는 단말을 사용하여 기지국과 무선접속 기능과 응용 서비스를 처리하는 기능을 제공한다. 노변 기지국은 사용자 단말과 무선접속을 제공하고 센터와의 통신을 한다. 그림 3-7은 ITS 통신망의 예를 보여준다.

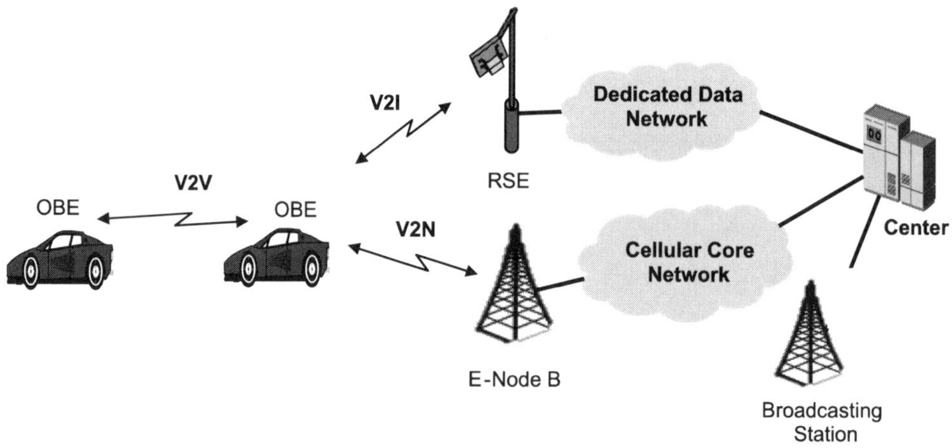

그림 3-7 ITS 통신 네트워크

각각의 시스템은 정보를 처리하고 전송할 수 있도록 계층적인 기능을 제공한다. 그림 3-8은 단말과 기지국, 그리고 센터에서 처리하는 계층적 기능과 정보 흐름을 예시로 보여 준다.

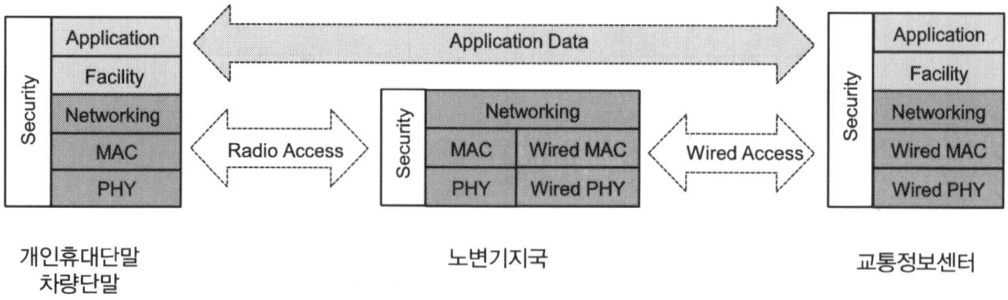

그림 3-8 ITS 통신 시스템 계층 구조의 예

ITS 시스템은 무선 액세스 기능을 담당하는 물리 계층과 MAC 계층이 있고 네트워킹과 퍼실리티 계층, 보안 계층과 응용 계층이 있으며 계층별 기능과 특징은 표 3-1과 같다.

| 표 3-1 | ITS 통신시스템 계층별 기능 및 특징

항목	기능	통신 기술
물리 계층	변복조, 채널 코딩	ASK, BPSK, QPSK, OFDM
MAC 계층	무선접속, 패킷 송수신	FDMA, TDMA, CSMA, OFDMA
네트워크 계층	라우팅	TCP/IP, UDP/IP, WSMP, Geo Networking
퍼실리티 계층	서비스 콘텐츠	Traffic Signal, LDM
보안 계층	인증 및 보안	Authentication, Encryption
응용 계층	응용 서비스	ETC, BIS Vehicle/Road Safety, e-call, T-PEG

ITS 시스템은 단말과 기지국간의 통신과 기지국과 교통정보센터간 통신, 단말과 교통정보센터간 통신으로 이루어진다. 단말과 기지국간의 통신 또는 단말간 통신, 그리고 단말간 교통정보센터간 통신은 차량에 탑재된 단말과 노변 기지국 또는 교통정보센터간 통신이므로 무선통신방식을 사용한다.

노변 기지국과 센터간 통신은 모두 고정된 위치에 설치되어 운영되므로 광통신망, IP 통신망, 그리고 Coaxial Cable 망을 사용하지만 유선망이 없는 경우에 무선망을 이용하기도 한다.

3.3 ITS 통신 시스템 계층 구조

DSRC, WAVE, 셀룰러 및 방송 시스템의 계층적 구조를 설명한다.

■ DSRC 통신 시스템 구조

DSRC 통신 시스템은 그림과 같이 자원관리, 응용계층, 데이터 링크 및 물리 계층으로 구성되며 계층별 기능은 다음과 같다.

자원관리 기능

사용자에게 서비스를 제공하기 위해서는 차량 단말과 노변 기지국 간 메시지를 전달하는 기능과 메시지를 저장하고 관리하는 자원관리 기능이 필요하다. 자원관리는 사용자가 메시지를 저장하고 읽어 볼 수 있는 메모리와 사용자 인터페이스, 그리고 프로세서 제어 기능을 포함한다.

교통정보센터의 운영 관리자나 서비스 단말을 사용자가 초기에 서비스 등록하고 서비스를 요청하며 서비스 응답을 알려 주는 기능을 제공한다. 사용하는 서비스는 ETC 서비스를 제공하지만 교통 정보 수집과 제공, 차량 관리 등 여러 가지 서비스를 제공해야 하므로 서비스를 식별하는 기능과 서비스에 따른 자원 할당이 되어야 한다. 그리고 운영 관리자와 일반 사용자를 위한 인터페이스 기능을 제공하여야 한다.

응용 계층 기능

응용 계층은 차량 단말과 서버 간에 정보 메시지를 생성하고 전달하는 기능을 수행한다. 응용 계층의 메시지는 서비스 종류에 따라 메시지를 정의한다. 그리고 메시지는 초기 등록을 위한 메시지, 자원 관리를 위한 메시지, 보안을 위한 메시지, 메시지 전송을 위한 메시지로 구분할 수 있다.

데이터 링크 계층 기능

데이터 계층은 다수의 단말과 노변 기지국 간에 패킷 전송을 위한 다중 접속 기능과 무선 채널에서 발생한 에러를 제어하는 기능을 수행한다. 다중 접속은 Slotted ALOHA 기반 TDMA 방식을 사용한다.

물리 계층 기능

물리 계층은 패킷 단위의 메시지를 전파 신호로 만들어 송신하고 수신한 전파 신호를 패킷 프레임을 복원하는 기능을 수행한다. 변조 방식으로 ASK, FSK, PSK 방식을 사용하며 900 MHz 주파수 대역과 5.8 GHz 주파수 대역을 사용하고 있다.

DSRC 통신 방식은 물리계층과 데이터 링크 계층, 응용 계층과 자원관리 계층으로 되어 있고 네트워크 계층이 없는 간단한 계층 구조를 갖는다. 네트워크 계층은 응용 계층에서 기능을 필요시 구현할 수 있고 노변 기지국과 서버 간 메시지는 유선 전용망을 통해 전달하는 구조를 갖는다. 그림 3-9는 DSRC 통신 시스템의 장치별 계층 구조를 보여준다.

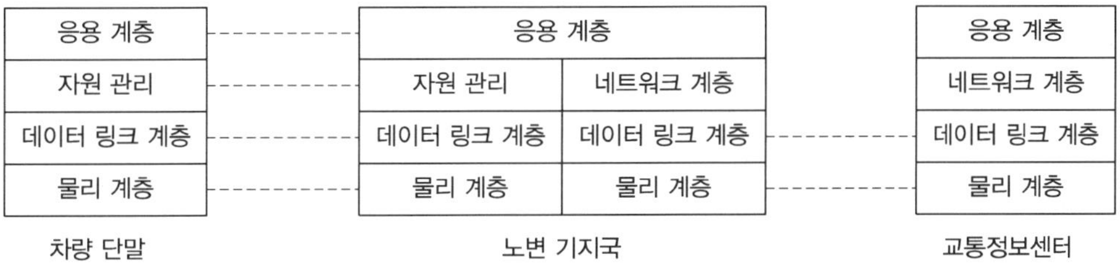

그림 3-9 DSRC 통신 시스템의 계층 구조

전송 메시지 처리

메시지는 응용 계층에서 서비스 종류와 메시지 종류를 구분하는 서비스 ID와 메시지 ID를 부여하고 메시지의 생성 날짜, 메시지 길이, 그리고 에러 검출 코드를 추가하여 전송하는 메시지를 생성한다. 이러한 메시지는 단말이나 서버에서 공통적으로 사용되어야 하므로 표준화된 코드를 생성한다. 이 응용 계층의 메시지는 데이터 링크 계층으로 전달이 된다. 데이터 링크 계층에서는 패킷의 시작점과 다수 사용자를 식별하는 링크 ID, 그리고 링크 접속 및 제어 기능을 하는 기능을 포함한 데이터 링크에서의 헤더를 추가한 패킷을 생성하여 물리계층으로 보낸다. 물리계층에서는 데이터 링크의 패킷에 물리계층에서 필요한 헤더를 추가하여 물리 계층의 패킷 데이터를 생성한다. 그림 3-10은 DSRC 전송 메시지 처리를 보여준다.

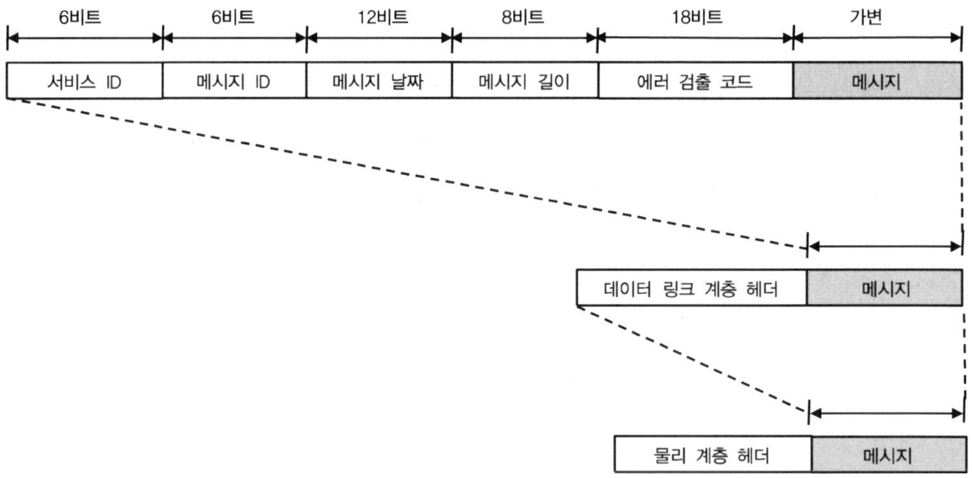

그림 3-10 DSRC 전송 메시지 처리

■ WAVE 통신시스템 구조

WAVE 통신시스템 구조는 응용 계층과 보안 계층, 네트워크 계층, 멀티채널 계층, 데이터 링크 계층, MAC 계층, 물리계층으로 구성이 되며 관리 기능은 계층별로 포함되어 있어 있다.

응용 계층

응용 계층은 서비스에 관한 메시지 종류와 내용을 정의한다. 메시지는 데이터 속성을 의미하는 데이터 요소와 서비스를 제공할 수 있는 데이터 프레임으로 구성된다. 데이터 요소와 데이터 프레임을 표준화된 코드로 생성하고 관리할 수 있어야 하며 ITU-T X.680 표준에 따르도록 권고하고 있으며 미국 SAE의 J2735 안전 메시지 표준은 이 권고를 준용하여 15개의 메시지와 150개의 데이터 요소, 그리고 70개의 데이터 프레임을 정의하고 있다.

아래 박스에는 SAE J2735에서 정의된 BSM(Basic Safety Message)의 예를 보여 준다. 이 메시지는 식별자와 길이, 그리고 내용의 형식으로 구성된다. 예시의 파트 1에서는 메시지 ID가 1바이트, 메시지 카운드가 1바이트를 정의하고 있으며 위치, 주행, 제어 등의 차량 안전에 필요한 정보 요소를 포함하고 있으며 데이터 프레임으로 서비스를 제공하게 된다.

```
BasicSafetyMessageVerbose ::= SEQUENCE {

    -- Part I, sent at all times
    msgID DSRCmsgID, -- App ID value, 1 byte
    msgCnt MsgCount, -- 1 byte
    id TemporaryID, -- 4 bytes
    secMark DSecond, -- 2 bytes

    -- pos PositionLocal3D,
    lat Latitude, -- 4 bytes
    long Longitude, -- 4 bytes
    elev Elevation, -- 2 bytes
    accuracy PositionalAccuracy, -- 4 bytes

    -- motion Motion,
    speed TransmissionAndSpeed, -- 2 bytes
    heading Heading, -- 2 bytes
    angle SteeringWheelAngle, -- 1 bytes
    accelSet AccelerationSet4Way, -- 7 bytes

    -- control Control,
    brakes BrakeSystemStatus, -- 2 bytes

    -- basic VehicleBasic,
    size VehicleSize, -- 3 bytes

    -- Part II, sent as required
    -- Part II,
    safetyExt VehicleSafetyExtension OPTIONAL,
    status VehicleStatus OPTIONAL,
    ... -- # LOCAL_CONTENT
}
```

2735 메시지는 차량간에 주고 받는 메시지와 인프라에서 차량에 제공하는 메시지가 있으며 차량 및 도로 안전에 필요한 위치 정보, 차량 주행 정보, 신호등 정보 등을 포함하고 있다.

보안 계층

응용 계층의 안전 메시지는 사용자의 ID 정보와 위치 정보를 포함하고 있어서 사용자가 등록한 사용자인지를 확인하는 인증 기능과 전송되는 메시지의 노출을 방지하는 메시지 보안이 필수적이다. 보안 계층은 전송하는 안전 메시지의 사용자 인증 기능과 정보를 보호하기 위한 암호화 기능, 그리고 키 관리 기능도 포함하고 있다.

네트워크 계층

네트워크 계층은 IPv6 기반의 통신 프로토콜을 이용한 유니캐스트 기능을 제공한다. IP 계층은 인터넷 서비스 지원을 위해 IP 주소를 기반으로 데이터를 목적지까지 포워딩하는 프로토콜로서 IPv6 통신 프로토콜 계층위에 TCP와 UDP 프로토콜을 사용할 수 있다.

응용 계층에서 전달하는 메시지는 초기 링크 접속을 위한 메시지와 차량 안전 메시지를 전달할 필요가 있으며 이러한 메시지는 짧은 시간에 방송 형태로 전달하여야 한다. 이러한 메시지를 전달하기 위해 WSMP(WAVE Short Message Protocol)을 지원한다. WSMP 프로토콜은 차량간 직접 메시지를 전달하는 Non-IP 통신 프로토콜로서 초기 링크 접속 기능 또는 차량 메시지를 주기적으로 방송하는 통신 프로토콜이다.

멀티채널 계층 기능

네트워크 계층에서는 IPv6 프로토콜 메시지 또는 WSMP 프로토콜 메시지를 선택적으로 사용할 수 있다. 상위 메시지 종류에 따라서 무선 채널을 시간적으로 선택하는 기능을 제공하며 이것을 멀티 채널 스위칭이라고 부른다.

주파수 채널을 10 MHz 주파수 대역으로 7개를 지원하며 한 개의 제어 채널과 6개의 서비스 채널로 구성이 된다. 제어 채널은 초기 링크 접속을 위한 WSA(WAVE Service Announcement) 메시지를 전달하거나 WSM(WAVE Safety Message)를 전달할 때 사용하며 IPv6 메시지는 서비스 채널을 선택하여 전송한다. 따라서 제어 채널은 모든 단말이 수신하여 WSMP 통신 프로토콜 메시지인지 IPv6 통신 프로토콜 메시지 인지를 구분하여 IPv6 통신 메시지인 경우는 서비스 채널에서 정보 교환이 이루어져야 한다. 그림 3-11은 WAVE 통신에서 제어 채널과 서비스 채널의 주파수 채널 할당과 채널 스위칭 기능을 보여준다.

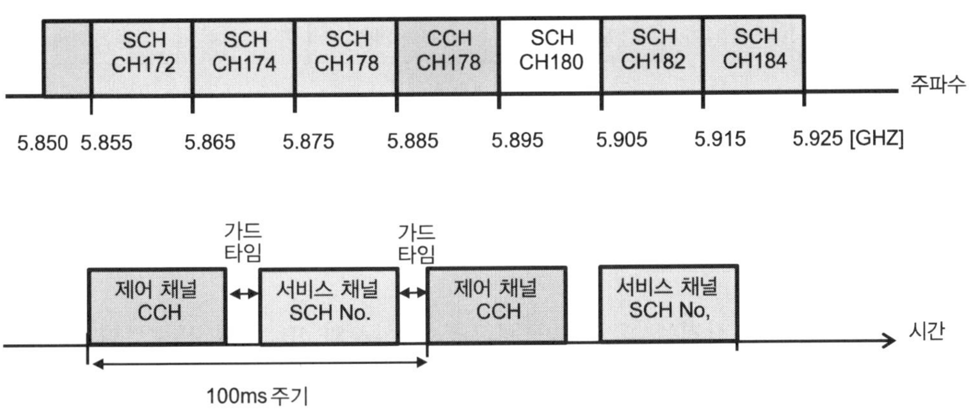

그림 3-11 WAVE 주파수 채널 및 채널 스위칭 기능

데이터 링크 계층 기능

데이터 링크 계층은 패킷의 에러를 검출하거나 복구하는 기능을 제공한다.

MAC 계층 기능

MAC 계층은 차량 단말과 기지국간 다수 사용자간 무선 접속을 제공하며 CSMA/CA 방식을 사용한다.

물리 계층 기능

물리계층은 패킷 데이터를 변조하여 전송하고 수신하는 기능, 채널 코딩과 디코딩 기능을 수행한다.

그림 3-12는 WAVE 통신시스템을 구성하는 차량 단말, 노변 기지국과 교통정보센터에 대한 계층 구조를 보여준다.

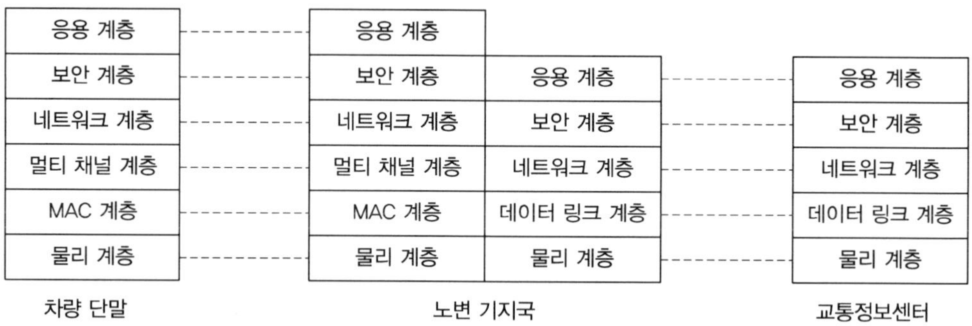

그림 3-12 WAVE 통신시스템의 계층 구조

전송 메시지 처리

전송하고자 하는 메시지는 WSMP 프로토콜 메시지와 IP 통신 프로토콜 메시지가 있으며 여기서는 WSMP 통신 메시지 중에서 WSM 메시지 처리에 대하여 설명한다.

WSM 메시지는 응용 계층에서 메시지 관련된 헤더 정보를 추가한다. 헤더 정보에는 버전 정보, PSID(Provider Service IDentifier), 확장 필드. WSM ID, 그리고 메시지 길이 정보이다. 버전 정보 WSMP 프로토콜 버전을 표시하며 PSID는 WSM메시지에 대한 서비스 ID 정보로 서비스 종류에 따라 1~4바이트를 사용한다. WSM 확장 필드에서는 무선 채널의 번호, 데이터 전송 속도와 송신 출력 레벨에 관한 정보를 포함해야 하며 선택적인 정보를 추가할 수 있다. WSM ID는 확장 필드가 끝나고 WSM 데이터 필드가 시작된다는 것을 알려 주고 메시지 길이는 최대 4,096바이트이다.

네트워크 계층에서는 응용 계층 WSM 메시지인 DSDU(Data Link Data Unit)에 DSAP, SSAP, 제어, OUI 및 Ether Type 정보를 추가한다. SNAP(Subnetwork Access

Protocol)에서 사용하는 DSAP, SSAP 주소를 추가한다. Ether Type의 값이 "ox88DC"이면 WSMP 프로토콜 메시지이고 Ether Type 값이 "0x86DD"이면 IP 프로토톨을 나타내므로 이 값에 따라서 하위 계층의 무선 채널을 선택하게 한다.

MAC 계층에서는 프레임 제어, 시간, MAC 주소, 시퀀스 제어와 QoS제어 그리고 MSDU 후단에 에러 검출을 위한 CRC 체크 정보를 추가한다. WAVE MAC은 IEEE 802.11 MAC인 CSMA/CA 방식을 사용한다. 이 방식은 무선 접속에서 ID 기능을 위해 48비트 주소를 사용한다. CSMA/CA 방식은 Best Effort 방식으로 무선 자원을 공유하므로 QoS를 제공할 수 없다. 음성과 영상, Best Effort, Back Ground 서비스 종류에서 QoS를 제공하도록 EDCA(Enhanced Distributed Channel Access) 기능을 제공한다.

WAVE MAC은 IEEE 802.11 MAC을 사용하고 있으므로 무선 링크를 구성하는데 BSS(Basic Service Set), IBSS(Independent BSS) 모드가 있으며 이러한 방식은 주기적으로 비이컨을 방송하고 링크 접속을 위한 접속 과정과 인증 기능이 있어서 초기 링크 접속이 느린 특성이 있다. 이러한 문제를 해결하기 위해서 OCB(Outside of the context of BSS) 동작 모드를 정의한다. OCB 동작 모드는 BSS, IBSS에서 정의한 링크 접속 절차를 따르지 아니하고 WSA 메시지에 따라서 무선 전송을 하여 초기 링크 접속 시간을 최소화한다.

물리계층에서는 프리엠블과 신호 필드, 그리고 서비스 필드를 추가하고 패딩 정보를 추가한다. 프리엠블은 패킷의 시작점을 알고 AGC 기능과 동기 기능을 수행하기 위한 Training 신호를 보내고, 신호 필드는 패킷의 채널 주파수 정보와 데이터 속도, 그리고 프레임 길이 정보를 포함하고 있으므로 프리엠블과 신호를 수신하면 수신되는 메시지의 시작과 끝을 알 수 있게 된다. 서비스 필드와 패딩 정보는 비트 스크램블에 사용이 된다. 그림 3-13은 응용 계층에서 하위 계층으로 WAVE 전송 메시지를 전달함에 있어서 계층별 메시지 구성을 보여 준다.

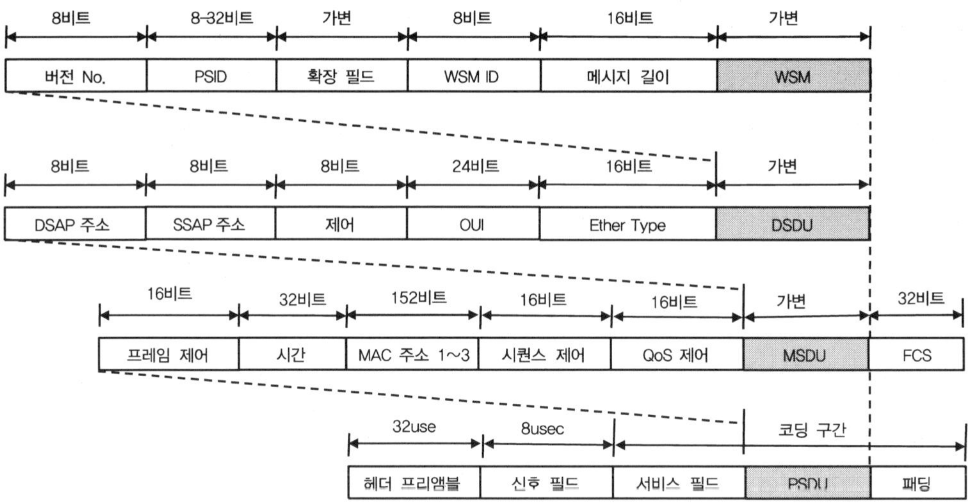

그림 3-13 WAVE 전송 메시지 처리

■ 셀룰러 통신시스템 구조

셀룰러 통신에 기반 LTE V2X, 5G NR V2X를 이용한 통신시스템은 그림 3-14과 같은 계층 구조를 갖는다. 이 방식은 물리계층과 MAC 계층, RLC/RRC 계층, 네트워크 계층이 있으며 상위 응용 계층과 보안 계층은 SAE 표준을 준용하도록 한다.

RLC(Radio Link Control), RRC(Radio Resource Control), SDAP(Service Data Adaptation), PDCP(Packet Data Convergence Protocol) 계층은 OFDMA 무선 접

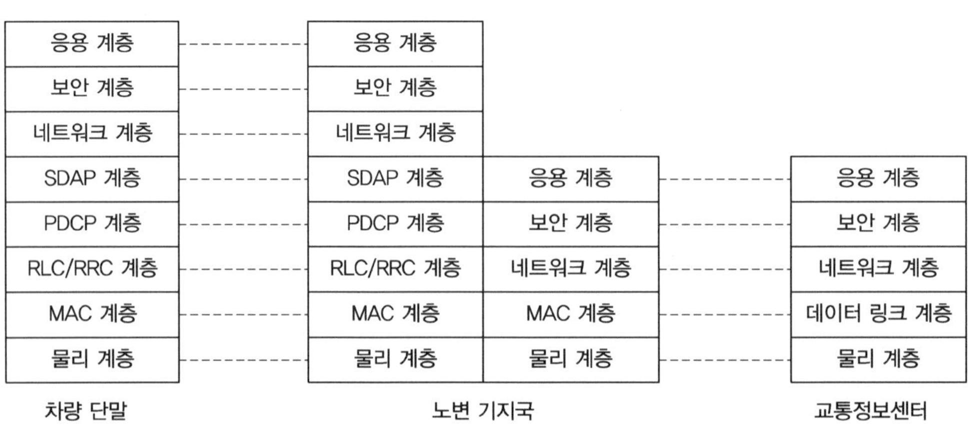

그림 3-14 C-V2X 통신 시스템의 계층 구조(예)

속을 기반으로 데이터 링크의 에러 검출 및 제어 기능, 무선 자원의 할당 및 관리 기능을 수행한다. 그림 3-14는 C-V2X 통신 시스템의 차량 단말과 노변 기지국, 그리고 교통정보 센터에서의 계층 구조(예)를 보여준다.

■ 방송 시스템 구조

방송 시스템은 응용 계층과 물리 계층으로 구성이 되며 계층 구조는 그림 3-15와 같다. 응용 메시지를 생성하여 방송 채널로 보내거나 IP 유선망을 통하여 서비스를 할 수 있는데 여기서는 방송 채널을 이용한 교통 정보 서비스에 대하여 설명한다.

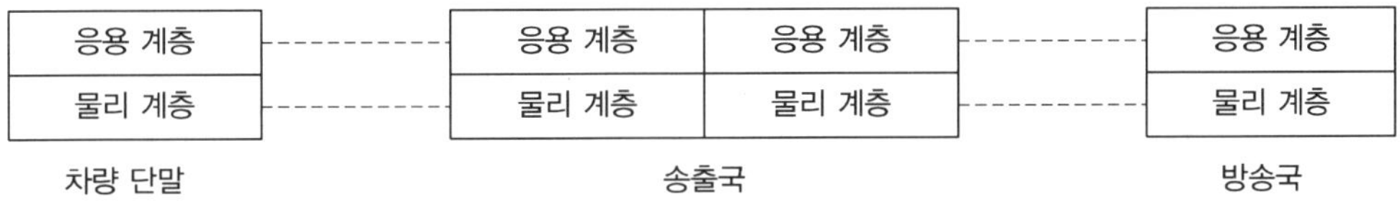

그림 3-15 방송 시스템의 계층 구조

방송 채널은 불특정 다수에게 광역으로 정보를 전송할 수 있는 장점이 있으며 서비스에 데이터를 생성하여 방송 채널로 전송하면 차량의 수신기를 통해 교통 정보를 수신하게 되며 TPEG 표준이 국제적으로 이용되고 있다. 그림 3-16은 방송 시스템의 메시지 구성과 포맷을 보여 준다.

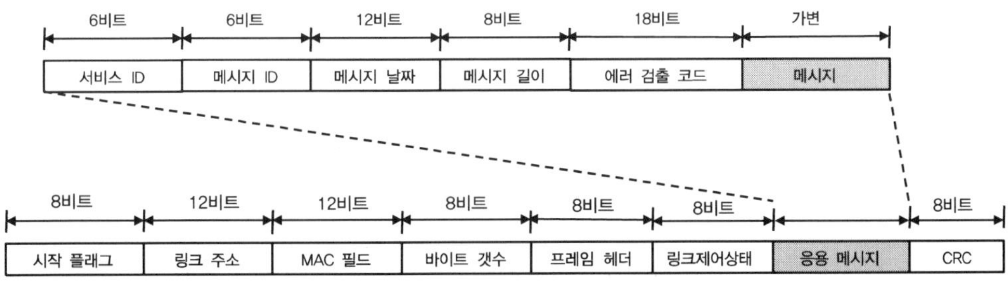

그림 3-16 방송 메시지 포맷

3.4 ITS 시스템 구조 표준

ITS 시스템 구조는 다양한 서비스와 무선통신기술을 수용할 수 있는 플랫폼 기능을 제공할 수 있어야 한다. ISO TC204 WG16에서는 다양한 서비스와 통신기술을 수용할 수 있는 CALM(Communications Access for Land Mobile) 구조를 표준화하였다.

CALM 표준은 그림 3-17와 같이 상위 서비스 및 응용 계층, 네트워킹 계층, 그리고 하부의 물리계층/MAC 계층으로 구성이 된다. 응용 서비스 계층은 CALM Fast 서비스 기능, IP 기반 서비스 기능과 기다 서비스 기능을 제공한다. 네트워킹 계층

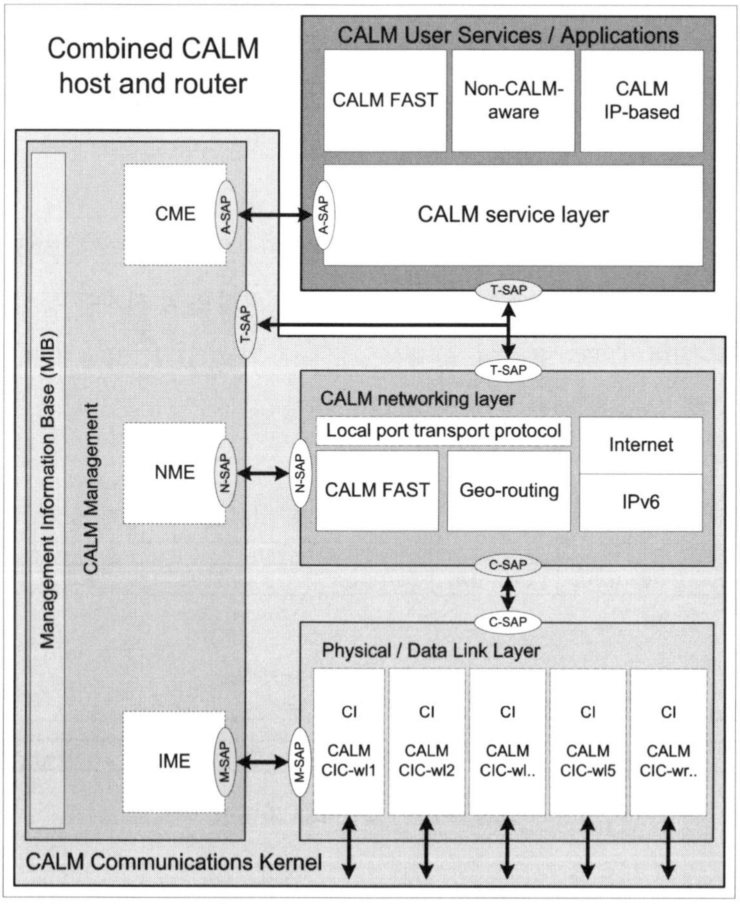

그림 3-17 ISO CALM 시스템 구조

은 CALM Fast 네트워킹 기능, Geo-routing 기능, IPv6 라우팅 기능을 제공한다. 하부 MAC/PHY 계층은 다양한 무선접속을 지원할 수 있는 통신 플랫폼 기능을 제공하는 것이다.

이러한 3단계의 수직적인 계층은 관리 기능에 의해 초기 세팅되고 업데이트 되어 서비스 및 통신 플랫폼 기능을 지원한다.

요약

- ITS 시스템 구조는 사업적 관점, 기능적 관점, 물리적인 관점, 그리고 통신시스템 관점에서 ITS 시스템 구조를 설명할 수 있다.
- 사업적 관점은 관계되는 기관들의 역할을 정립하고 서비스 요구사항을 정의하는 것으로 시스템 구조와 설계에 직접적인 영향을 미치게 된다.
- 시스템 구조를 기능적인 관점에서 분석하는 것은 ITS 시스템의 기능과 정보 흐름을 설명하는 상위 레벨의 시스템 기능 요구사항을 작성하는 단계를 의미한다고 볼 수 있다.
- 통신시스템 관점에서 ITS 서비스에서 요구하는 채널 용량, 통신 기능과 성능에 대한 요구사항을 설명하는 요구사항 문서와 통신시스템 구조 문서를 작성하는 것이 필요하다.
- ISO 표준에서 제시하는 통신시스템의 7계층 구조는 응용 계층, 표현 계층, 세션 계층, 전송 계층, 네트워크 계층, 데이터 링크 계층과 물리 계층으로 정의한다.
- ITS 통신시스템에서 사용하는 DSRC 통신, WAVE 통신, C-V2X 통신, 그리고 방송에서 사용하는 응용 메시지 구성과 포맷은 표준화되어 있다.
- WAVE 통신에서는 IP 기반의 통신과 Non-IP WAVE 통신 프로토콜을 사용하며 WAVE 통신 프로토콜은 안전 메시지를 100 ms 주기로 방송할 수 있는 통신 방식이다.

참고문헌

[1] ITS Land Mobile Handbook, ITU-R WP5A ITS SWG, 2020.

[2] 이승우, 신승중, and 유희경. "하이패스 단말기를 이용한 교통정보수집 시스템에 관한 연구." 한국인터넷방송통신학회 논문지 8.6 (2008): 165-172.

[3] Kenney, John B. "Dedicated short-range communications (DSRC) standards in the United States." Proceedings of the IEEE 99.7 (2011): 1162-1182.

[4] 지능형 교통 시스템(ITS): 통신 아키텍처, ETSI EN 302 665, 2010.

[5] WAVE를 위한 IEEE 가이드 : 시스템 구조., IEEE 1609.0, 2013.

[6] 차량통신시스템 2단계; 시스템 구조, TTA KKAS.KO—06.0193/R2.

[7] 5G NR-V2X 시스템 구조, 3GPP TS 22.286.

[8] 지능형 교통 시스템 — 스테이션 및 통신 아키텍처, ISO 21217, 2020

제 4 장

무선접속기술

무선접속기술은 다수의 사용자들이 한정된 무선 채널 자원을 공유하면서 정보를 교환하는 기술을 말한다. 이러한 무선접속기술의 개념은 하나의 도로를 승용차, 버스 그리고 트럭이 공통으로 사용하면서 사람과 물자를 운송하는 개념과 같다고 볼 수 있다. 무선 채널이 한정된 조건에서 다수 사용자가 무선 채널을 공유해야 하므로 효율적인 통신 방식과 무선접속기술이 필요하다.

이 장에서는 무선채널의 개념, 무선통신망과 통신 방식, 그리고 무선접속기술에 대하여 설명한다. 무선접속기술에는 FDMA, TDMA, CDMA, OFDMA, SDMA, CSMA/CA 방식이 있으며 이러한 무선접속의 방법과 규격에 대하여 설명한다.

4.1 무선접속기술의 개념

다수의 사용자 간에 무선통신을 통하여 정보교환이 이루어지기 위해서는 무선접속기술이 필요하다. 그림 4-1에서 보는 바와 같이 사용자가 전송하고자 하는 정보는 송신기에 입력되고 송신기에서는 변조된 신호를 생성하여 송신 안테나로 보낸다. 송신 안테나는 대기 중에 방사하는 전자파 신호를 송출하게 되고 무선 채널을 통해 전자파 신호를 수신하고 수신기에서는 복조하고 사용자 정보를 얻게 된다.

다수의 송신자와 다수의 수신자 간에는 공통의 무선 채널을 공유하여 정보를 전달해야 하며 이러한 기술을 무선접속기술이라고 한다. 이러한 무선접속 술의 개념은 하나의 도로를 승용차, 버스 그리고 트럭이 공통으로 사용하면서 사람이나 물자를 운송하는 개념과 같다고 볼 수 있다. 즉, 무선접속기술은 다수의 사용자들이 한정된 무선 채널 자원을 공유하면서 사용자 정보를 교환하는 기술이다.

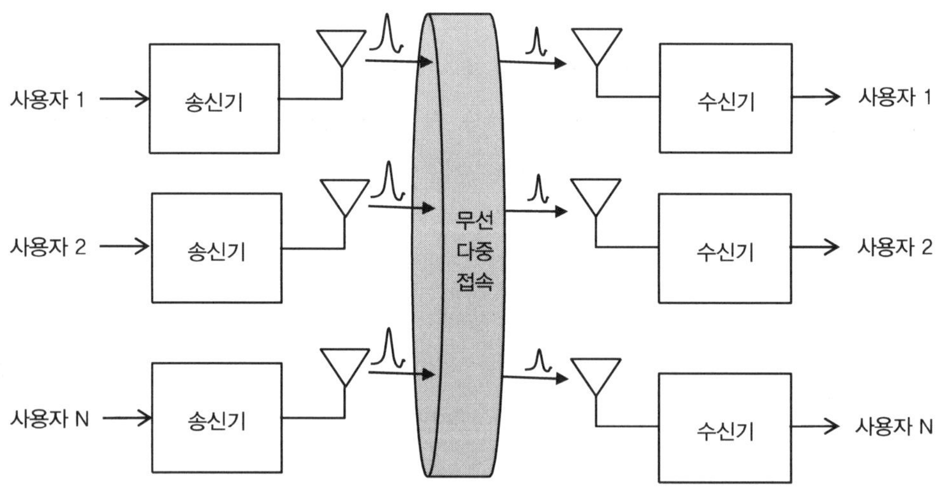

그림 4-1 무선접속기술 개념

송신기에서 송출하는 전파는 대기를 통하여 전달되는데 전파의 주파수 범위와 송신 출력이 한정되어 있으며 주파수와 파장에 따라 전파의 전달 특성이 다르게 된다. 전파는 인접 채널에 간섭 영향을 제공할 수 있으므로 국내외적으로 사용하기 위해서는 국제적인 주파수 권고와 국가별 전파 규액에 따라서 전파의 이용하고 관리하는 것이 필요하다.

■ 전파 이용 현황

전파는 주파수 또는 파장에 따라서 전파를 구분하고 관리하며 최저 주파수인 30 KHz를 기준으로 10배 단위로 3 THz까지 구분하고 있다. 표 4-1은 국내 전파의 주파수 대역과 주파수 이용 현황을 보여준다. ITS 서비스를 위한 주파수 대역은 마이크로파 주파수 대역에서 이동통신 분야에 속한다.

| 표 4-1 | 국내 주파수 할당 및 이용 현황

주파수	30KHz	300KHz	3MHz	30MHz	300MHz	3GHz	30GHz	300GHz	3THz	
파장	초장파	장파	중파	단파	초단파	극초단파	마이크로파	밀리미터파	서브밀리미터파	광파
이용	장거리 항해 해저 통신	장거리 항해 항해용 무선 표시	AM 방송 선박 통신 방향 탐지 긴급 구조	단파 방송 아마추어 무선 장거리 해상 항공	FM 방송 TV 방송 해상 통신 항공 통신 생활 무선 지상파 DMB	TV 방송 삐삐 이동 통신 해상 통신 항공 통신 위성 통신 생활 무선	마이크로파 중계 위성 통신 위성 방송 레이더 이동 통신 생활 무선	중앙 방재 레이더 우주 통신 전파 천문 과학 연구	이용 기술 미확립	광통신 시스템

■ 전파 주파수와 파장

전파의 주파수와 파장에 대한 기본적인 개념을 이해하는 것은 매우 중요하다. 그림 4-2에서 좌표계에서 수평축 x와 수직축 y 평면으로 구성된 평면에서 반지름이

1인 원을 가정하고(x = 1, y = 0) 지점에서 출발하여 시계 반대 방향으로 한 바퀴를 돌아서 출발 지점까지 오는데 걸리는 시간을 T라고 하면 한다면, T는 주기라고 부른다. 그리고 한 주기 동안에 원둘레를 이동했으므로 이동거리는 2π가 된다. 원둘레를 이동하는 속도를 각속도라고 하며 각속도 $\omega = \frac{2\pi}{T}$가 된다. 그리고 (x = 1, y = 0) 지점에서 임의의 시간 t 만큼 이동한 위상은 각속도에 시간을 곱하여 계산할 수 있다.

$$\theta = \omega \cdot t = \frac{2\pi}{T} \cdot t \quad (4\text{-}1)$$

주파수 f는 주기의 역수(1/T)로 정의하며 각속도는 다음과 같이 표현된다.

$$\omega = \frac{2\pi}{T} = 2\pi f \quad (4\text{-}2)$$

(x = 1, y = 0) 지점에서 출발하여 원둘레를 이동하는 점을 수평축에서 관측하면 그림 4-2의 오른쪽과 같은 파형을 얻게 된다. 즉, 0을 출발에서 1, 0, −1, 0의 값을 갖게 되는데 $\sin\theta$ 모양이 되는 것을 알 수 있다. 이 경우에 주기 T는 $\sin\theta$에서 위상값이 0에서 2π까지 변화하는데 걸리는 시간이고, 파장은 주기 T 동안 이동한 거리임을 알 수 있다. 그림 4-2는 좌표축과 시간축에서 주파수의 파장을 개념을 보여 준다.

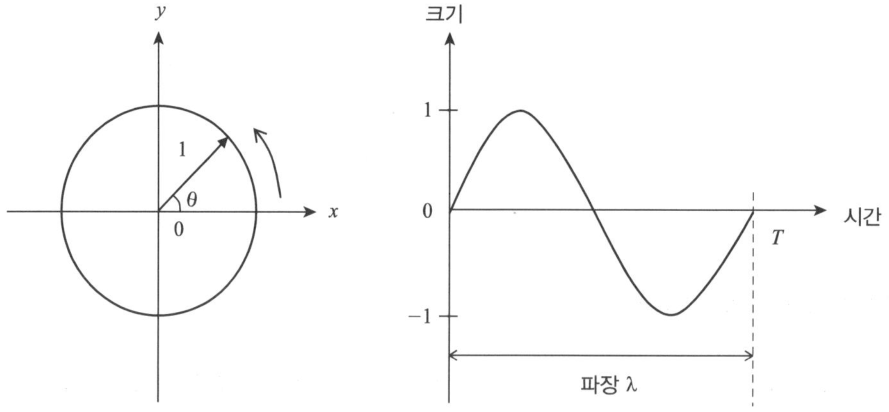

그림 4-2 좌표축와 시간축에서 주파수와 파장의 개념

전파는 빛의 속도 c(300,000 km/s)로 전달이 되며, 전파의 주기가 T, 주파수가 f, 파장이 λ이면 이들의 관계는 수식4-3과 같이 표현이 된다.

$$C=\frac{\lambda}{T}=\lambda f \tag{4-3}$$

전파는 빛의 속도 c는 300,000 km/sec이므로 전파의 주파수 f를 알면 전파의 파장 λ는 $\lambda=\frac{c}{f}$가 된다. 전파의 파장은 전파의 주파수와 반비례 관계가 있으므로 주파수가 증가하면 전파의 파장은 감소하는 특징을 갖는다. 예를 들어 5.9 GHz 주파수를 사용하는 전파의 경우 빛의 속도가 300,000 km/sec이므로 전파의 파장은 약 5 cm 정도가 된다. 전파의 주파수 대역은 안테나 크기와 전파의 감쇄에 영향을 미치므로 이러한 전파의 전파 특성을 고려하여 통신시스템을 설계하는 것이 매우 중요하다.

■ 채널 대역폭

송신 안테나의 출력 신호는 주파수 채널 대역폭과 신호의 전력으로 정의한다. 안테나 출력 신호의주파수 채널 대역폭은 주파수 영역에서의 신호 특성을 말하며 일반적으로 두 가지 정의를 사용하고 있다.

첫째는 출력 신호가 포함하는 전체 에너지에서 99%를 포함하는 주파수 범위로 정의하는데 이것은 안테나에서 출력하는 신호가 포함하고 있는 전체 에너지를 포함하도록 전송하는 것을 의미한다. 두 번째는 송신 신호의 최대값을 기준으로 3 dB 떨어지는 주파수 범위로 정의하는데, 이것은 송신하는 신호의 필터링과 신호 처리에 적용하는 기준으로 사용한다.

송신 신호의 주파수 채널은 주파수 채널 대역폭에 채널 간 간섭을 고려한 주파수 이격을 포함하여 주파수 채널 간격을 결정한다. 이것은 송신 신호의 주파수 성분이 이웃한 주파수 채널에 간섭으로 작용하므로 이를 고려하여 주파수 채널 간격을 결정하는 것이다.

그림 4-3은 주파수 채널 대역폭과 채널 간격을 보여 준다. 채널 #1에서 전송하는

전파의 신호 전력이 P이고 채널 대역폭이 f_B인 경우에 일반적으로 송신 전력 스펙트럼은 99% 신호 전력을 포함하는 신호 성분과 이웃한 채널에 간섭으로 작용하는 신호 성분으로 구성된다. 따라서, 송신 신호 성분은 통과시키고 이웃한 채널에 간섭으로 작용하는 신호 성분은 억제하는 스펙트럼 마스크를 법적으로 규제를 한다. 그림 4-3에서 점선은 주파수 스펙트럼 마스크를 보여 준다.

채널 간격(Channel Spacing)은 전파 신호의 채널 대역폭 f_B과 인접한 주파수 채널 간에 간섭 영향이 없도록 주파수 이격을 고려하여 결정한다.

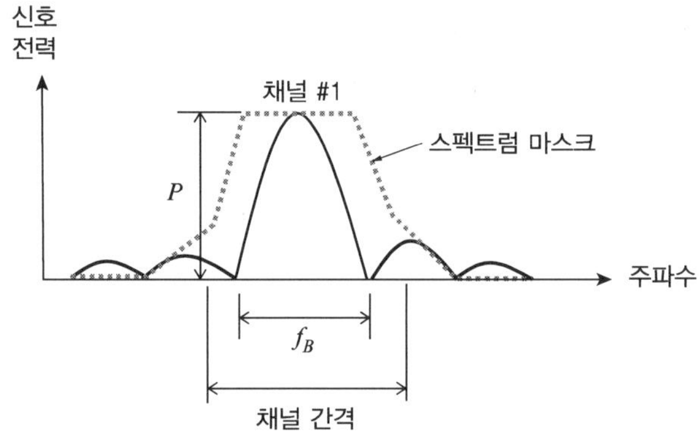

그림 4-3 주파수 채널 대역폭 정의

4.2 무선 통신망과 통신 방식

ITS 시스템에서 구성하는 Hot Spot 개념의 근거리 패킷 통신망과 셀룰러 통신망, FDD와 TDD 통신 방식 그리고 정보 전송 형태에 대하여 설명한다.

■ 근거리 패킷 통신망

DSRC 통신이나 WAVE 통신은 특정 지역에 노변 기지국이 설치되고 다수의 차량과 근거리 패킷 통신을 한다. 그림 4-4과 같이 노변 기지국을 중심으로 통신이 가능한 영역을 Cell이라 부르며 Cell A와 B가 있고 노변 기지국과 차량 단말 간 통신과 차량 간 통신을 하는 주파수 채널을 f_1이라고 하면 Cell A에서 차량 단말에서 수신하는 신호 S_A이고, Cell A와 Cell B로부터 수신하는 간섭 신호를 I_A, I_B라고 하면 차량 단말에서 수신하는 신호 대 간섭 신호의 비는 다음과 같다.

$$S/(N+I) = \frac{S_A}{N+(I_A+I_B)} \tag{4-4}$$

실제로 무선 Cell을 구축하는데 노변 기지국은 교차로 지점이나 사고 다발지점에 설치되므로 무선 셀의 간격이 떨어지게 된다. 그리고 셀의 송신 출력은 200 mW 이내의 미약 전파를 송출하기 때문에 이웃한 노변 기지국으로 인한 간섭 I_B는 무시할 수 있다. 그리고 Cell A에서 차량 단말로 인하여 발생되는 간섭 I_A는 차량 단말이 CSMA/CA 방식으로 채널 접속을 하므로 I_A이 있는 구간을 회피하여 통신이 가능하다. 따라서 특정 지점을 중심으로 노변 기지국이 설치되고 간섭 회피가 가능한 근거리 패킷 통신에서는 하나의 채널 주파수로 통신이 가능한 특징을 갖는다.

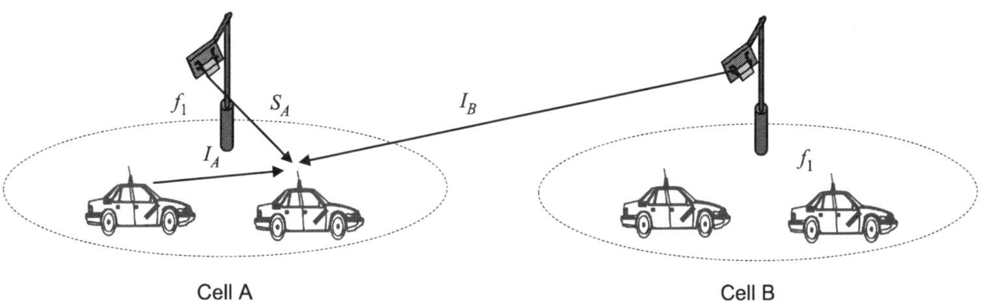

그림 4-4 근거리 데이터 통신에서의 Cell 구성

■ 셀룰러 이동통신망

이동통신이나 TRS(Trunked Radio System) 서비스는 음성 통화를 기본으로 영상과 데이터 서비스를 광역으로 제공하는 특징으로 가지고 있다.

음성 통화는 사용자가 불편을 느끼지 않도록 시간 응답성과 서비스 연속성이 제공되어야 한다. 이러한 서비스의 요구사항에 따라서 셀룰러 통신망은 끊김이 없는 핸드오버 기술이 지원되어야 하며 Cell 간 경계 지점이 겹치도록 무선망을 구축해야만 한다. 실제로 사용자가 이동하는 패턴은 실내와 실외 지역을 랜덤하게 분포된다고 가정해야 하므로 이동통신 서비스를 위한 Cell 구축은 그림 4-5와 같이 벌집 모양의 패턴으로 모델링하게 되는 것이다.

이동통신망에서 Cell A, B이 있고 기지국과 차량 단말 간 통신과 차량 간 통신을 하는 주파수 채널을 f_1이라고 하면 Cell A에서 차량 단말에서 수신하는 신호 S_A이고, Cell A와 Cell B로부터 수신하는 간섭 신호를 I_A, I_B라고 하면 차량 단말에서 수신하는 신호 대 간섭 신호의 비는 다음과 같다.

$$S/(N+I) = \frac{S_A}{N+(I_A+I_B)} \tag{4-5}$$

실제로 무선 Cell을 구축하는데 셀의 크기는 10 Km 정도로 크기 때문에 기지국 출력은 수십 Watt이고 단말기 출력은 일반적으로 1 Watt 이내인 특징을 갖는다. 이러한 조건에서 Cell A 단말에 수신되는 간섭 I_B는 Cell B가 인접하고 기지국의 출력이 크므로 단말이 Cell B에 근접하게 되면 간섭으로 인하여 통신할 수 없게 되므로 Cell B에서는 f_1 주파수를 사용할 수 없고 f_2 주파수 채널을 사용해야만

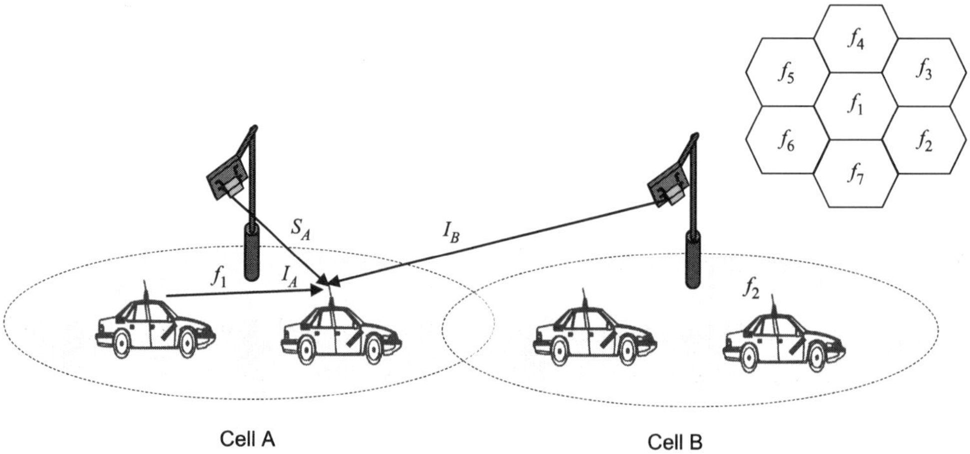

그림 4-5 셀룰러 이동통신에서의 Cell 구성

한다. 이동통신 무선망에서 벌집 모양의 셀 구조를 갖게 되며 7개의 주파수 채널이 필요하므로 주파수 재사용율이 7이라고 하며, 간섭을 회피하는 기술을 적용하면 하나의 주파수 채널로 셀 구축이 가능하게 된다. Cel1 A에서의 간섭 I_A는 간섭을 인식하고 회피하는 기술을 적용하여 동일 주파수를 사용할 수 있다.

■ TDD/FDD 통신 방식

차량 단말과 기지국 간 무선통신의 동작에는 TDD와 FDD 방식이 있다.

TDD 방식은 하나의 캐리어 f_1을 사용하고 시간 분할을 하여 차량 단말과 기지국 간에 송수신하는 통신 방식을 말한다. 이 방식은 단말기 송신하는 시간과 단말기가 수신하는 시간을 효율적으로 관리하는 것이 필요하므로 비이컨 신호를 보내어 시간을 효율적으로 관리하게 하며, 차량 단말에서 송신하거나 수신하는 시간이 서로 간섭으로 영향을 주지 않도록 시간적인 간격을 두어야 한다. 이러한 방식은 무선랜, DSRC, WAVE 등과 같이 차량 단말과 기지국의 출력이 동일한 수준이고 소출력인 근거리 통신 방식에서 주로 사용된다. 그림 4-6은 TTD 통신 방식을 보여준다.

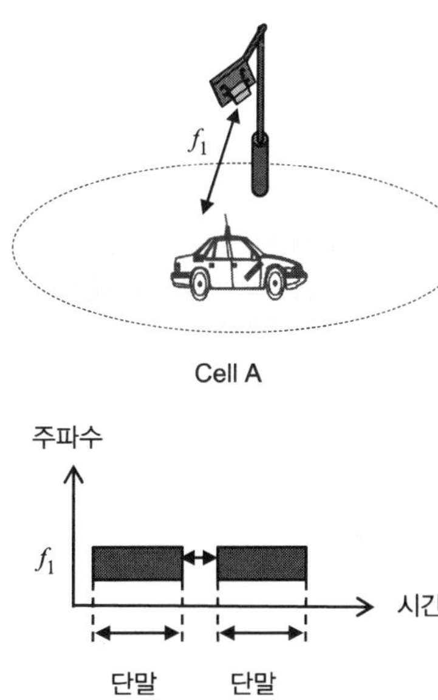

그림 4-6 TDD 방식

FDD 방식은 차량 단말의 송신 주파수 f_1와 수신 주파수 f_2를 나누어 송수신하는 방식을 말한다. 단말에서 기지국으로 보내는 채널을 업링크 주파수라고 하고 기지국에서 단말기로 보내는 주파수를 다운링크 주파수라고 부른다. 이 방식은 업링크 주파수와 다운링크 주파수가 서로 간섭을 주지 않도록 주파수 이격을 주게 되면 동시에 양방향 통신이 가능한 특징이 있다. 이러한 방식은 셀룰러나 TRS 통신과 같이 기지국의 출력이 단말기의 출력에 비해 크고 장치의 운용 환경이 다른 장거리 통신 방식에서 주로 사용한다. TDD 방식은 FDD 방식에 비해 주파수 효율이 좋은 장점이 있으나 시간적인 스위칭이 필요하므로 양방향 통신에 정보 지연이 발생할 수 있는 단점이 있다. 그림 4-7은 FDD 통신 방식을 보여 준다.

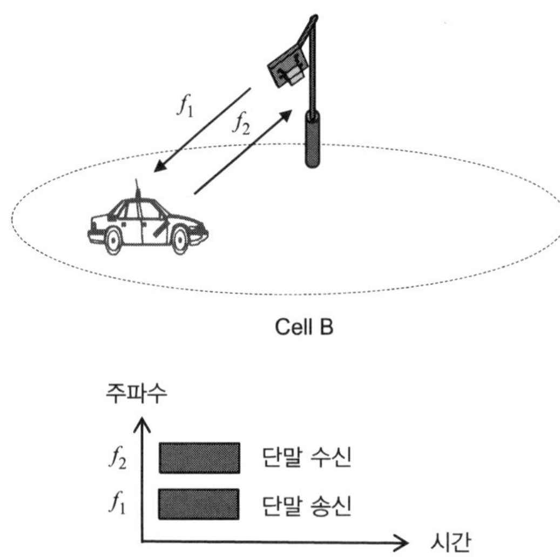

그림 4-7 FDD 방식

■ 정보의 형태

차량 단말과 기지국 간 무선통신을 전달하는 정보는 음성, 영상이 있고 이들 정보가 복합된 형태의 멀티미디어 정보가 있다.

음성 정보는 아날로그 음성 신호를 디지털로 변환하고 압축하여 디지털 음성 신호로 전송하게 된다. 일반적으로 아날로그 음성 신호의 주파수 성분은 300~3400 Hz가 되므로 4 KHz 주파수 대역으로 간주하고 Nyquist 샘플링 이론에 따라서 4 KHz

주파수의 2배인 8 KHz 로 샘플링하고 샘플링된 값을 디지털 이진 데이터로 변환하면 음성 디지털 신호가 되며, 적용하는 부호화 방식에 따라 4, 8, 16, 32, 64 Kbps 등 다양한 속도가 있다. 이러한 음성 신호는 음성의 품질은 음성 신호의 전송 속도가 높을수록 좋아지며 음성 통화 서비스의 경우에는 시간 지연이 짧아야 한다.

영상 정보도 음성 정보와 마찬가지로 카메라의 영상 신호를 디지털로 변환하고 압축하는 과정을 통해 디지털 영상 정보롤 전송하게 된다. 디지털 영상 정보는 샘플링으로 얻어진 디지털 샘플을 이진 데이터로 변환하는 비트 수와 영상 프레임 신호의 프레임 속도에 따라서 영상 품질이 달라진다. 이러한 영상 신호는 영상 품질은 디지털 비트 수와 프레임의 속도가 증가함에 따라 품질이 좋아지며 서비스의 시간 지연이 짧아야 한다.

데이터 정보는 음성 정보와 영상 정보를 제외한 문자, 문장을 말하며 ITS 서비스에서 다루는 위치 정보, 차량의 주행 정보, 날씨 정보, 교통 정보를 말하며 정보량이 비교적 적고 시간 지연에 큰 제약이 없는 특징이 있다.

■ 전송 방식

정보를 전송하는 방식에는 크게 3가지가 있다. 그림 4-8에서는 기지국과 차량 단말 간의 정보 전송를 보여주는 예이다. 기지국과 차량 단말 간에는 식별할 수 있는 ID가 있다고 가정할 때 1:1 통신은 기지국과 하나의 차량 단말 간에서 정보를 주는 받는 형태의 통신을 말하며 유니캐스트(Unicast)라고 부른다. 1:N 통신은 기지국과 N개의 차량 단말 간에서 그룹을 형성하고 기지국이 차량 단말에 정보를 전송하는 형태의 통신을 말하며 멀티캐스트(Multicast)라고 부른다. 1:N 방송은 사전에 ID를 부여하지 않고 기지국이 정보를 전송하면 모든 단말이 동시에 수신하는 형태를 말한다.

이러한 정보 전송 방식은 서비스 종류와 무선접속절차에 따라서 이용이 된다. 예를 들어 IP 프로토콜 기반의 서비스는 1:1 통신과 1:N 통신을 제공하며 WSMP 프로토콜 기반의 서비스는 1:N 방송을 제공한다. 셀룰러 통신의 경우 무선접속이 이루어지고 나서 음성 통화를 시작한다. 기지국은 페이징 채널로 차량 단말을 호출하고 차량 단말이 응답하면 차량 단말과 기지국 간에 무선접속이 되는 과정을 거친다. 따라서 셀룰러 통신의 경우 1:N 방송, 1:1 통신이 이루어지는 것이다.

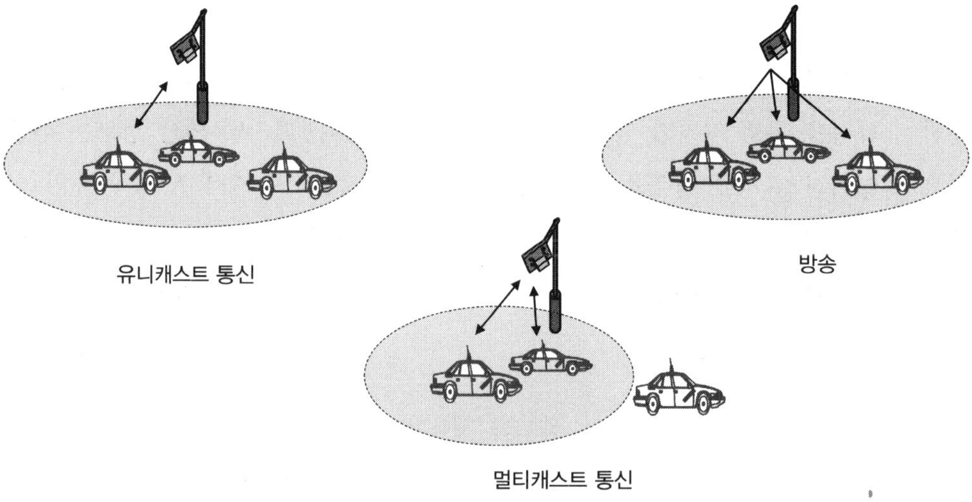

그림 4-8 정보 전송 방식

4.3 무선 접속 기술

■ 역사적 고찰

전파의 역사는 1888년 독일의 물리학자였던 헤르츠가 전자기파를 발견하고 1897년에 마르코니가 모스 부호를 이용한 무선전신을 발명함으로 무선통신의 시대를 열게 되었다. 이후 음성 신호를 무선으로 전송하기 위하여 진폭 변조(Amplitude Modulation), 주파수 변조(Frequency Modulation) 기술이 개발되고 아날로그 라디오 방송 서비스를 하게 되었다. 세계 최초의 라디오 방송은 1920년 미국 피츠버그에서 개국하여 1.02 MHz AM 방송으로 라디오 방송 서비스는 현재 160개국에서 실시하고 있다. 이 라디오 방송은 주파수 대역을 음성 신호 채널로 나누어 전송하는 주파수 다중 분할 방식을 사용하고 있다.

사람들이 이동하면서 음성 통화를 할 수 있는 셀룰러 통신기술이 1970년대에 미국 벨 연구소, 스웨덴 에릭슨, 일본 NTT 등에서 개발되어 진행되어 1980년대 상용화되었다. 이 아날로그 방식의 셀룰러 통신 기술은 기지국 셀의 용량이 부족하고 셀 간 핸드오버 시에 호가 단절되는 현상이 있어서 채널 용량과 서비스 품질을 개선할 수 있는 디지털 방식의 2세대 시분할 다중접속 방식과 코드 분할 다중접속 방식이 연구되어 1990년대에 상용화가 되었다. 2세대 셀룰러 통신 기술은 아날로그 방식에서 디지털로 변화하는 획기적인 혁신과 디지털 통신 시대를 열었다는데 큰 의미가 있다.

2세대 디지털 셀룰러 통신 기술은 음성 기본 서비스와 데이터 부가 서비스를 제공하므로 음성과 영상, 그리고 데이터 서비스를 제공할 수 있는 3세대 디지털 통신 기술이 1990년대에 개발되어 2000년도 상용화되었으며 ITU-R에서는 IMT-2000이라고 부른다. 3세대 IMT-2000에는 동기식 CDMA 기술과 비동기식 WCDMA 기술이 있고 이들은 TDMA 방식과 CDMA 방식을 결합한 방식이다. 3세대 셀룰러 통신 기술은 통신의 데이터 속도가 최대 2 Mbps를 제공하며 음성과 데이터. 영상 신호를 모두 전송할 수 있어서 멀티미디어 서비스 시대를 열었다는데 큰 의미를 둘 수 있다.

4세대 이동통신기술은 IP 기반의 음성, 데이터, 영상 서비스를 제공하기 위해서 주파수 효율이 높은 OFDMA 방식을 사용한다. 이 방식은 주파수 대역의 서브 캐리어로 그룹핑하여 사용자에게 할당하는 방식으로 LTE(Long Term Evolution)이라고 부른다. 5세대 이동통신도 OFDMA 방식을 사용하며 다수의 안테나를 적용하여 전송 용량을 증대하는 SDMA 방식을 적용할 수 있다. 4세대 이동통신은 최대 전송 속도가 100 Mbps이고 5세대 이동통신은 최대 전송속도가 1 Gbps이며, IP 데이터의 폭발적인 증가로 인하여 디지털 셀룰러 통신의 전송 용량은 증가하고 있다.

■ FDMA 기술

FDMA(Frequency Division Multiple Access) 기술은 주파수 분할 다중접속이라 부르며 일정한 주파수 간격으로 나누어 채널을 구분하는 방식을 말한다. 전송하는 전파 신호가 이웃한 채널에 간섭으로 작용하지 않도록 주파수 보호 대역(Guard

Frquency)을 고려하여야 한다. 이러한 주파수 다중접속 기술은 아날로그 음성 방송과 워키토키(무전기), 1970년대에 개발된 아날로그 셀룰러 음성 통화에 사용되었으며 통신과 방송 기술에서 현대에도 사용되는 다중접속기술이다.

■ TDMA 기술

TDMA(Time Division Multiple Access) 기술은 시간 분할 다중접속이라 부르며 일정한 타임 슬롯으로 나누어 채널을 구분하는 방식을 말한다. 전송하는 전파 신호가 이웃한 채널에 간섭으로 작용하지 않도록 시간 보호 대역(Guard Time)을 고려하여야 한다. 이러한 시간 다중접속 기술은 디지털 방식의 데이터 방송과 디지털 워키토키(무전기), 1980년대에 개발된 디지털 셀룰러 음성 통화에 사용이 되었으며 FDMA 방식과 결합되어 적용되며 정확한 시간 동기가 요구된다.

■ CDMA 기술

CDMA(Code Division Multiple Access) 기술은 코드 분할 다중접속이라 부르며 서로 직교성을 만족하는 코드로 채널을 구분하는 방식을 말한다. 전송하는 신호는 코드의 직교성 제공하는 코드에 의해 대역 확산이 되고 수신 단에서는 역확산 과정을 통해 정보를 복원하는데. 기본적으로 코드 간에 직교성을 만족하도록 동일한 신호 레벨로 수신이 되도록 전력제어가 이루어져야 한다. CDMA 기술은 1990년대 2세대 이동통신과 200년대 3세대 이동통신에 적용되었으며 TDMA에 비해서 정보 용량이 획기적으로 개선되었다. CDMA 기술은 FDMA, TDMA 기술과 결합되어 적용되며 정확한 시간 동기가 필요하다.

■ OFDMA 기술

OFDMA(Orthogonal Frequency Division Multiple Access) 기술은 직교 주파수 다중접속이라 부르며 OFDM 신호의 서브 캐리어를 그룹으로 나누어 다중접속을 하는 방식을 말한다. OFDM 신호는 서로 직교하는 서브 캐리어를 합하여 생성되는 신호로 주파수 영역에서 서브 캐리어 신호들이 중복되어도 직교성을 이용한 수신 단에서 분리가 가능한 특성이 있어서 주파수 효율이 좋은 장점이 있다. 직교 주파수 다중접속기술은 4세대 이동통신과 5세대 이동통신에서도 사용하는 방식이며 MIMO 기술과 결합되어 정보 용량이 가장 우수한 기술이다. 이 기술은 FDMA, TDMA, CDMA, MIMO 기술이 결합되어 적용되므로 전파 자원의 효율성이 매우 우수하며 음성, 영상, 데이터 등의 서비스 활용이 큰 장점이 있다.

그림 4-9는 다중접속기술 개념을 보여 준다.

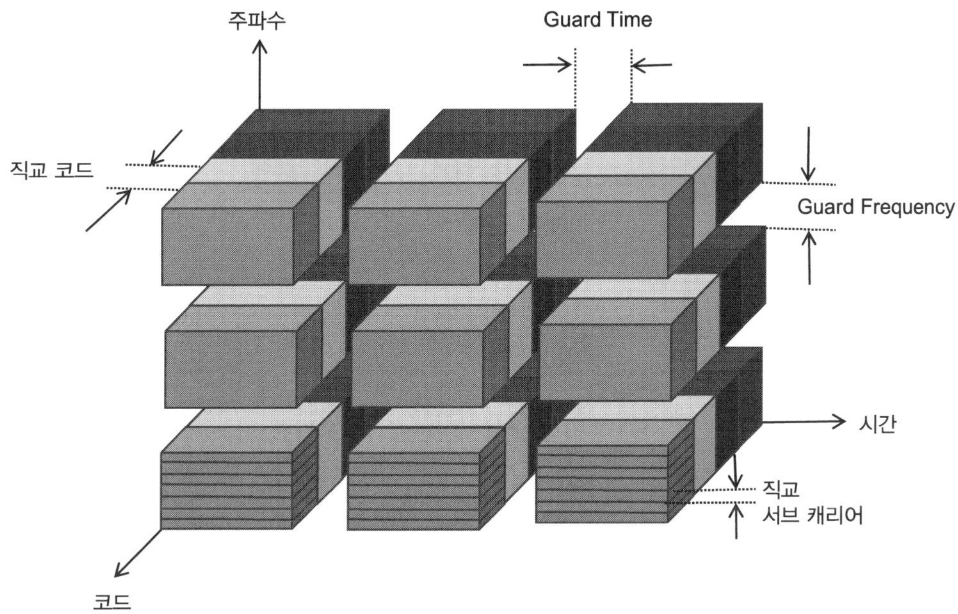

그림 4-9 다중접속기술 개념

■ CSMA/CA(Carrier Sensing Multiple Access/Collision Avoidance) 기술

FDMA, TDMA, CDMA, OFDMA 방식은 기지국에서 자원을 할당하고 관리하는 중앙 집중식 기술이다. 이러한 방식은 기지국에서 물리적으로 가용한 주파수 채널, 시간 슬롯, 코드 및 서브 캐리어 자원을 모니터링하고 자원을 할당하는 방식이다. 이러한 방식에 비해 단말이나 기지국이 동등한 레벨에서 채널 접속을 시도하고 분산 제어 방식이 있는데 IEEE 무선랜 표준에서 사용하는 캐리어 센싱 다중접속 기술이다.

이 방식은 통신하고자 하는 단말이나 기지국은 채널을 사용하는지 또는 무선 채널이 비어 있는지를 알기 위해 RSSI 값을 확인한다. RSSI 값의 레벨이 기준치 이상이면 채널을 사용한다고 판단하고 일정 시간이 지난 다음 재시도를 하여 채널이 비면 데이터를 전송하는 방식이다. 그림 4-10에서 사용자1이 패킷을 전송할 경우 사용자2는 RSSI 값을 확인하여 채널이 사용 중임을 알고 일정 시간을 지연하며 DIFS 시간 후에 채널 접속을 시도한다. 사용자2는 채널 접속을 시도하는 구간에 랜덤한 시간을 지나서 채널을 접속하고 패킷을 전송하게 된다. 사용자3과 4도 동일한 방법으로 채널 접속을 하게 된다. 이러한 방식은 사용자가 소수일 경우는 채널 접속을 하고 정보를 전송하는데 시간 지연이 오래 걸리지 않으나 사용자가 증가하게 되면 채널 접속과 정보 전송에 시간 지연이 길어지는 특징이 있다.

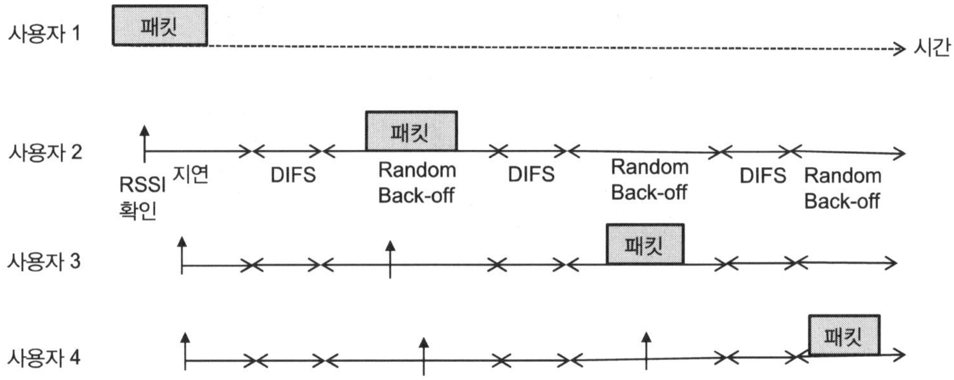

그림 4-10 캐리어 센싱 다중 접속/충돌 회피(CSMA/CA) 개념

■ CSMA/CA 기반 멀티 채널 기술

IEEE 무선랜 표준에서 사용하는 캐리어 센싱 다중접속 기술은 사용자가 증가하게 되면 채널의 충돌 회피로 인하여 서비스 지연이 길어지는 단점이 있다. 이러한 방식은 짧은 시간 응답성을 요구하는 서비스를 제공할 수 없다. 차량 및 도로 안전 서비스를 제공하는 WAVE 통신기술은 짧은 시간 응성을 요구하므로 CSMA/CA 기반의 멀티 채널 동작을 지원한다. 멀티 채널 동작은 그림 4-11과 같이 일정한 시간 주기로 나누고 제어 채널과 서비스 채널을 스위칭하는 방식을 말한다. 제어 채널을 모든 단말에 방송하는 채널로 서비스 프로파일에 관한 정보와 안전 메시지를

전송하여 모든 단말이 동시에 제공할 서비스 종류와 사용할 서비스 채널의 정보를 얻게 되며 서비스 채널은 IP 패킷 데이터를 전송하는데 사용한다. 즉, 제어 채널은 WSMP 프로토콜을 이용한 방송 정보를 보내고 서비스 채널은 IP TCP 또는 UDP 기반의 유니캐스팅과 멀티 캐스킹 정보는 보내는 것이다.

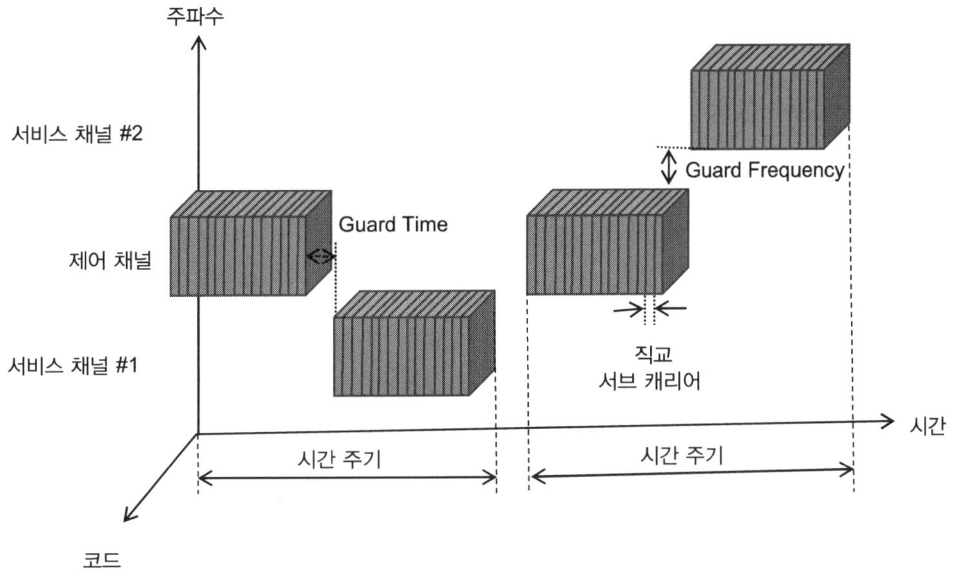

그림 4-11 멀티 채널 동작 개념

4.4 장거리 통신에서의 무선접속기술

장거리로 방송하거나 통신하는 무선접속 기술의 표준 규격을 알아보고 기술적인 특징을 알아본다.

■ 방송 기술

FM 방송 채널은 87.5~108 MHz 방송 주파수 대역에서 고출력으로 전파를 송신하므로 통신 영역이 넓고 방송 주파수 대역에 여유 주파수가 있으므로 이 주파수 대역을 이용하여 디지털 정보를 전송하려는 FM DARC(Data Radio Channel) 기술이

연구되었다. FM DARC은 60~96 KHz 주파수 대역에서 LMSK(Level Controlled Minimum Shift Keying) 변조 방식을 적용하여 최대 16 Kbps 데이터를 전송할 수 있어서 교통 정보, 맵 다운로드, 그리고 DGPS 정보를 전송할 수 있다. 이 DARC 기술은 76 KHz 무선 전송 채널에서 16 Kbps 전송하므로 주파수 효율은 0.2Bits/Hz가 되며 고출력으로 전파를 송신하므로 통달 거리가 65 Km 정도로 넓고 중계기를 사용하면 통달 거리를 확장할 수 있는 장점이 있다.

■ 2세대 GSM 셀룰러 기술

GSM은 이동 음성 통화 서비스를 제공하는 유럽 표준으로 FDD 방식으로 상향 링크 주파수 대역이 890~915 MHz, 하향 링크 주파수 대역이 935~960 MHz로 하향 링크와 상향 링크 주파수 이격은 45 MHz이다. 사용 가능한 주파수 대역폭이 25 MHz이고 주파수 채널의 간격이 200 KHz이므로 124개의 캐리어를 사용할 수 있다. 각 캐리어는 시간 슬롯 단위로 채널을 구성하며 GSM 규격에서는 1 BP(Burst Period)라고 부른다. 1 BT는 577 usec 시간이며 8개의 BT를 프레임이라고 부르며

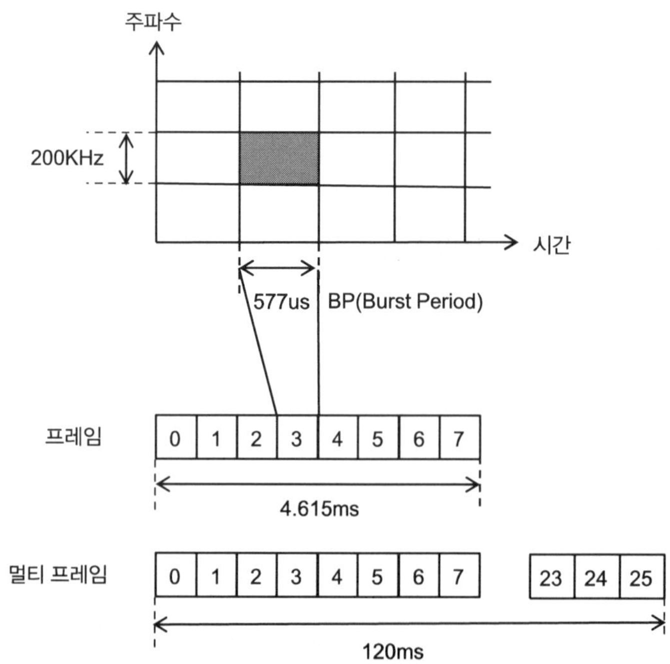

그림 4-12 GSM 타임 슬롯 채널과 프레임

시간은 4.615 ms이다. 26개의 BP를 멀티 프레임이라 부르며 120 ms가 되는데, 프레임과 멀티 프레임 시간은 GSM 시스템의 동기를 고려하여 설계된 값이다. 그림 4-12는 GSM 타임 슬롯 채널과 프레임을 보여 준다.

GSM에서 음성 코딩 방식은 구강 구조에 따라 필터의 파라미터로 모델링하는 RPE-LTE(Residual Pulse Excitation Long Term Prediction) 기법을 사용한다. 음성 코딩의 출력은 채널 코딩를 거쳐서 20 ms 프레임을 만든다. 13 Kbps 음성인 경우는 한 프레임에는 260비트를 포함하고, 22.8 Kbps 음성인 경우는 456비트를 포함하게 된다. 인프리빙은 이웃한 20 ms 프레임 2개 단위로 처리되며 GMSK 변조가 되어 전파로 송출한다. 그림 4-13은 트래픽 채널 신호 생성을 보여 준다.

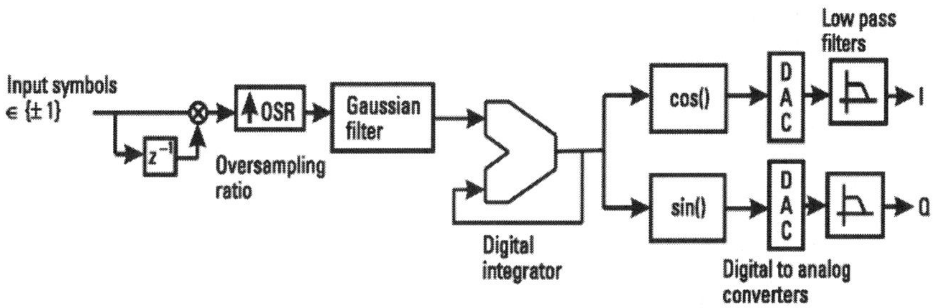

그림 4-13 트래픽 채널 신호 생성

GSM 기지국과 차량 단말 간에는 트래픽 채널과 제어 채널로 구성된다. 트래픽 채널은 음성 또는 데이터를 전송하는 양방향 전송 채널이다. 기지국에서 차량 단말로 보내는 하향 채널에는 주파수 보정 채널(FCCH), 동기 채널(SCH), 방송 제어 채널(BCCH), 호출 및 억세스 응답 채널(PGACK), 셀 방송 제어 채널(CBCH) 채널이 있다. 주파수 보정 채널은 단말의 주파수를 보정하는 채널이고 동기 채널은 시스템 동기를 맞추는 채널이다. 단말기를 호출하는 페이징 채널과 상향 링크 접속을 요청하는 억세스 채널(RACH)이 있다. 셀 방송 제어 채널은 초기에 국가별로 세팅할 정보를 전송하는 채널이다. 트래픽 채널과 관련된 전용 제어 채널이 있는데 이 채널은 핸드 오버를 위해 링크 상태를 보고하는 채널과 데이터의 통신의 시작 또는 종료를 알리는 기능을 한다. 그림 4-14는 GSM 무선접속을 위한 채널 구성을 보여 준다.

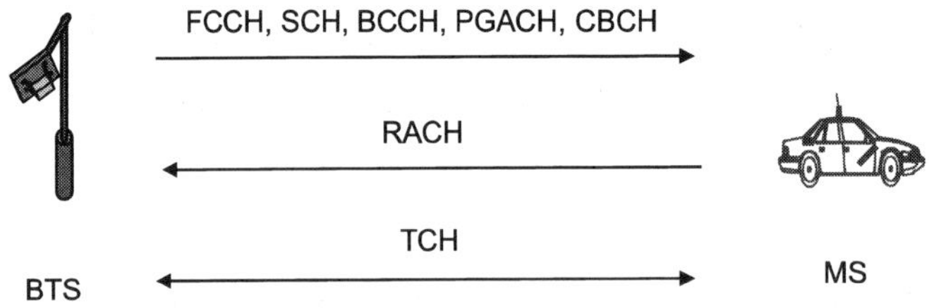

FCCH : Frequency Correction Channel
SCH : Synchronization Channel
BCCH : Broadcast Control Channel
PGACH : Paging and Access Grant Channel
CBCH : Cell Broadcast Control Channel
RACH : Random Access Channel
TCH : Traffic Channel

그림 4-14 GSM 논리적인 채널 구성

TDMA 기반의 2세대 이동통신 시스템으로 세계적으로 널리 사용되는 GSM 시스템의 무선접속 규격은 표 4-2와 같다.

표 4-2 GSM 무선접속 규격

항목	규격
다중접속 방식	FDMA, TDMA, FDD
상향 링크 주파수 대역	890~915 MHz
하향 링크 주파수 대역	935~960 MHz
주파수 채널 간격	200 KHz
주파수 채널 수	124개
타임 슬롯 시간(BP)	577 us
타임 슬롯 채널 수	8
프레임 시간	4.615 ms(8 BP 시간)
음성 코딩 속도	13 Kbps
음성 코딩 방식	RPE-LTE 컨볼루션
인터리빙 주기	40 ms
변조 방식	GMSK(Gaussian Minimum Shift Keying)
변조 데이터 속도	270.833 Kbps
핸드 오버 방식	단말에서 하드 핸드오버
단말기 출력	0.8, 2, 5, 8 Watt

■ 2세대 IS-95 CDMA 셀룰러 기술

IS95 CDMA 셀룰러 기술은 GSM과 같이 2세대 이동 음성 통화 서비스이며 미국과 한국에서 표준으로 채택되었다. CDMA 기술은 FDD 방식으로 상향 링크 주파수 대역이 824~849 MHz, 하향 링크 주파수 대역이 869~894 MHz으로 하향 링크와 상향 링크 주파수 이격은 45 MHz이다. 할당 주파수 대역이 25 MHz이고 주파수 채널의 간격이 1.25 MHz이므로 20개의 캐리어를 사용할 수 있다.

임의의 전송하고자는 사용자의 데이터 속도보다 N배 만큼 높은 속도를 갖는 PN 코드와 곱하고 이 정보를 변조하여 전파로 송신하게 된다. 사용자의 데이터 속도가 R이라고 하고 PN 코드의 속도는 N배 만큼 높다고 가정하면 사용자 데이터 신호와 PN 코드를 곱하여 생성된 데이터의 속도는 NR이 된다. 이러한 NR 데이터를 Chip 데이터라고 부르며 칩 데이터 속도는 NR 값을 갖게 된다. 그리고 이 chip 데이터 신호가 변조되어 전송되고 수신단에서는 동일한 PN 코드를 곱하여 송신 데이터를 복원하게 된다.

PN 코드를 송신 단에서 곱함으로 데이터의 채널 대역폭이 N만큼 확산되므로 이러한 방식을 대역 확산 방식이라고 말한다. 이러한 방식은 송신 신호의 송신 출력이 1/N 만큼 적어도 수신단에서 N배 만큼의 신호를 증가시킬 수 있으므로 N를 대역 확산 이득이라고 말한다. 이러한 대역확산 이득으로 인하여 N만큼의 외부 잡음에도 송신이 가능하므로 무선 채널에 대한 강인한 특징을 갖는다.

각 캐리어는 코드 단위로 채널을 구성하며 1비트를 기준으로 64개의 코드 채널을 사용할 수 있다. CDMA 기술은 GPS에 동기가 맞추는 방식으로 20 ms는 프레임 시간은 GPS 1 PPS 동기 시간과 음성 신호의 시간 지연을 고려하여 정해졌다. 20 ms CDMA 프레임은 확산에 따라 9,600 bps, 4,800 bps, 2,400 bps, 1,200 bps 4가지 데이터 속도를 제공할 수 있다. 그림 4-15는 CDMA 채널과 프레임 구성을 보여준다.

CDMA 기술은 음성 통화 서비스를 제공하는 디지털 TDMA 방식에 비해 용량이 3~4배 정도 증대되는데 셀룰러 망 구성에서 주파수 재사용율이 1이 되도록 음성

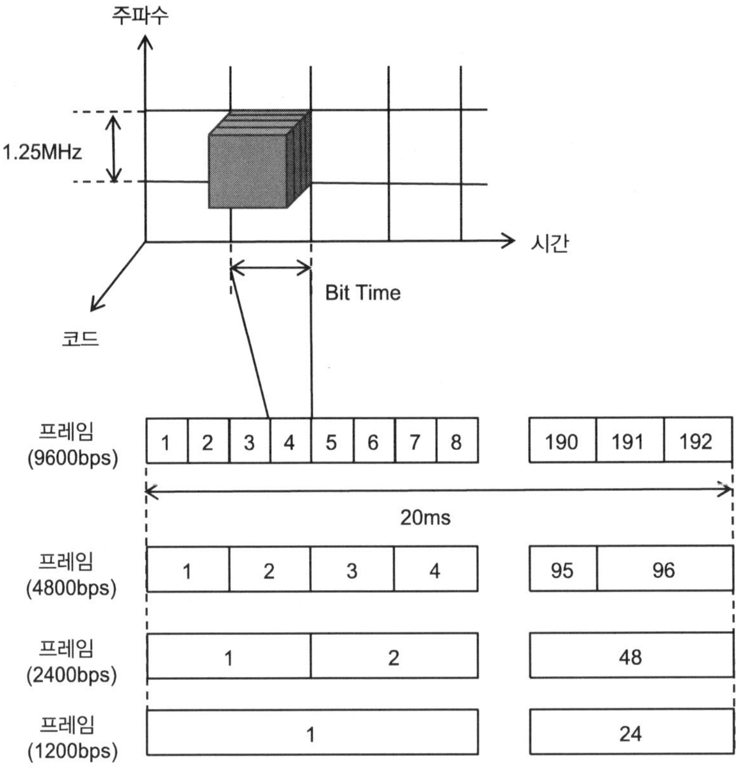

그림 4-15 CDMA 채널과 프레임

활성도를 고려한 음성 코딩, 섹터 안테나 기술, 전력제어기술 등을 사용하였다.

CDMA에서 음성 코딩 방식은 QCELP 기법을 사용한다. 음성 코딩의 출력은 채널 코딩를 거쳐서 20 ms 프레임을 만든다. 1비트 시간을 기준하여 9600 bps 경우 192비트는 20 msec가 되고 프레임이라고 부른다. 4,800 bps, 2,400 bps, 1,200 bps에서 20 ms 프레임을 구성하여 채널로 사용한다. QPSK 변조가 되어 전파로 송출한다. 그림 4-16은 순방향 트래픽 신호의 생성 과정을 보여 준다.

CDMA 기지국과 차량 단말 간에는 트래픽 채널과 제어 채널로 구성이 된다. 트래픽 채널은 음성과 데이터를 전송하는 양방향 전송 채널이다. 기지국에서 차량 단말로 보내는 하향 채널에는 파일럿 채널, 싱크 채널, 호출 채널, 순방향 트래픽 채널이 있고 상향 링크 채널에는 억세스 채널과 역방향 트래픽 채널이 있다.

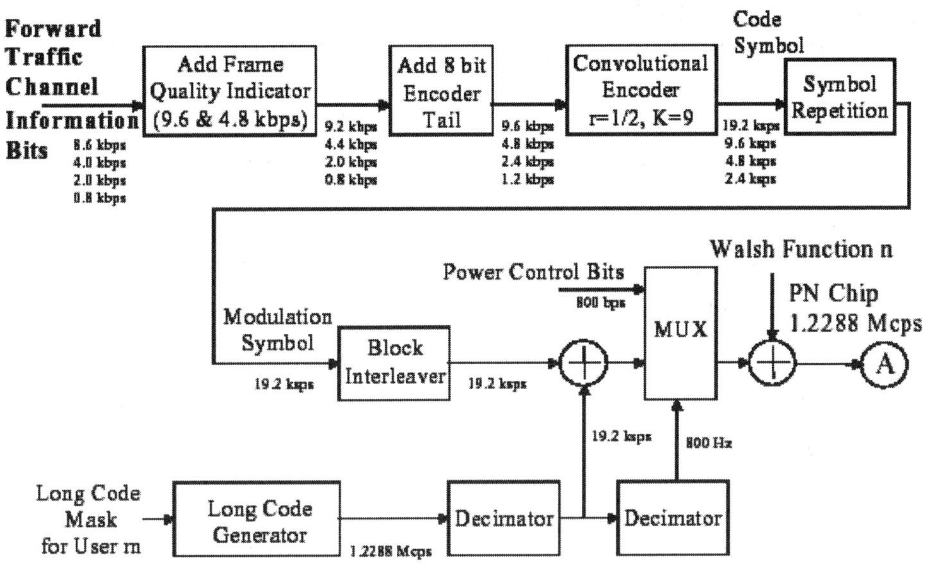

그림 4-16 순방향 트래픽 신호 채널 생성

파일럿 채널은 기지국에서 연속적인 "0" 정보를 보내는 것으로 파일럿 PN 코드를 전송한다. 이 신호를 이용하여 CDMA 초기 동기와 연속 동기, 그리고 핸드오버를 위한 신호를 맞추는데 사용한다. 동기 신호는 GPS PPS 신호에 따라 동기를 맞추는 채널이다. 호출 신호는 단말기를 호출하며 상향 링크 접속을 요청하는 억세스 채널에 대하여 허가하는 채널이다. 그림 4-17은 CDMA 무선접속을 위한 채널 구성을 보여 준다. 표 4-3은 CDMA 무선접속규격의 주요 특징을 보여 준다.

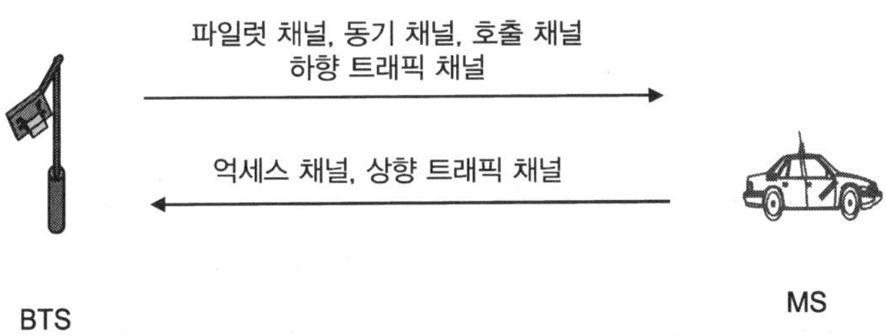

그림 4-17 CDMA 논리적인 채널 구성

I 표 4-3 I CDMA 무선접속 규격

항목	규격
다중접속 방식	FDMA, CDMA, FDD
상향 링크 주파수 대역	824~849 MHz
하향 링크 주파수 대역	869~894 MHz
주파수 채널 간격	1.25 MHz
주파수 채널 수	20개
비트 시간	1/9600, 1/4800, 1/2400, 1/1200
프레임 시간	20 ms
음성 코딩 속도	13 Kbps
음성 코딩 방식	QCELP
인터리빙 주기	20 ms
변조 방식	OPSK
Chip Rate	1.2288 Mcps
핸드 오버 방식	단말에서 하드 핸드오버
단말기 출력	200 mWatt

■ 3세대 WCDMA 셀룰러 기술

WCDMA 기술은 유럽의 2세대 GSRS 규격을 기반의 비동기식 광대역 CDMA 기술로 IMT-2000이라고 부른다. 이 ITU-R에서는 450~470 MHz, 790~960 MHz, 1710~2025 MHz, 2110~2200 MHz, 2300~2400 MHz, 2500~2690 MHz 주파수 대역을 권고하고 있으며 한국에서는 상향 링크는 1920~1980 MHz, 하향 링크 주파수는 2110~2170 MHz를 사용하고 있다. 그림 4-18은 WCDMA 채널과 프레임 구성을 보여 준다.

WCDMA는 음성, 데이터, 영상을 포함한 멀티미디어 서비스를 제공하기 위하여 근거리 통신에서 최대 2 Mbps, 장거리 통신에서 384 Kbps를 제공하는 것을 목표로 하고 있다. 음성과 데이터, 영상 서비스를 동시에 제공하며 회선 교환망과 IP 패킷 교환망 연동을 모두 지원하는 것을 특징으로 한다. 2세대 CDMA 통신기술은 GPS 신호를 이용하여 시스템 동기를 맞추는 동기식 시스템이고 WCDMA는 GPS를 사용하지 않고 시스템 동기를 맞추는 비동기식 시스템이다.

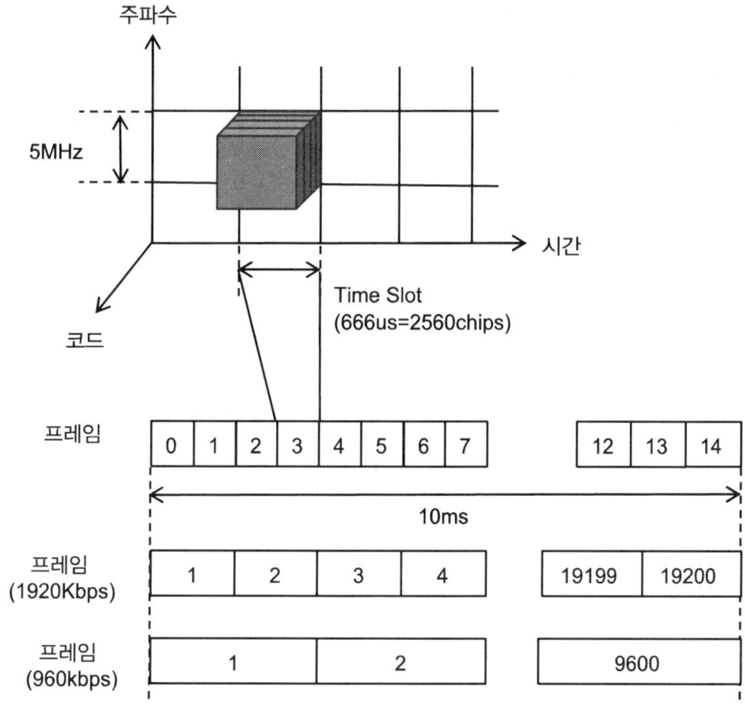

그림 4-18 WCDMA 채널과 프레임

송신 데이터는 콘볼루션 코딩 또는 터보 코딩을 사용하고 Rate Matching으로 코딩 데이터 길이를 맞춘다. 그리고 10 msec 단위로 인터리빙을 하고 S/P 과정에 의해 I 채널 데이터와 Q 채널 데이터로 나누어 대역확산과 스크램블을 하고 기저대역 필터링을 한다. OVSF 코드는 Orthogonal Variable Spreading Factor의 약어로 채널을 구분하는 확산 코드이며 칩의 속도는 4.096 Mcps이다. 따라서 WCDMA 채널 간격은 5 MHz가 된다. 그림 4-19는 WCDMA 순방향 링크 신호 생성 과정을 보여 준다.

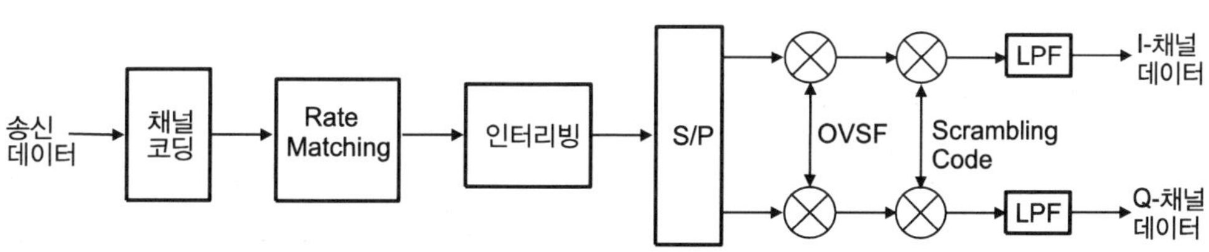

그림 4-19 WCDMA 순방향 링크 신호 생성

WDMA 기지국과 차량 단말 간에는 트래픽 채널과 제어 채널로 구성이 된다. 트래픽 채널은 DCH 채널이라고 부르며 양방향 전송 채널이다. 기지국에서 차량 단말로 보내는 하향 채널에는 방송 채널(BCH), 순방향 억세스 채널(FACH). 페이징 채널(PCH), 하향 공통 채널(DSCH), 트패픽 채널(DCH) 이 있다. 상향 링크 채널에는 억세스 채널과 공통 패킷 채널(CPCH), 상향 트래픽 채널이 있다.

그림 4-20은 WCDMA 무선접속을 위한 채널 구성을 보여 주며, 표 4-4는 WCDMA 무선접속규격의 주요 특징을 설명한다.

| 표 4-4 | WCDMA 무선접속 규격

항목	규격
다중접속 방식	FDMA, CDMA, FDD
상향 링크 주파수 대역	1920~1980 MHz
하향 링크 주파수 대역	2110~2190 MHz
주파수 채널 간격	5 MHz
주파수 채널 수	12개
타임 슬롯 시간	666 us(2560 chips)
프레임 시간	10 ms(15타임 슬롯)
상향 데이터 속도	128 Kbps
하향 데이터 속도	1,920 Kbps
인터리빙 주기	10 ms
변조 방식	OPSK
Chip Rate	4.096 Mcps
핸드 오버 방식	단말에서 하드 핸드오버
단말기 출력	200 mWatt

■ 4G LTE OFDMA 기술

4세대 이동통신 시스템은 초고속 인터넷 접속, IP 전화, 게임 서비스 및 스트리밍 멀티미디어를 사용자에게 제공하는 기능을 가진 포괄적이고 안정된 all-IP 기반의 서비스를 제공하는 기술로 이동시 100 Mbps, 정지시 1 Gbps를 제공을 목표로 하

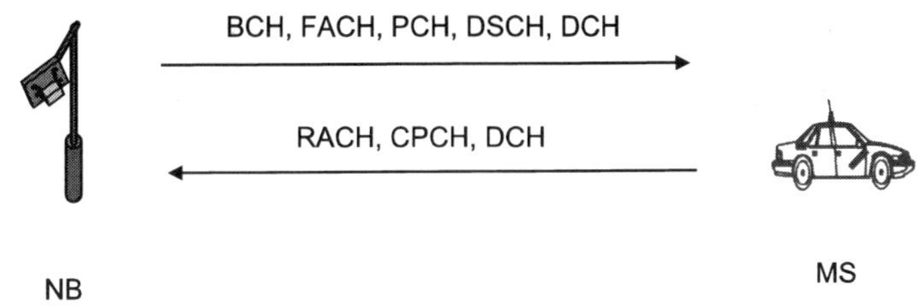

BCH Broadcast Channel
FACH : Froward Access Channel
PCH : Paging Channel
DSCH : Downlink Shared Channel
RACH : Random Access Channel
CPCH : Common Packet Channel
DCH : Dedicated Channel

그림 4-20 WCDMA 논리적인 채널 구성

며 주파수 대역은 450~470 MHz, 698~806 MHz, 790~862 MHz, 2.3~2.4 GHz, 3.4 ~3.8 GHz 대역을 사용한다.

OFDMA는 기본적으로 OFDM 변조기술을 이용한 다중접속 방식으로, OFDM 신호는 직교성을 가진 서브 캐리어를 더함으로서 신호가 생성된다. 수신 신호는 서브 캐리어를 곱하고 상관값을 계산하여 서브 캐리어별로 구분이 가능하다. FDMA 신호가 채널 간에 보호 대역이 있지만 OFDM 신호는 보호 대역이 없으므로 주파수 사용 효율이 높은 특징이 있다.

OFDMA 방식은 OFDM 신호의 서브 캐리어 영역과 시간 영역에서 채널을 할당하고 다중접속을 하는 방식을 말한다. 그림 4-21은 타임 슬롯 단위로 부여된 서브 캐리어 그룹별로 사용자를 구분하는 직교 주파수 분할 다중접속기술의 개념을 보여 준다. 4세대 이동통신에서 부반송파는 15 KHz이고 FFT 크기가 2,048을 가정하면 디지털 샘플링 주파수는 30.72 MHz를 사용하는 시스템이 된다.

15 KHz 반송파를 사용하는 OFDM 심볼 시간은 66.6 us이고, 5.1 us(160샘플 시간)을 Cyclic Prefix로 할당하면 전체 심볼 시간은 71.6 us가 된다. Cyclic Prefix를 포함한 OFDM 시간과 하나의 부반송파가 차지하는 자원 단위(Resource Element)라 부르며 12개의 부반송파 그룹과 7개의 심볼 시간이 차자하는 자원을 자원 블럭(Resource Block)이라고 부른다. 이 자원 블럭은 0.5 ms 동안 72개의 부반송파를 전송할 수 있는 자원의 크기를 말한다. 가령 BPSK 방식으로 전송할 경우 부반송

파 하나에 1비트를 전송할 수 있으므로 하나의 자원 블록은 500 us 동안 72비트를 전송할 수 있게 되므로 하나의 자원 블록은 144 kbps 전송 용량을 제공할 수 있다. 연속적인 자원 블록 2개를 묶어서 서브 프레임이라 부르고 서브 프레임 10개를 묶어서 프레임으로 정의하며 길이는 10 ms가 된다.

자원 블록은 무선접속을 위한 제어 및 트래픽 정보를 전달하는 물리적인 채널의 기능을 하며 주파속 대역폭은 1.4, 3, 5, 10, 15, 20 MHz로 사용이 가능하다. 1.4 MHz 경우는 자원 블록이 6개, 3 MHz 경우 자원 블록이 15개, 5 MHz 경우 자원 블록이 25개, 10 MHz 경우 자원 블록이 50개, 20 MHz 경우는 100개의 자원 블록 할당이 가능하다. 그리고 FDD 방식과 TDD 방식으로 동작이 가능하며 TDD 방식인 경우 상향 링크와 하향 링크의 자원 비율을 조정할 수 있다. 그림 4-21은 OFDM 심볼 시간과 리소스 블록 개념을 보여 준다.

LTE 송신 데이터는 CRC 비트를 포함하여 코드 블록 단위로 구분하고 최대 6,144 비트 코드 블록 단위로 터보 코딩을 수행한다. 터보 코딩한 코드 데이터는 비트 단위로 수열을 만들고 스크램블을 한다. OFDM 변조는 서브 캐리어 그룹 단위로 IFFT 를 하여 OFDM 변조 심볼을 만들어 안테나 매핑을 한다. OFDM 변조는 QPSk, 16QAM, 64QAM 방식을 지원하며 안테나는 코드 블록단위로 매핑하며 총

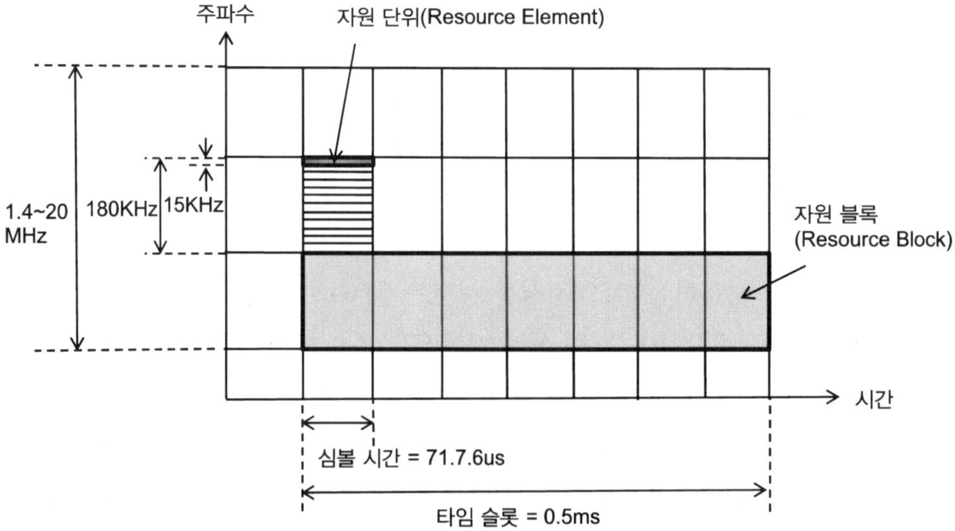

그림 4-21 OFDMA 심볼 시간과 리소스 블록

4개까지 할당할 수 있다. 그림 4-22는 LTE 하향 데이터 링크에 대한 기능 블록도이다.

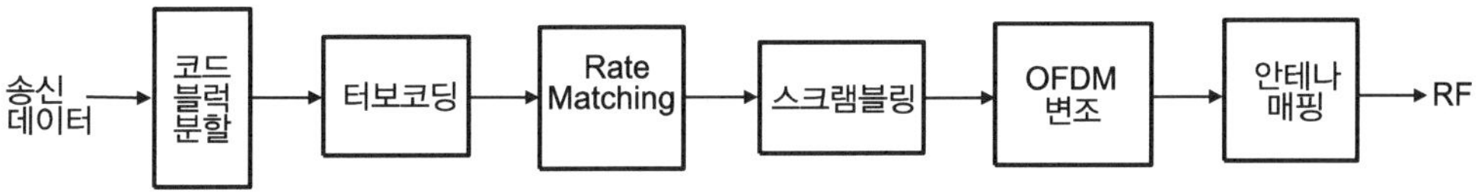

그림 4-22 4G LTE 하향 데이터 링크 블록도

4G 이동통신시스템(또는 LTE) 기지국과 차량 단말 간에는 데이터 채널과 제어 채널로 구성이 된다. 기지국에서 차량 단말로 보내는 하향 채널에는 호출 채널(PCH), 방송 채널(BCH), 하향 공통 채널(DSCH), 멀티 캐스트 채널(MCH)이 있고 상향 링크 채널에는 억세스 채널(RACH)과 상향 공통 채널(USCH) 이 있으며 채널의 구성은 그림 4-23과 같다. 그리고 표 4-5는 4G LTE OFDMA 무선접속규격의 주요 특징을 보여 준다.

| 표 4-5 | OFDMA 무선접속 규격

항목	규격
다중접속 방식	FDMA, OFDMA, FDD/TDD
Paired 주파수 대역(FDD)	850, 900, 1800, 1900 MHz 등 14개 대역
Unpaired 주파수 대역(TDD)	1900 MHz 4개 대역
주파수 채널 간격	1.4/3/5/10/15/20 MHz
자원 블록 수	6/15/25/50/75/100
OFDM 심볼 시간	71.6 us
타임 슬롯	0.5 ms
프레임 시간	10 ms
변조 방식	QPSK, 16QAM, 64QAM
채널 코딩	Turbo Coding
MIMO	4 x 4
핸드 오버 방식	단말에서 하드 핸드오버
단말기 출력	200 mWatt

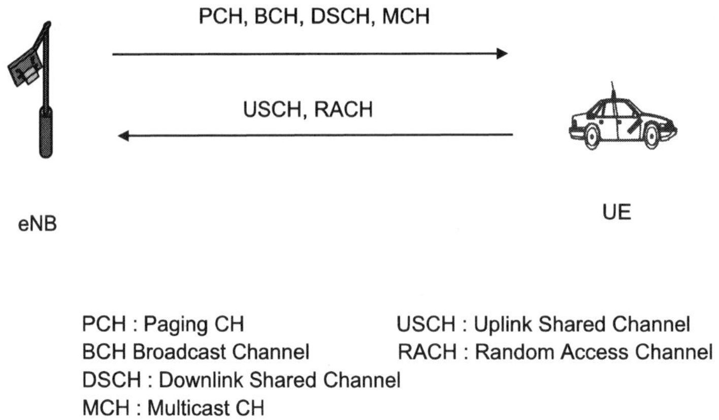

그림 4-23 OFDMA 물리적인 채널 구성

■ 5G IMT-2020 OFDMA 기술

5세대이동통신은 ITU-R 비전그룹에서 IMT-2020이라 부르고 있으며 초고속 광대역 기술(eMBB; enhanced Mobile Broadband, 고신뢰 및 초저지연 기술(URLCC; Ultra-Reliable and Low Latency Communication), 초연결 기술(mMTC, massive Machine Type Communication) 영역의 서비스를 제공하며 이동시 1 Gbps, 정지시 10 Gbps 고속 데이터 전송이 가능하고 1 msec latency를 제공하며 많은 디바이스 간 통신을 지원하는 것으로 목표로 삼고 있다. 즉, 4세대 이동통신에 비해 전송 용량이 10배 정도를 향상될 뿐만 아니라 자율주행을 위한 V2X 통신과 초연결을 지원하는 IoT 통신을 포함하고 있다.

5세대 이동통신은 4세대 이동통신에서 사용하는 OFDMA 다중접속 방식을 사용한다. 주파수 대역은 6 GHz 이하의 3.5 GHz 주파수 대역과 28 GHz 밀리미터파 대역을 지원하며 3.5 GHz 주파수 대역에서는 최소 5 MHz 주파수 대역폭에서 최대 100 MHz 주파수 대역폭을 사용하고 밀리미터파 대역에서는 최대 400 MHz 주파수 대역폭을 사용할 수 있다. 사용하는 서브 캐리어도 15 KHz를 기본으로 하여 30 KHz, 60 KHz를 사용할 수 있고 고속 이동 환경을 고려하여 120 KHz와 240 KHz 사용할 수 있다.

5세대 이동통신에서도 무선 자원을 자원의 최소 단위인 자원 엘리먼트와 자원 블록 개념을 동일하게 사용한다. Cyclic Prefix를 포함한 OFDM 심볼 시간과 하나의 부반송파가 차지하는 자원 단위(Resource Element)라 부르며 12개의 부반송파 그룹과 7개의 심볼 시간이 차자하는 자원을 자원 블럭(Resource Block)이라고 부른다. 이 자원 블럭은 0.5 ms 동안 84개의 부반송파를 전송할 수 있는 자원의 크기를 말한다. 연속적인 자원 블록 2개를 묶어서 서브 프레임이라 부르고 서브 프레임 10개를 묶어서 프레임으로 정의하며 길이는 10 ms가 된다.

그림 4-24은 5G 통신의 OFDM 심볼 시간과 프레임 구조에 대하여 설명한다.

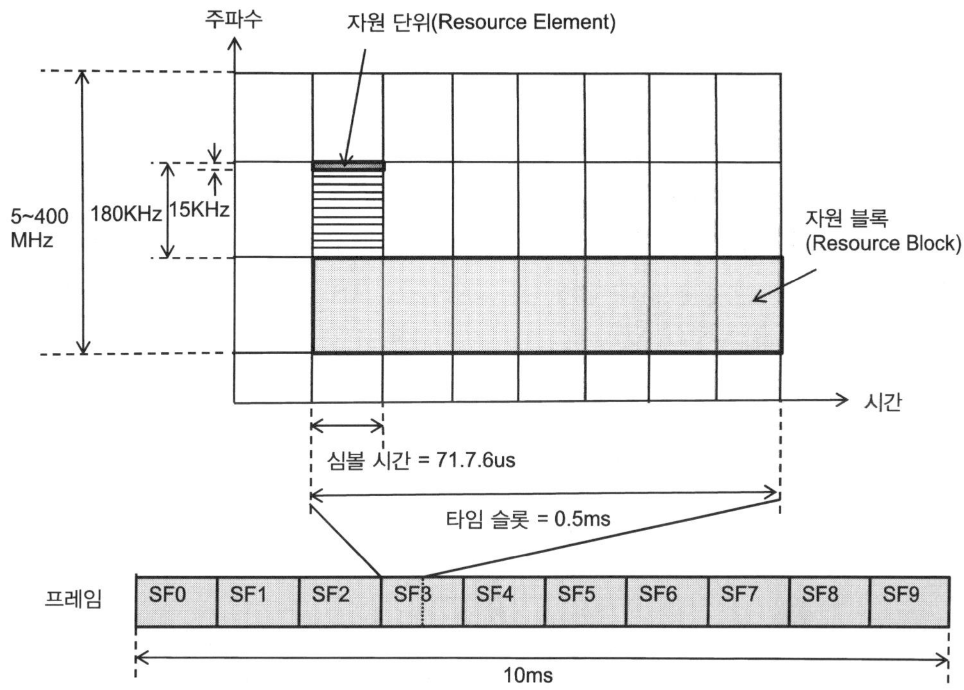

그림 4-24 OFDMA 심볼 시간과 프레임

5G 송신 데이터는 CRC 비트를 포함하여 코드 블록 단위로 구분하고 LDPC 코딩을 수행한다. 터보 코딩한 코드 데이터는 비트 단위로 수열을 만들고 스크램블을 한다. OFDM 변조는 서브 캐리어 그룹 단위로 IFFT를 하여 OFDM 변조 심볼을 만들어 안테나 매핑을 한다. OFDM 변조는 QPSK, 16QAM, 64QAM, 256QAM 방식을 지원하며 안테나는 코드 블록단위로 매핑하며 총 4개까지 할당할 수 있다.

5G NR에서는 Low Latency, High Reliability 성능을 지원하기 위하여 256QAM, Hybrid ARQ, CQI 기능이 추가되어 있고 고속 이동성을 보장하기 위하여 Reference 신호를 추가하였다. 그림 4-25는 5G NR 순방향 링크에 대한 기능 블록을 보여 준다.

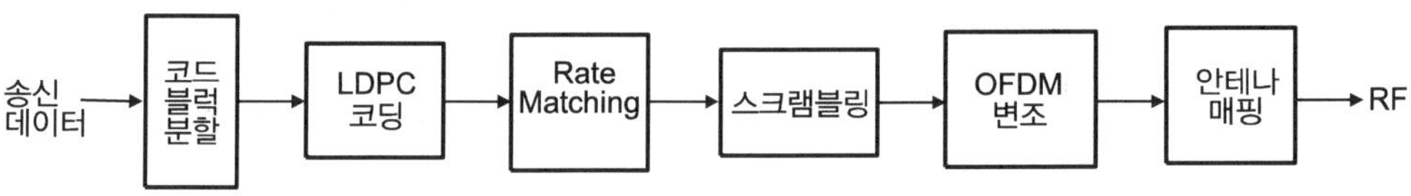

그림 4-25 5G NR 순방향 링크 블록도

5G IMT-2000 기지국과 차량 단말 간에는 데이터 채널과 제어 채널로 구성이 된다. 기지국에서 차량 단말로 보내는 하향 채널에는 파일럿 채널(PCH), 동기 채널, 호출 채널(PCH), 하향 트래픽 채널, 하향 공유 채널, 획득 표시 채널, 프리앰블 획득 표시 채널이 있고 상향 링크 채널에는 억세스 채널과 상향 트래픽 채널이 있으며 채널의 구성은 그림 4-26와 같다. 표 4-6은 5G IMT-2000 무선접속규격의 주요 특징을 보여 준다.

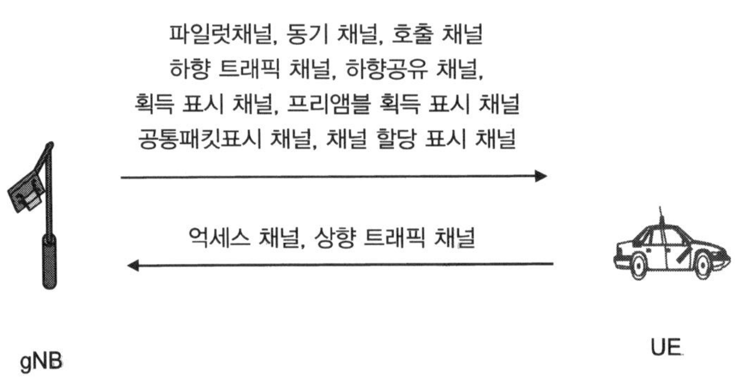

그림 4-26 5G OFDMA 논리적인 채널 구성

| 표 4-6 | 5G IMT-2000 무선접속 규격

항목	규격
다중접속 방식	FDMA, OFDMA, FDD/TDD
C-band	3.3~4.2 GHz, 4.4~5 GHz
mm-band	24.25~27.5 GHz, 37~43.5 GHz
주파수 채널 간격	5/10/15/20/25/30/40/50/60/70/80/90/100 MHz(FR1) 50/100/200/400 MHz(FR2)
Subcarier Spacing	15/30/60 KHz(FR1) 120/240 KHz(FR2)
OFDM 심볼 시간	71.6 us
타임 슬롯	0.5 ms
프레임 시간	10 ms
변조 방식	QPSk, 16QAM, 64QAM, 256QAM
채널 코딩	LDPC, Polar Coding
MU-MIMO 기준	2 x 2, 4 x 4
핸드 오버 방식	단말에서 하드 핸드오버
단말기 출력	200 mWatt

4.5 근거리 통신에서의 무선접속기술

■ DSRC TDMA 기술

DSRC 통신기술은 1980년대에 개발된 ITS 대표적인 서비스인 ETC를 제공하는 통신기술이다. 5.77~5.85 GHz 주파수 대역에서 10 MHz 채널 대역폭을 사용하며 FDD 또는 TDD 방식을 사용할 수 있다. 한국의 DSRC 통신 방식은 하나의 비트 시간은 976 ns이며 100바이트(800비트 시간)을 하나의 시간 채널로 사용한다. 즉, 781 us 시간이 하나의 타임 슬롯이 되어 채널로 사용이 된다. 그림은 DSRC TDMA 방식에서 비트 시간과 프레임 구성을 보여 준다.

프레임은 FCMC, MDS, ACTC 3종류의 채널로 구성이 된다. FCMC 채널은 기지국에서 단말로 전송하는 채널로 시스템의 서비스와 채널 할당, 동작 모드에 관한 정보를 전달하는 채널이다. MDS 채널은 메시지를 전송하는 채널로 상향 링크 또는 하향 링크 채널로 사용이 되는 채널이다. ACTC 채널은 단말에서 기지국으로 전송하는 채널로 채널을 요구할 때 사용하는 채널로 최대 8개까지 사용할 수 있다. FCMC 채널은 시스템 동작에 기본적으로 필요한 채널로 FCMC 채널로 MDS 채널 또는 ACTC 채널을 합하여 전송이 이루어지며 채널은 2개에서 최대 9개 채널까지 가변적으로 운용이 가능하다.

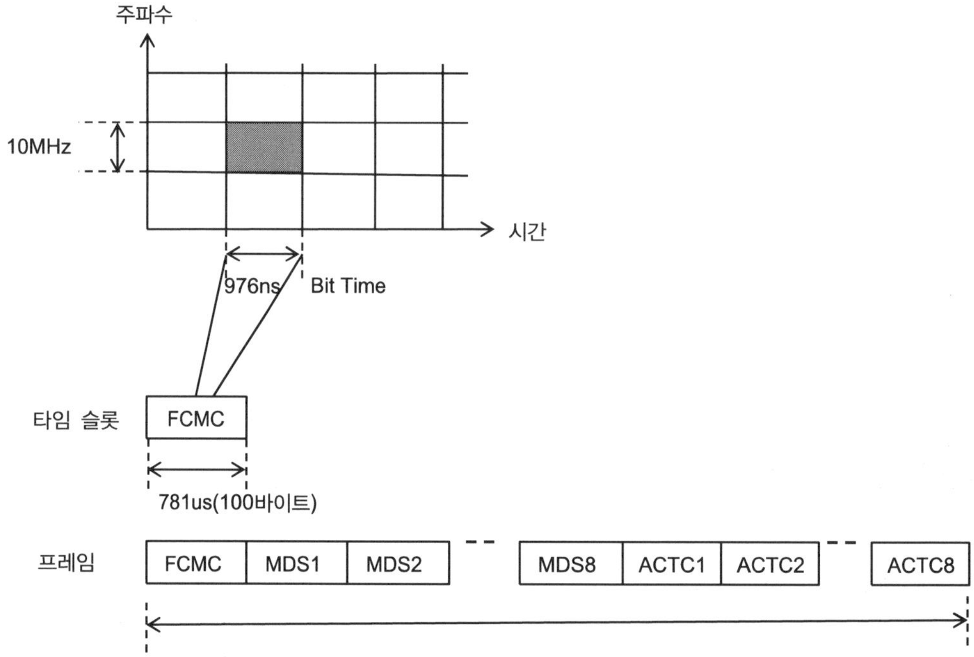

그림 4-27 TDMA 비트 시간과 프레임

DSRC 통신은 그림 4-28과 같이 송신 데이터를 비트 단위로 전송하며 맨체스터 코딩에 의해 비트의 변화율을 증가시키고 스크램블 기능을 수행한다. ASK 변조와 저대역 필터링과 RF 변환을 통하여 변조 신호를 전송한다. 그림 4-29는 DSRC 전송 채널 구성을 보여 주고, 표 4-7은 DSRC 무선접속규격의 주요 특징을 보여 준다.

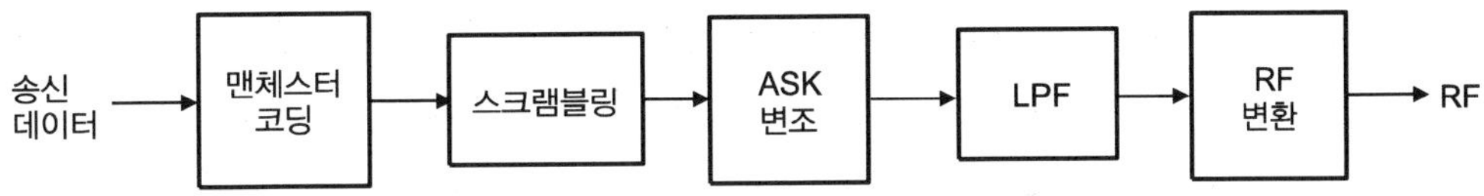

그림 4-28 DSRC 송신 블록도

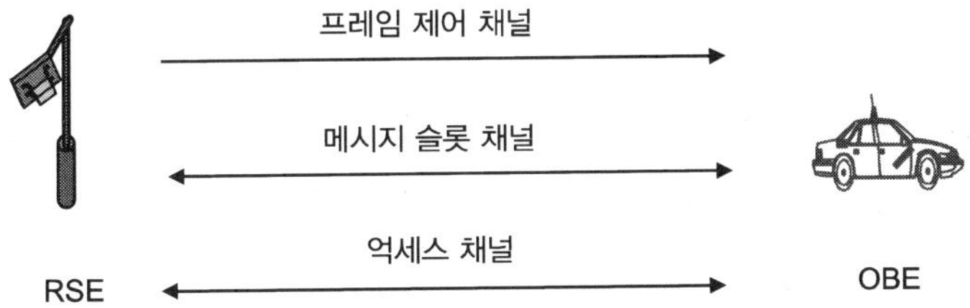

그림 4-29 DSRC 전송 채널 구성

표 4-7 DSRC 무선접속 규격

항목	규격
다중접속 방식	TDMA, TDD/FDD
주파수 대역	5.770~5.85 GHz
주파수 채널 간격	10 MHz
주파수 채널 수	8개
비트 시간	976 ns
타임 슬롯 시간	781 us
데이터 비트 속도	1.024 Mbps
데이터 전송 속도	2.048 Mbps
변조 방식	ASK, QPSK
프레임 시간	가변
단말기 출력	10 mWatt

■ WAVE CSMA/CA 기술

무선랜 다중접속 방식은 사용하는 WAVE 통신은 5.855~5.925 GHz 주파수 대역을 사용하며 하나의 채널 대역폭이 10 MHz이다. OFDM 변조방식을 사용하며 OFDM

심볼 시간은 6.4 us이고 1.4 us Cyclic Prefix를 추가하여 8 us 심볼시간을 사용한다. 패킷 프레임의 길이는 무선랜과 같이 가변적이며 CSMA/CA방식을 사용하고 있어서 사용자가 늘어남에 따라서 채널의 효율성이 떨어지는 특징을 각제 된다.

무선랜에서 사용하는 다중접속 방식은 CSMA/CA으로 WAVE 통신은 CSMA/CA 다중 접속 방식을 사용하고 있다. WAVE 단말이 보낼 패킷 데이터가 있으면 채널을 사용하고 있는지를 확인하고 채널이 비어 있으면 DIFS 시간 만큼 기다린 다음 패킷 데이터를 전송하지만 만약에 채널을 사용하고 있은 경우에 DIFS 시간을 기다리고 다시 Contention Window 시간에 랜덤한 시간을 기다린 다음 채널이 비어 있으면 패킷 데이터를 전송하고 채널을 사용하면 다시 랜덤한 시간을 지연하는 방식이다. 무선 채널의 충돌을 회피하기 위해서 DIFS 시간과 Contention Window 시간을 기다리는 방식을 사용하는 것이다. 그림 4-30은 CSMA 방식에서 비트 시간과 프레임 전송의 개념을 보여 준다.

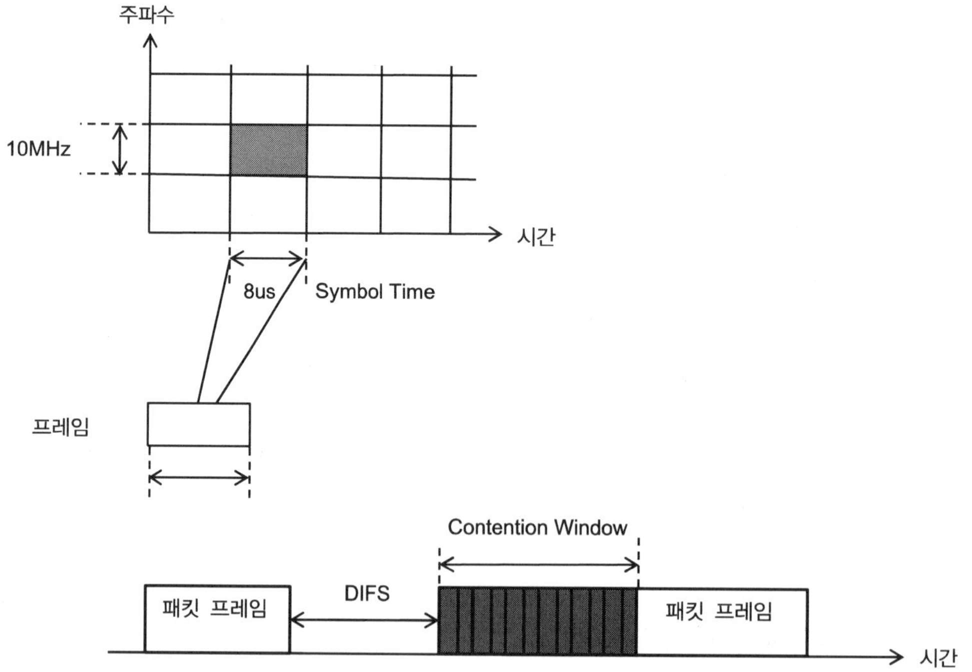

그림 4-30 CSMA 비트 시간과 프레임 전송

무선랜은 모든 사용자가 균등한 기회를 갖는 CSMA/CA 방식으로 사용하므로 패킷이 전달되는 시간은 랜덤하게 가변하게 되므로 원하는 시간 지연을 만족할 수 없다. 이러한 문제를 해결하기 위해 제안된 방식은 EDCA(Enhanced Distributed Channel Access) 방식이다.

EDCA 방식에서는 그림 4-31와 같이 서비스별 패킷 종류에 따라 AC(Access Category)로 구분하고 메모리에 저장을 하며 서비스 우선순위에 따라 메모리 내용을 읽어서 서비스의 시간을 제어하는 것이다. EDCA는 음성, 비디오, Best Effort, Background 4개의 서비스 등급에 따라 CW(Contention Window), AIFSN, TXOP

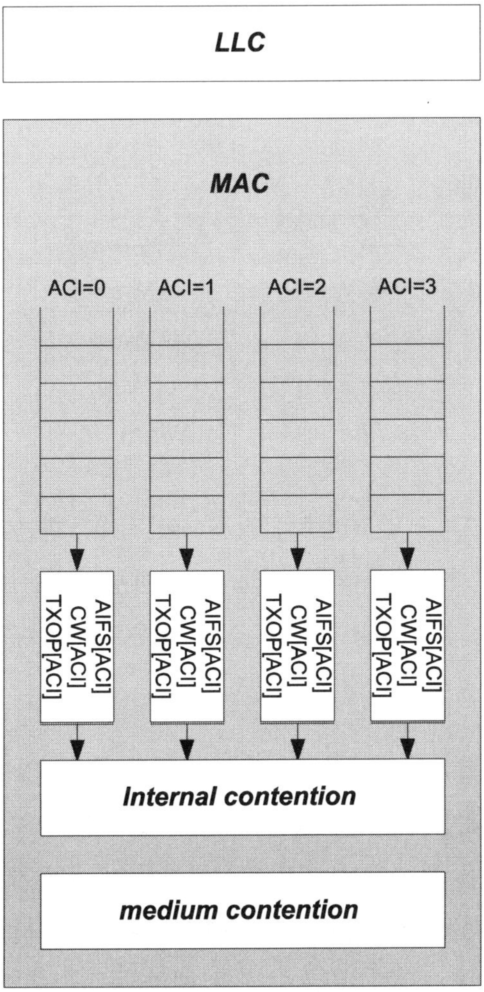

그림 4-31 EDCA 동작

리미트 파라미터가 결정된다. CW는 패킷을 전송하기 위해 전송시도를 하는 시간 범위를 의미하며 CW가 적을수록 채널 시도가 성공할 확률이 증가하게 된다. AIFSN은 CW 구간에서 패킷 전송을 위한 시간 지연으로 시간 지연의 값이 적을수록 우선순위가 높으며 음성, 영상, Best Effort, Background 순으로 AIFSN 값이 증가한다.

TXOP의 시작은 EDCA 규칙에 따라 채널에 접근하였을 때 발생한다. 만약 한 AC 메모리에 두 개 이상의 프레임이 쌓여 있을 때, EDCA TXOP를 얻게 된다면 여러 개의 프레임 전송을 시도할 수 있다. AC 메모리에서 한 프레임을 전송하였고, 남은 TXOP 시간 내에 같은 AC에 있는 다음 프레임의 전송과 이에 대한 ACK까지 받을 수 있다면, QoS 스테이션은 그 프레임에 대한 전송을 SIFS시간 간격 뒤에 시도한다. 표 4-8은 EDCA 파라미터를 보여 준다.

| 표 4-8 | EDCA 파라미터

ACI	AC	CWmin	CWmax	AIFSN	TXOP Limit
1	Background	aCWmin	aCWmax	7	0
0	Best Effort	aCWmin	aCWmax	3	0
2	Video	(aCWmin+1)2−1	aCWmin	2	0
3	Voice	(aCWmin+1)4−1	(aCWmin+1)/2−1	2	0

서비스 종류에 따른 EDCA 알고리즘을 적용하여 서비스별 우선 순위를 제공할 수 있다. 사용자 단말이 증가하게 되면 이로 인한 채널 혼잡이 발생하게 되고 채널 혼잡은 서비스의 시간 응답성을 만족할 수 없게 된다. 이러한 문제를 해결하기 위해 WAVE 통신에선 멀티채널 동작을 한다.

멀티채널은 물리적으로 제어 채널(CCH)과 서비스 채널(SCH)을 스위칭하면서 서비스를 제공하는 방식이다. 이 기술은 GPS 신호를 기준으로 일정한 주기로 나누고 제어 채널과 서비스 채널을 시간적으로 구분하여 제어 채널에는 무선 링크 초기화와 관리 기능을 제공하며 서비스 채널에는 서비스 패킷을 전달하여 채널의 혼잡을 완화하는 방식이다. 그림 4-32은 멀티 채널 동작을 설명한다.

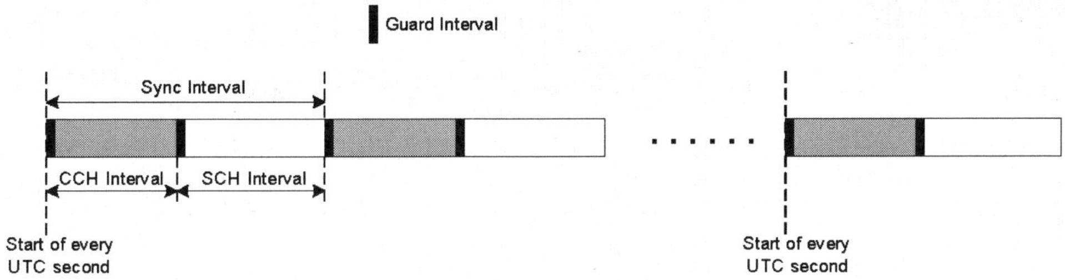

그림 4-32 멀티 채널 동작

WAVE 송신 데이터는 콘볼루션 코딩과 인터리빙을 하여 코드 데이터를 생성한다. 비트 수열은 IFFT와 GI 추가를 통해 OFDM 심볼로 변환된다. 기저대역 필터링과 RF 변환을 통하여 송신신호를 생성한다. 그림 4-33은 OFDM 송신 기능 블록도를 보여 주고, 표 4-9는 WAVE 무선통신규격의 주요 특징을 보여 준다.

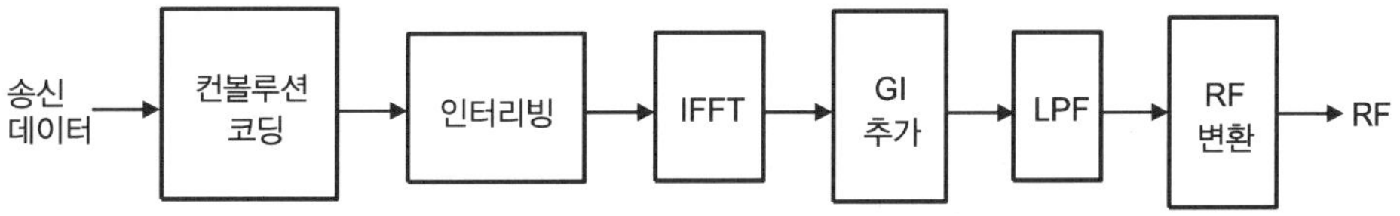

그림 4-33 OFDM 송신 블럭도

| 표 4-9 | WAVE 무선통신 규격

항목	규격
다중접속 방식	CSMA/CA, TDD
주파수 대역	5.85~5.925 GHz
주파수 채널 간격	10 MHz
주파수 채널 수	7개
Subcarrier Spacing	156.25 KHz
FFT 크기	64
데이터 비트 속도	최대 27 Mbps
변조 방식	BPSK, QPSK, 16QAM, 64QAM
프레임 시간	가변
단말기 출력	100 mWatt

■ SDMA 기술

셀룰러나 무선랜에서는 단일 안테나에서 복수 안테나를 사용하는 방향으로 발전하였다. 복수 안테나를 사용하는 기술에는 다이버시티 기술, MIMO 기술과 SDMA 기술로 분류를 할 수 있으며 이러한 기술의 원리와 특징을 설명한다.

안테나 다이버시티 기술

안테나 다이버시티 기술은 안테나 이득을 얻기 위해 사용한다. 송신기에서 전파는 페이딩 채널을 통하여 수신기에 수신이 된다. 송신기와 수신기가 이동하는 경우에 다경로 페이딩으로 인하여 수신 신호 레벨이 급격히 떨어지는 구간이 존재하고 이 구간에서 버스트 에러가 발생하게 된다. 이러한 경우에 수신기에 두 개의 안테나에서 수신하면 수신되는 신호는 상호 독립적이므로 두 개의 안테나에서 수신되는 신호를 합하면 신호 레벨이 떨어지는 구간에서도 버스트 에러를 막을 수 있게 된다. 즉, 두 개 안테나를 사용하여 안테나 이득을 얻게 되는 것이다.

그림 4-34는 안테나 다이버시 개념을 보여 준다. 송신 신호 $s(t)$가 안테나에서 방사되는 경우 페이딩 채널 통하여 두 개의 서로 독립적인 신호가 $r_1(t)$, $r_2(t)$가 수신기에 도착하게 된다. $r_1(t)$, $r_2(t)$ 신호는 수신 신호의 레벨을 이용하여 w_1, w_2을 곱하여 수신 신호 $r(t)$를 얻게 된다. 이를 수식적으로 표현하면 다음과 같다.

$$r(t) = r_1(t) \cdot w_1 + r_2(t) \cdot w_2 \tag{4-6}$$

두 개의 안테나에서 수신되는 신호는 합하는 과정, 즉 w_1, w_2 값을 결정하는 방법에 따라서 MLC(Maximal Likelihood Combining) 방식, EGC(Equal Gain Combining)

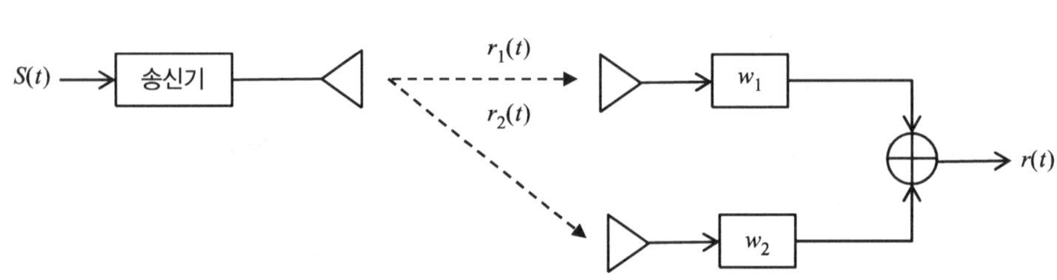

그림 4-34 안테나 다이버시티 방식

방식, Selective Combining 방식이 있으며 페이딩이 있는 무선 채널에서 효과적인 방법으로 이용이 되며 단일 안테나에 비해 두 개의 안테나를 사용하면 3 dB 안테나 이득을 얻을 수 있다.

그림 4-35는 페이딩 채널에서 안테나 다이버시를 적용할 때 신호 특성을 보여 준다. 수신 신호 $r_1(t)$, $r_2(t)$는 상호 관련이 없이 독립적인 페이딩 채널을 겪게 되어 서로 다른 시점에서 신호가 급격히 감소하는 현상이 나타난다. 이로 인하여 수신 신호에 버스트 에러가 발생하게 된다. 수신 신호 $r(t)$ 안테나 다이버시티를 적용한 수신 신호를 보여 주며, $r_1(t)$, $r_2(t)$ 수신 신호에 페이딩이 제거되었음을 알 수 있다.

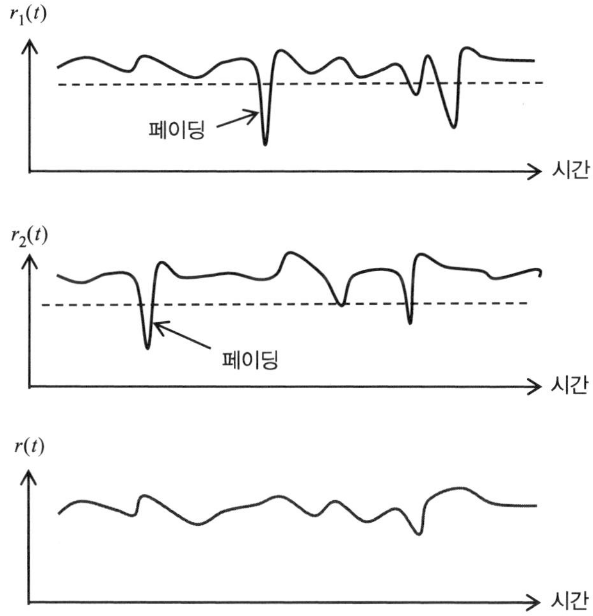

그림 4-35 안테나 다이버시티 수신 신호 특성

MIMO 기술

송수신기 간의 채널 용량은 주파수 효율(bit/Hz)에 의해 결정이 된다. 주파수 효율은 1 Hz 주파수에 송신하는 비트 수를 의미하며 무선통신의 발전 방향은 주파수

효율을 증대시키는 방향으로 발전하였다. 아날로그 통신 방식에서 디지털 통신 방식으로 변환, 디지털 통신 방식에서 주파수 효율이 높은 OFDM 방식으로의 발전은 궁극적으로 주파수 효율을 높이고 채널 용량을 증대시키는 것이다.

단일 안테나를 사용하는 경우 주파수 효율은 증대시키는 방법은 변조 방식의 효율을 높이는 방식으로 고차원 QAM과 OFDM 방식이 결합한 방식으로 발전하게 되었다. 5세대 이동통신에서는 256QAM-OFDM 방식을 사용하고 있으며 IEEE 802.11be 규격에서는 1024QAM-OFDM 방식을 사용하고 있다.

송수신기에서 복수의 안테나에 형성되는 채널이 서로 무관하다면 주파수 효율을 안테나 개수에 비례하게 되므로 채널 용량을 높일 수 있는데 이러한 안테나를 MIMO(Multiple Input Multiple Output) 기술이라고 부른다.

그림 4-36은 복수 안테나를 사용하는 MIMO 안테나 구조를 보여 준다. 이러한 MIMO 안테나를 사용하여 원하는 주파수 효율을 얻기 위해서는 안테나에 의해 형성되는 채널의 상태값을 정확하게 추정할 수 있어야 한다. 송신기 M 안테나와 수신기 M 안테나 간에는 M × M 크기를 갖는 채널 매트릭스로 모델링하며 채널 매트릭스의 값을 정확히 추정하면 주파수 효율이 M배 만큼 증가하게 된다.

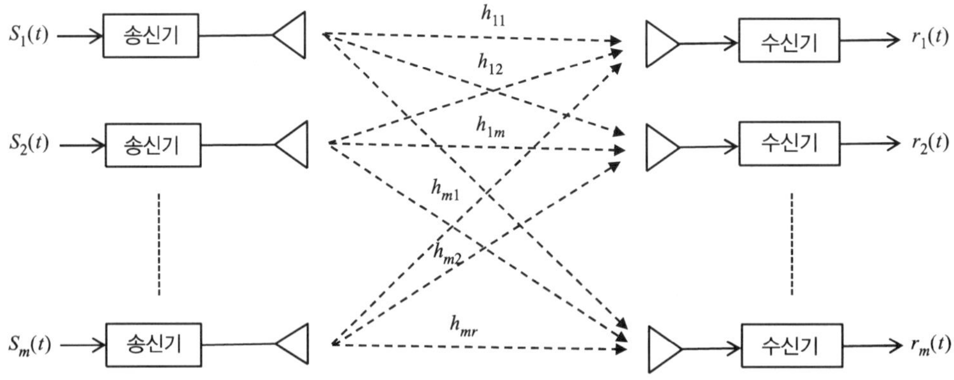

그림 4-36 MIMO 안테나 구조

M개의 안테나를 MIMO 시스템은 다음과 같은 수식으로 표현할 수 있다.

$$R = \sqrt{\frac{E_s}{M_T}} \cdot H \cdot S + n \tag{4-7}$$

여기서, R은 M 갯수를 갖는 수신 신호 벡터, E_s는 송신 신호의 에너지 합, M_T는 송신 안테나의 갯수, H는 M×M 채널 매트릭스, S는 M 개수를 갖는 송신 신호 벡터, 그리고 n는 열잡음 가우시안 M × M 매트릭스로 정의한다. 이러한 MIMO 시스템의 채널 용량은 다음과 같다.

$$C = \sum_{i=1}^{r} \log_2\left(1 + \frac{E_s}{M_T}\lambda_i\right) \tag{4-8}$$

여기서, r는 채널 매트릭스 H의 랭크, λ_i는 1에서 r까지 값을 갖는다. 이 수식으로부터 MIMO 채널의 용량은 단일 안테나 채널 용량에 비해 r 랭크까지의 용량까지 증가하는 것을 알 수 있다.

2, 3세대 셀룰러 이동통신에서는 다이버시티 기술이 이용되었으며 MIMO 기술은 4세대 이동통신에서 본격적으로 적용되었고 5세대 이동통신에서는 기술이 확대되었다. 6세대 이동통신에서도 MIMO 기술이 확대될 전망이다.

빔 포밍 기술

송수신기에서 복수 안테나를 사용하면 안테나의 위상값에 변화를 주어 원하는 방향으로 안테나 빔을 형성할 수 있으며 안테나 개수가 증가함에 따라 좁은 안테나 빔을 형성할 수 있다. 이러한 안테나 빔 형성은 안테나 이득을 얻을 수 있고 좁은 안테나 빔으로 인하여 이웃한 빔으로 부터의 간섭을 완화시키는 기능과 안테나 빔에 의한 다중 접속 효과를 얻을 수 있다.

그림 4-37은 송신기에서 다수의 안테나를 사용하는 경우 송신 안테나 빔형성을 보여 준다. 안테나 빔 형성은 다수 안테나가 원하는 방향으로 위상값을 갖게 하고 M 안테나의 위상값을 더함으로서 빔형성을 할 수 있다. 그림 4-37에서 안테나 빔형성은 송신기에서 이루어지므로 송신 안테나 빔 형성이며 수신기에서 안테나 빔 형성을 할 수 있다. 일반적으로 안테나 빔 형성은 안테나 개수가 증가함에 따라서

하드웨어 복잡도가 증가하므로 기지국에서 기능을 구현한다.

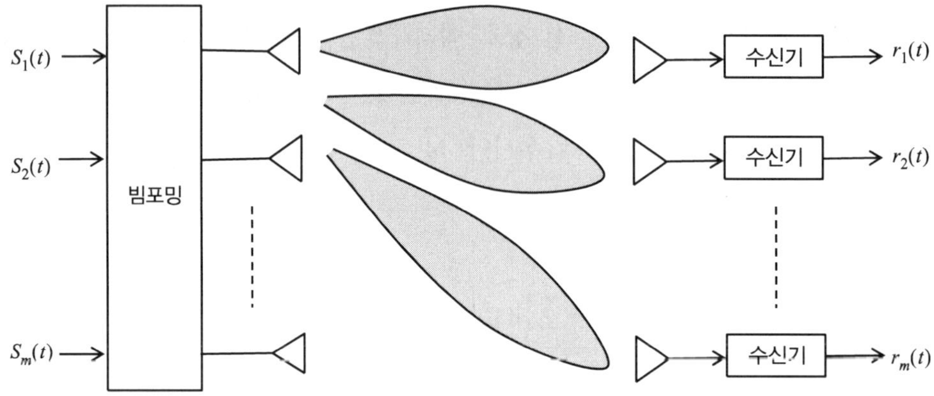

그림 4-37 빔포밍에 의한 SDMA 구조

요약

- 다수의 송신자와 다수의 수신자 간에는 공통의 무선 채널을 공유하면서 정보를 전달해야 하며 이러한 기술을 무선접속기술이라고 한다.
- 전파는 주파수 또는 파장으로 구분하여 관리가 된다. 전파는 속도는 광속 c, 파장이 λ, 주파수가 f일 때 이들의 관계는 $\lambda = \frac{c}{f}$로 주어진다.
- 주파수 채널 대역폭은 신호의 전체 에너지에서 99%를 포함하는 주파수 범위를 말하여, 채널 간격은 이웃한 채널에 간섭 영향을 주지 않도록 채널 대역폭에 가드 주파수를 포함하여 결정한다.
- 근거리 패킷 통신망은 서비스 제공이 필요한 특정한 지점에서 통신이 가능하지만, 셀룰러 통신은 무선 셀간 끊김이 없는 핸드오버가 필요하므로 효율적인 셀 구성과 주파수 운용이 중요하다.
- 셀룰러 통신에서 사용하는 무선접속 방식은 FDMA, TDMA, CDMA, OFDMA가 있으며 무선랜 통신에서 사용하는 접속 방식은 CSMA/CA 방식이 있다.
- 2세대 셀룰러 통신은 디지털 음성 서비스를 제공하여 TDMA 방식의 GSM 셀룰러 통신과 CDMA 방식의 IS-95 셀룰러 통신이 있다.
- 3세대 셀룰러 통신은 국제적인 단일 표준으로 음성과 데이터, 그리고 멀미티미어 서비스를 제공할 수 있으며 CDMA 무선접속을 사용한다.
- 4세대 셀룰러 통신은 IP 기반의 OFDMA 무선 접속 방식을 사용하며 MIMO 기술을 적용하여 이동 환경에서 100Mbps 전송이 가능한 방식이다.
- 5세대 셀룰러 통신은 4세대 이동통신과 동일하애 OFDMA 무선접속과 MIMO 기술을 사용하고 있으며 이동환경에서 1Gbps 전송이 가능한 방식으로 광대역 데이터, IoT, 그리고 URLLC(Ultra Reliable Low Latency Commu-

nication) 서비스를 지원하는 특징이 있다.

- ITS 서비스를 위한 DSRC 통신에서는 TDMA 방식, WAVE 통신에서는 CSMA/CA 방식이 있다. WAVE 통신에서 사용자 수가 증가함에 따른 성능 저하를 고려하여 EDCA 기술과 멀티 채널 동작 기능을 사용하여 성능을 개선할 수 있다.

- 복수의 안테나를 사용하여 안테나 다이버시티, MIMO, SDMA 기능으로 활용할 수 있다. 다이버시티 기능은 페이딩으로 인한 손실을 개선할 수 있고, MIMO는 주파수 효율을 향상시킬 수 있다. 안테나 빔 포밍은 원하는 방향으로 좁은 빔 형성을 통해 안테나 이득을 높이고 간섭을 줄임으로 SDMA 효과를 얻을 수 있다.

참고문헌

[1] Mouly, Michel, Marie-Bernadette Pautet, and Thomas Foreword By-Haug. The GSM system for mobile communications. Telecom publishing, 1992.

[2] Scourias, John. Overview of GSM: The global system for mobile communications. University of Waterloo, Computer Science Department, 1996.

[3] Dahlman, Erik, et al. "UMTS/IMT-2000 based on wideband CDMA." IEEE Communications magazine 36.9 (1998): 70-80.

[4] Dahlman, Erik, et al. 3G evolution: HSPA and LTE for mobile broadband. Academic press, 2010.

[5] Lei, Wan, et al. 5G System Design: An End to End Perspective. Springer Nature, 2019.

[6] Parkvall, Stefan, et al. "NR: The new 5G radio access technology." IEEE Communications Standards Magazine 1.4 (2017): 24-30.

[7] Lien, Shao-Yu, et al. "3GPP NR sidelink transmissions toward 5G V2X." IEEE Access 8 (2020): 35368-35382.

[8] Husain, Syed, et al. "The road to 5G V2X: Ultra-high reliable communications." 2018 IEEE conference on standards for communications and networking (CSCN). IEEE, 2018.

[9] Naik, Gaurang, Biplav Choudhury, and Jung-Min Park. "IEEE 802.11 bd & 5G NR V2X: Evolution of radio access technologies for V2X communications." IEEE access 7 (2019): 70169-70184.

[10] Bai, Dongwoon, et al. "LTE-advanced modem design: Challenges and perspectives." IEEE Communications Magazine 50.2 (2012): 178-186.

제 5 장

무선통신기술

ITS 서비스는 송수신기(OBE 또는 RSE)를 통한 메시지 교환으로 이루어진다. 송수신기는 디지털 신호를 전파로 변환하는 변조 기능과 수신한 전파로부터 디지털 신호로 변환하는 복조 기능이 있다. 디지털 통신에서 변조와 복조 기능은 주파수 효율과 통신 성능에 영향을 미치므로 변조와 복조에 대한 원리와 동작에 대한 이해가 필요하다.

이 장에서는 ITS 시스템에서 사용하는 DSRC, WAVE, C-V2X, 셀룰러 및 디지털 방송 기술에서 사용하는 디지털 변조 방식과 전파 신호에 대하여 설명한다. 복조 기능은 무선채널과 밀접한 관계가 있으므로 7장에서 다루기로 한다.

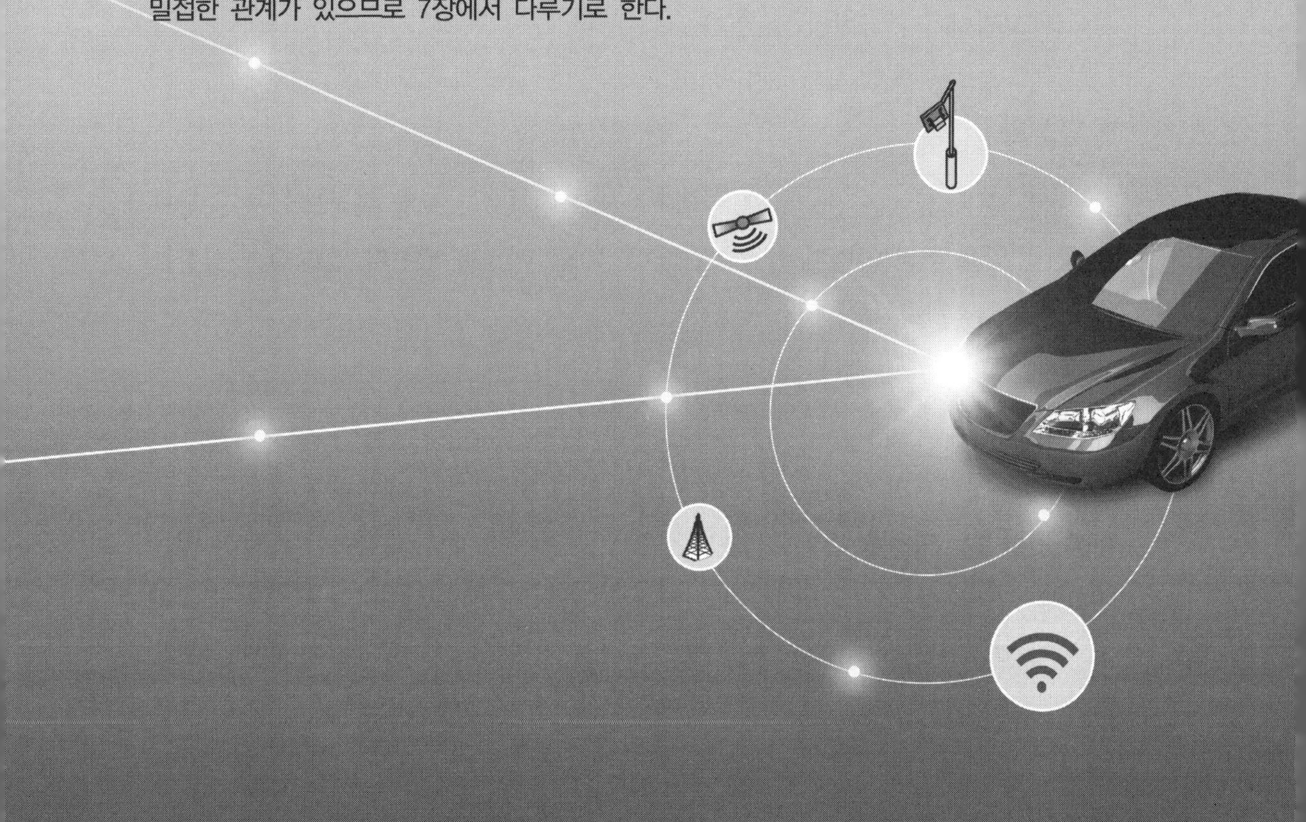

5.1 디지털 통신 기술

사용자가 전송하고자 하는 데이터는 무선으로 전송이 가능한 전파로 생성하는 송신 처리 기능과 무선 채널을 통해 수신한 전파 신호를 복구하는 수신 처리 기능으로 구성된다. 이러한 송신 처리 기능과 수신 처리 기능이 정상적으로 되기 위해서는 시각 동기가 이루어져야 한다.

그림 5-1는 일반적인 디지털 통신시스템의 송수신기 구성도를 보여주며 응용 시스템과 통신 규격에 따라 구성이 다를 수 있으며 주요 기능은 다음과 같다.

■ 소스 코딩

아날로그 신호를 디지털 신호로 변환하고 압축하는 과정을 말한다. 아날로그 신호는 AD 변환기를 거쳐 양자화되고 양자화된 신호는 디지털 이진 신호로 압축하게 되어 최적화된 코드 길이를 갖게 한다. 음성 신호의 경우 음성의 특징을 이용한 보코딩 방식과 음성 신호의 파형을 이용하는 파형 부호화 방식이 있다. 영상 신호의 경우에는 JPEG, MPEG 코딩 방식이 있다. 소스 코딩에 의해 부호화된 정보의 길이는 고정이거나 가변될 수 있다.

■ 암호화

송신하는 전파 신호는 정보 노출에 취약하므로 정보를 보호할 목적으로 송신 정보(평문)를 암호 과정을 거쳐서 암호문을 생성하는 과정을 말한다. 정보를 수신하는 역과정을 복호화라고 부른다.

■ 채널 코딩

무선 채널 상에서의 에러를 검출 또는 정정하기 위해 송신 데이터에 정보를 추가하고 변환하는 과정을 말한다. 송신 신호의 전력이나 채널 대역폭에 제약이 있는 조건에서 수신 성능을 향상시키기 위해 송신 데이터에 추가 정보를 더하여 전송하고 수신 단에서는 에러 검출 또는 에러 정정을 하여 성능이 향상되는 효과를 얻을 수 있지만 실제 데이터 속도는 감소하는 단점이 있다. 데이터 블록 단위로 코딩하는 블록 코딩과 비트 단위로 코딩하는 컨벌루션 코딩 방식이 있다.

■ 변조

디지털 신호를 무선으로 전송하기 적합한 반송파 신호로 변환하는 과정을 말한다. 디지털 신호의 정보는 반송파 신호의 진폭, 주파수, 그리고 위상 성분에 변이를 주는 방식을 사용하며 ASK, FSK, PSK 방식이 있다. 수신 단에서 역과정을 복조라 부르며 위상을 아는 경우의 복조를 동기 복조, 위상을 모르는 경우의 복조를 비동기 복조라 한다.

■ 대역 확산

송신 신호의 주파수 대역폭보다 N배 높게 반송파의 주파수 대역폭을 확장하고 반송파의 전력은 1/N배 감소하여 전송하는 방식으로 시간, 주파수, 코드 영역에서 대역 확산을 하며 N을 처리 이득이라고 부르며 N 레벨만큼 잡음에 강인한 특성이 있다.

■ 다중화

하나의 무선 채널에 다수의 사용자 데이터를 동시에 전송하는 방식으로 수신 단에서는 역다중화 기능이 있다.

■ RF 송신

변조된 디지털 전송 신호를 RF 캐리어 주파수로 변환하는 기능을 말한다. RF 송신 신호는 안테나를 통해 대기로 전파가 송출된다.

이러한 송신 기능에 의해 생성된 전파 신호는 수신 단에 입력되고 송신 기능의 역과정을 통하여 수신 데이터가 복구된다. 그림 5-1은 디지털 통신시스템의 송수신기 구성도를 보여 준다. 송신 데이터를 송신하고 수신하는 기능이 정상적으로 이루어지려면 정보의 시작과 끝을 아는 동기화 기능이 매우 중요하다.

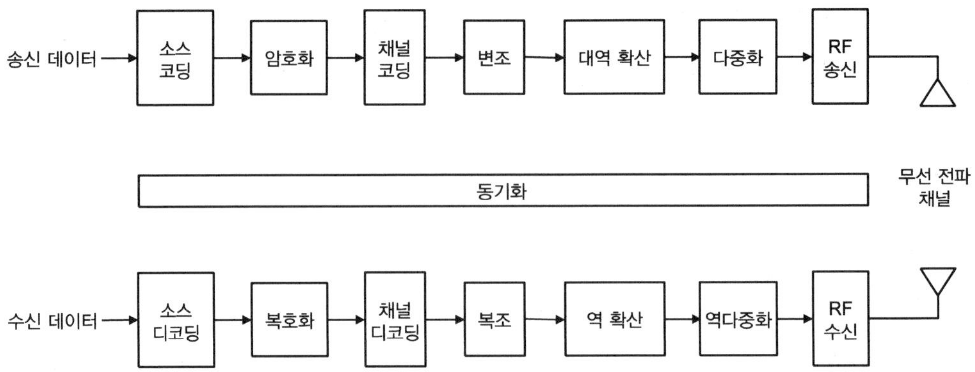

그림 5-1 디지털 통신시스템의 송수신기 구성도

전송하려는 정보는 송신기에서 소스 코딩 및 채널 코딩, 그리고 변조 과정을 거쳐서 디지털 이진 신호 형태를 갖으며 랜덤한 특성을 가진 NRZ 신호가 된다. NRZ 신호가 랜덤한 특성을 갖는 이유는 크게 크게 세 가지 측면으로 설명할 수 있다.

첫째는 소스 코딩에 의해 아날로그 신호를 디지털 신호로 변환된 비트 수열은 일반적으로 불규칙적인 특성을 갖는다. 둘째로 송신되는 신호는 수신기에서 타이밍 동기를 획득하는데 도움이 되도록 가능한 "1"과 "0"이 천이가 발생하도록 송신기에서 스크램블링을 하거나 라인 코딩을 해주기 때문이다. 세 번째는 송신되는 신호의 불법적인 모니터링을 방지하기 위해 송신 단에서 암호화를 하거나 대역 확산을 하기 때문이다.

임의의 송신 신호의 크기가 A이고 신호 주기가 T인 NRZ 신호 $s(t)$의 시간 영역에서는 보면 랜덤한 비트 수열을 갖는다고 할 때 주파수 영역에서의 특성을 알아보는 것이 필요하다. 그것은 송신기에 출력되는 신호는 주파수 자원을 공유해야 하므로 한정된 주파수 대역폭을 사용해야 하기 때문이다.

실제 ITS 서비스를 제공하는 시스템에 따라서 기능과 규격이 달라질 수 있다. 예를 들어 ETC 서비스를 제공하는 DSRC 통신시스템은 소스 코딩, 암호화, 대역확산, 다중화 기능이 없는 간단한 통신 시스템이다. 표 5-1은 ITS 통신 규격에 대한 특징을 보여 준다.

❙표 5-1❙ ITS 통신 규격

시스템 기능	DSRC 통신 규격	WAVE 통신 규격	C-V2X 통신 규격
소스 코딩	기능 없음	기능 없음	기능 없음
암호화	별도의 기능	PKC, AES	PKC, AES
채널 코딩	맨체스터	콘벌루션 코드	컨볼루션 코드, LDPC
변조	ASK, QPSK	OFDM	SC-OFDM
대역 확산	기능 없음	기능 없음	기능 없음
다중화	1:1 통신	1:1통신, 방송	1:1, 1:N 통신, 방송
RF 송신	5.8 GHz 대역	5.9 GHz 대역	5.9GHz 대역

* PKC : Public Key Cryptography, DES : Data Encryption Standard

이 장에서는 DSRC 통신, WAVE 통신과 C-V2X 통신에서는 사용하는 채널 코딩과 변조 방식의 기본적인 원리를 알아본다. 그리고 변조 신호를 시간적인 영역에서의 신호 파형과 주파수 영역에서의 신호 스펙트럼을 분석함으로 디지털 통신시스템의 송신 특성을 이해한다.

■ 무선 채널 개념

송신부에서 생성된 변조 신호는 무선 채널을 통해 수신부에 전달이 된다. 송신 변조 신호는 임의의 신호가 가지는 진폭 $a(t)$, 채널 주파수 f_c, 그리고 시간 t, 그리고 위상 ψ의 함수로 표현할 수 있다.

$$s(t) = a(t) \cdot \cos(2\pi f_c t + \psi) \tag{5-1}$$

무선 채널을 통과한 수신 신호 $r(t)$는 진폭에 왜곡이 발생하고, 주파수 변이와 시간 지연, 그리고 위상 성분에 변화가 발생하며 수식적으로 표현하면 다음과 같다

$$r(t) = a(t-\tau_d) \cdot \cos(2\pi(f_c - f_e)(t-\tau_d) + \psi + \psi_e) \tag{5-2}$$

여기서, τ_d는 무선 채널의 시간 지연, f_e는 주파수 에러, ψ_e는 위상 에러를 의미한다.

수신부에서는 무선 채널의 변이로 인하여 송신 신호를 성공적으로 수신하지 못하고 에러가 발생하게 된다. 그러므로 무선 채널은 송신 신호의 전송을 저해하는 요인으로 발생하므로 채널의 제약이 있다고 말하며 채널의 특성을 다음과 같이 분류한다.

■ 신호 진폭에 제약이 있는 채널(Amplitude Limited Channel)

송신 신호는 무선 채널을 통해 수신기에 도달하며 수신되는 신호의 크기는 거리에 감소하고 물리적인 지형과 이동에 따라 변화하는 특성을 갖는다. 전파 통달거리를 늘리기 위해서는 안테나의 신호 출력을 크게 해야 한다. 그러나 송신기의 RF 증폭기는 입력되는 신호가 증가함에 따라 비선형 특성을 갖게 되므로 선형성이 보장되는 구간에서 신호를 송신해야 하므로 송신 신호의 출력에 제한이 있게 된다. RF 신호 출력기의 신호가 제약이 있는 경우를 신호 진폭에 제약이 있는 채널이라고 부른다.

■ 주파수 대역폭에 제약이 있는 채널(Frequency Bandwidth Limited Channel)

송신 데이터의 전송 속도는 무선 채널의 주파수 대역폭에 의해 영향을 받게 된다. 무선통신시스템을 설계할 때 서비스 종류에 따라 요구되는 데이터 전송 용량이 결정하고 요구되는 전송 용량을 만족하도록 반송파 주파수와 채널 주파수 대역폭이 결정할 수 있다. 하지만, 무선 채널의 주파수와 채널 대역폭은 무한하지 않고 한정된 자원이므로 주파수 채널 대역폭을 결정하고 송신 변조 방식을 결정해야 해야 한다. 이러한 무선 채널을 주파수 채널 대역폭에 제약이 있는 채널이라고 부른다. 예를 들어, WAVE 통신에서는 10 MHz 주파수 채널 대역폭이 결정되어 있으며 이 채널 대역폭을 만족하도록 송신 신호를 설계해야 하는 것이다.

■ 시간에 제약이 있는 채널(Time Limited Channel)

무선 채널은 주파수 영역과 함께 시간 영역도 중요한 무선 자원이 된다. 시간을 타임 슬롯 단위로 나누고 채널로 할당하여 사용할 수 있기 때문이다. 송신 신호는 반송파로 대기 중으로 전달되며 수신부에 도달하는데는 시간 지연이 발생하게 된다. 이러한 시간 지연은 이웃한 타임 슬롯에 간섭을 주게 되어 정상적으로 수신할 수 없게 된다. 이러한 채널은 시간적으로 제약이 있다고 말한다.

그림 5-2는 무선 채널의 자원 할당과 채널로 인한 영향을 설명한다.

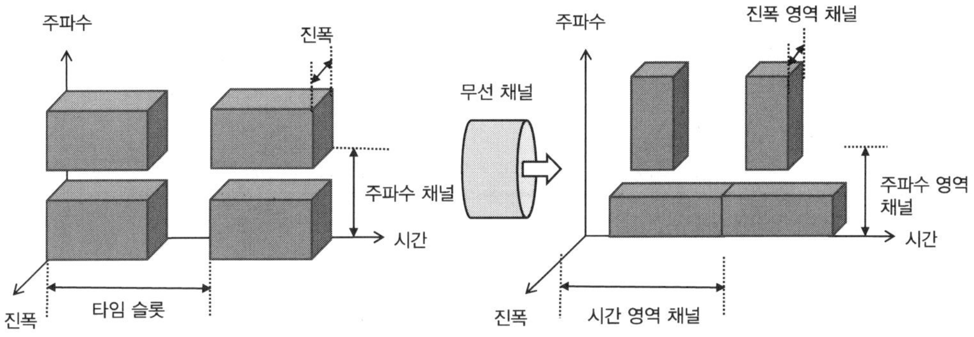

그림 5-2 무선 채널의 자원 개념

5.2 DSRC 통신 기술

DSRC(Dedicated Short Range Communication) 통신기술은 허가를 받지 않고 사용할 수 있는 5.8 GHz 주파수 대역에서 차량 단말과 특정한 장소에 설치된 노변 기지국 간 무선통신 방식으로 ETC 서비스 및 교통 정보 서비스에 사용하는 통신 기술이다.

DSRC 통신은 그림 5-3과 같이 노변 기지국이 설치된 특정 구간에서만 차량과 노변 기지국 간에 통신이 이루어져야 하므로 링크 접속과 해지가 수초 이내에 이루어져야 한다. 예를 들어, 노변 기지국의 안테나가 제공하는 무선 통신영역이 100 m이고 차량이 고속으로 100 km/h로 진행한다고 가정하면(차량이 1초당 27.7 m를 진행한다는 의미임) 차량이 노변 기지국과 통신할 수 있는 최대 허용시간은 약 3.6초(100/27.7)가 된다. 즉, 차량이 노변 기지국의 통신영역에 진입하는 시점부터 무선링크를 접속하고 차량 단말기에 대한 인증과 서비스를 완료하는데 소요시간은 3.6초 이내이어야 한다.

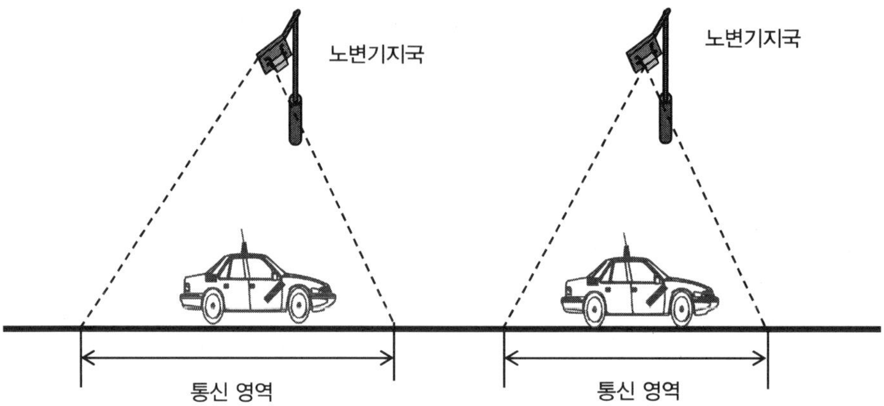

그림 5-3 DSRC 통신 기술개념

■ DSRC 통신 방식

DSRC 통신기술은 노변에 설치된 RSE(Road-Side Equipment)와 차량에 설치되는 OBE(On-Board Equipment) 간의 통신을 말하며 통신하는 방식에 따라 능동형 DSRC와 수동형 DSRC가 있다.

능동형 DSRC 통신기술은 OBE가 자체적으로 오실레이터를 내장하고 있어서 반송주파수를 생성하여 RSE와 통신하는 방식이고, 수동형 DSRC 통신 방식(또는 백스캐터링 방식)은 OBE에 자체 오실레이터가 없어서 기지국에서 송신하는 기준신호를 이용하여 변조 신호를 생성하는 방식을 말한다.

수동형 방식은 RSE가 기준 전파 신호를 생성하여 OBE로 보내면 OBE에서는 기준 전파를 이용하여 신호를 송신하는 방식으로 동작하므로 통신 성능은 RSE에서 송신한 기준 전파에 의해 영향을 받는다. 즉, RSE와 OBE 간 거리가 멀어지면 기준 전파의 신호 레벨이 감소하므로 통신 거리에 제약을 받게 된다. 이에 비해 능동 방식은 OBE에서 기준 전파를 생성하여 송수신하게 되므로 자체 클럭의 안정도가 떨어져도 송수신이 가능하고 수동방식에 비해 통달거리가 확장이 되는 장점이 있다. DSRC 통신은 수십m 이내의 근거리 통신을 하므로 OBE를 저렴하게 만들기 위해서 수동 방식을 사용하게 되었다. 그림 5-4는 수동형 DSRC 통신 방식, 그림 5-5는 능동형 DSRC 통신 방식을 보여 준다.

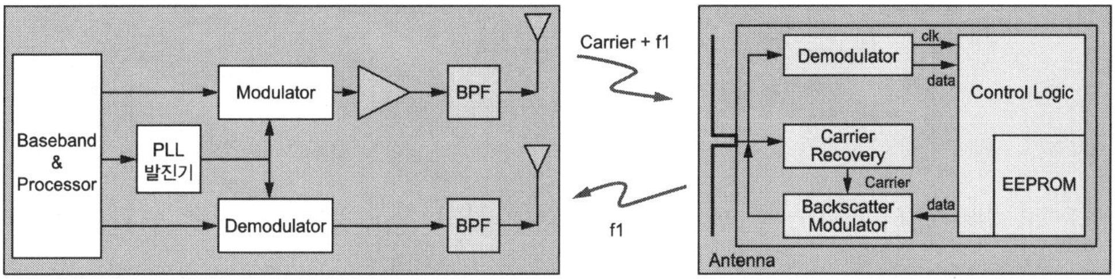

그림 5-4 수동형 DSRC 통신 방식

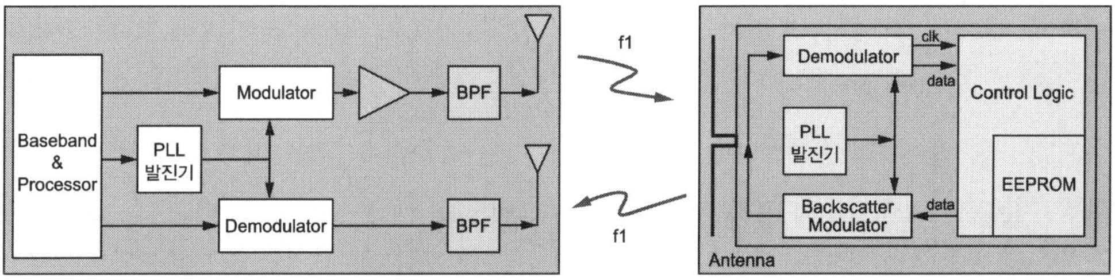

그림 5-5 능동형 DSRC 통신 방식

■ ASK 통신기술

DSRC 통신에서 사용하는 변조 방식은 ASK(Amplitude Shift Keying)와 PSK(Phase Shift Keying) 방식을 사용하고 있다. ASK 방식은 PSK 방식에 비해 주파수 효율이 낮으나 구현이 간단하고 저렴하게 구현할 수 있는 변조 기술이어서 DSRC 초기 시스템에서 채택되었다.

DSRC 통신에는 FDD 방식과 TDD 방식이 있는데 그림 5-6은 TDD 방식의 ASK 모뎀의 블록도를 보여준다. TDD 방식은 RF 스위치가 있어서 송신 신호를 선택하거나 수신 신호를 선택함으로 단일 주파수로 송수신하는 방식이다.

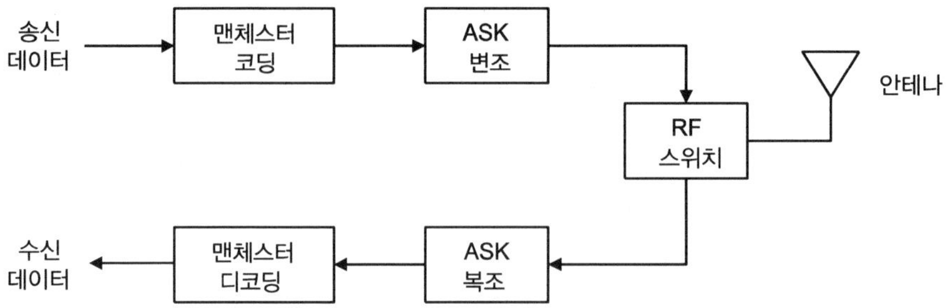

그림 5-6 TDD 방식의 ASK 모뎀

ASK 모뎀은 송신 데이터를 맨체스터 코딩을 하고 ASK 변조 신호로 변환하여 반송파를 생성한다.

맨체스터 코딩은 NRZ(Non Return to Zero) 데이터 비트가 "1"이면 "0 → 1"로 천이하고 "0"이면 "1 → 0"으로 강제적으로 천이하도록 한다. 맨체스터 코딩은 1비트 시간에 데이터 전이가 발생하므로 데이터 전송 속도가 원래 데이터에 비해 2배로 증가한다. 이러한 맨체스터 코딩을 하는 이유는 수신 단에서 비트 시간 동기를 맞추는데 도움을 주기 위함이며, 맨체스터 코딩은 그림 5-7에서처럼 데이터 클럭과 비트 정보를 Exclusive-OR하여 구현할 수 있다.

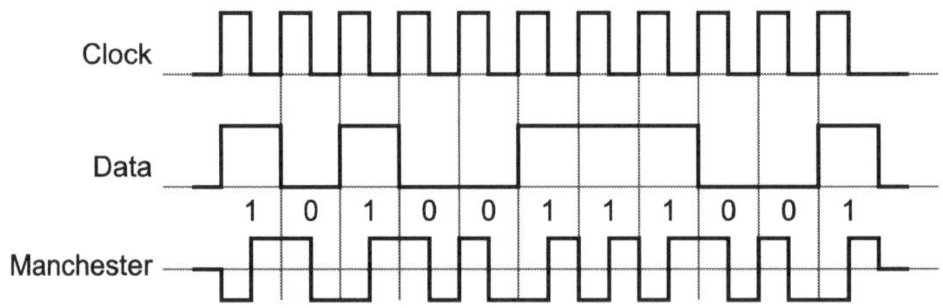

그림 5-7 맨체스터 코딩 기능

ASK 변조는 전송 데이터와 RF 반송파를 곱하여 이루어진다. 데이터가 존재하면 출력이 되고 데이터가 없으면 반송파 신호가 없는 신호 파형을 갖는다. 그림 5-8은 ASK 변조 기능을 보여 준다.

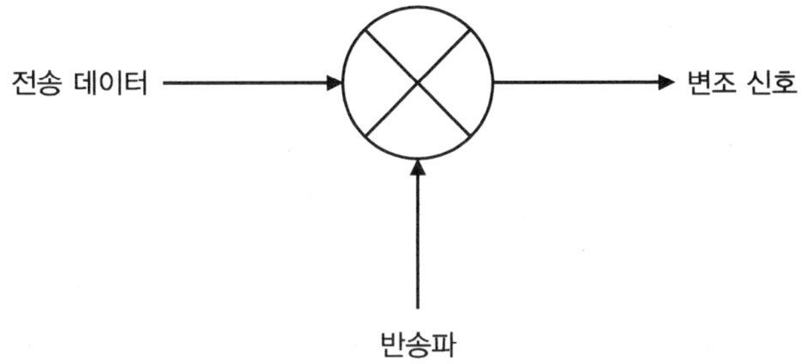

그림 5-8 ASK 변조

RF 블록에서 전송 데이터 값이 "1" 구간에 RF 반송파를 송신하고 데이터 값이 "0" 구간에는 RF 반송파를 송신하지 않는다. 실제로 변조신호 생성은 5.8 GHz 주파수를 갖는 VCO의 출력과 전송 데이터의 선형적인 곱셈이지만 곱셈기의 비선형적인 특성으로 인하여 이상적인 신호를 얻지 못한다. 따라서, 변조 지수는 변조신호의 크기 m과 신호크기 A의 비율인 m/A로 정의한다. 반송파의 신호크기와 변조 신호의 크기가 동일한 경우에 변조지수는 1이고 100% 변조되었다고 말한다. 변조지수가 0.7 이상인 경우에 변조가 정상적으로 이루어졌다고 판단한다. 그림 5-9는 ASK 변조 신호 파형을 보여 준다.

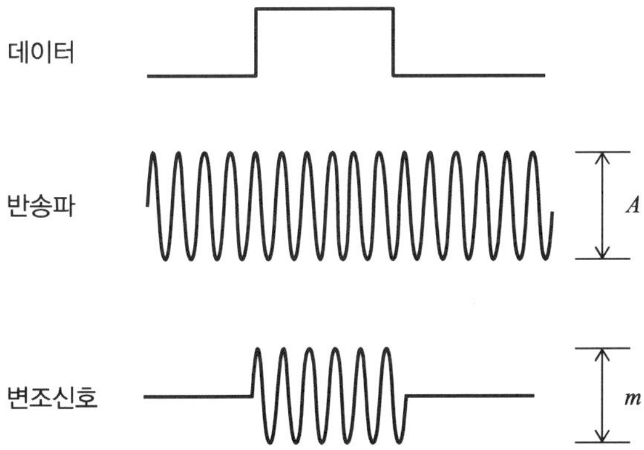

그림 5-9 ASK 변조 신호 파형

TDD 방식의 모뎀에서는 RF 스위치를 사용하여 시간적으로 분할하여 변조 신호를 선택하거나 수신신호를 선택하게 된다. RF 스위치를 통과한 신호는 안테나에서 공중파로 변환되어 송출하게 된다. 안테나를 통해 방사되는 RF 신호의 주파수 스펙트럼은 그림 5-11과 같은 모양을 갖는다.

이러한 ASK 변조 신호는 그림 5-10과 같은 신호를 갖는다. 이 변조 신호는 데이터가 “1”이면 반송파 신호가 있고 데이터가 “0”이면 반송파 신호가 전달되지 않는다. 이 변조신호의 주파수 스펙트럼은 그림 5-11과 같이 NR 신호의 주파수 스펙트럼을 갖는다. 변조 신호는 반송파 중심으로 신호의 주성분과 이웃한 채널에 간섭으로 작용하는 성분이 있다. 신호의 주성분은 채널의 대역폭 $(-\frac{1}{T_b}, \frac{1}{T_b})$안에 있으므로 송신 반송파를 생성할 때 채널 대역폭의 신호만 통과시키고 그 외 신호 성분은 필터링을 하는 것이 필요하다.

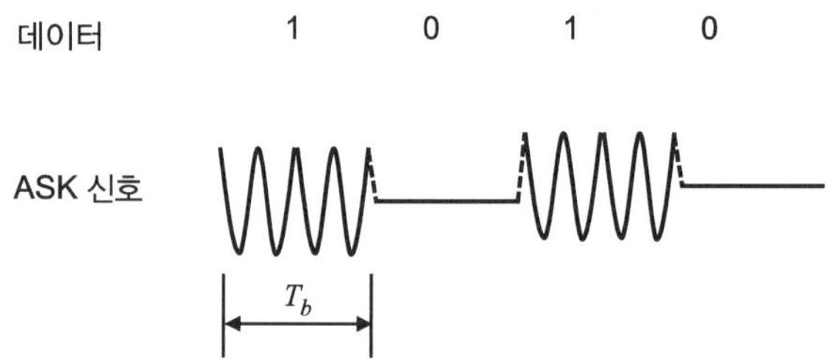

그림 5-10 ASK 변조 신호

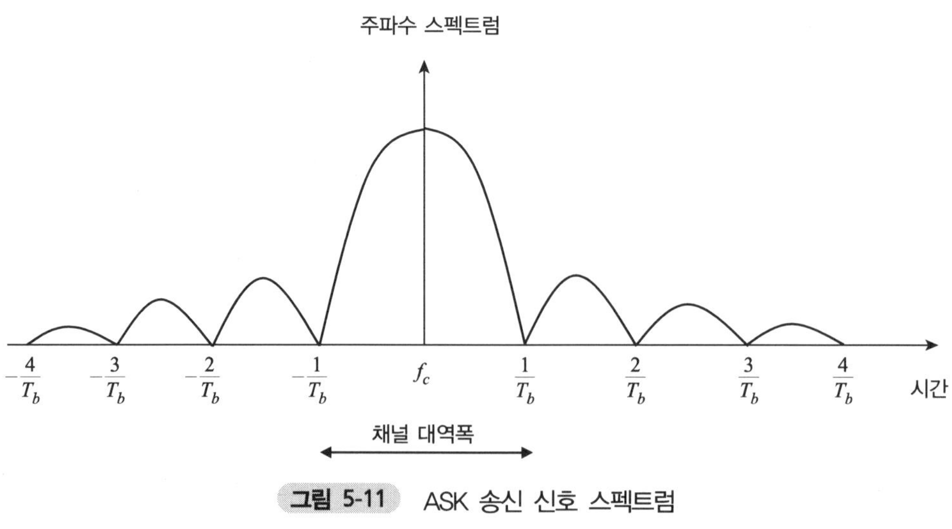

그림 5-11 ASK 송신 신호 스펙트럼

■ PSK 통신기술

PSK(Phase Shift Keying) 변조는 입력되는 데이터 비트에 따라서 반송파의 위상에 변화를 주는 변조 방식을 말한다. 데이터 정보가 "1"이면 반송파의 위상이 "0"이 되고 데이터 정보가 "0"이면 반송파의 위상이 "180°"가 되도록 위상 천이를 하는 것이다. 변조 방식은 입력되는 데이터에 따라 진폭, 위상 그리고 주파수가 변화함에 따라 ASK, PSK, FSK로 분류하며 그림 5-12는 변조 방식의 개념을 보여준다. BPSK 는 입력 데이터가 "1"이면 "0" 위상이고 "0"이면 "180°" 위상을 갖는 신호를 출력하며, 데이터 입력 변화에 따라 위상 변화로 인하여 불연속점을 갖는 신호를 생성하게 된다. BFSK는 입력 데이터에 따라 변조 주파수가 f_0, f_1로 변화하는 특성을 갖게 된다. 이 BFSK 신호도 BPSK와 같은 불연속점을 갖는 신호를 생성하게 된다.

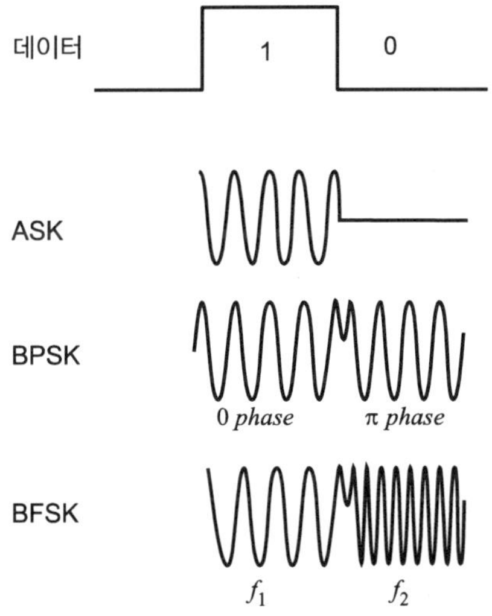

그림 5-12 ASK, BPSK, BFSK 변조 방식 개념

이러한 위상 천이는 할당하는 비트 길이에 M_{ary} PSK 또는 M_{ary} FSK라고 부른다. 예를 들어 M = 2이면 BPSK, M = 4이면 QPSK, M = 8이면 8PSK라고 부른다. 이러한 위상 천이 방식은 수신 단에서 위상의 천이를 검출하여 송신 데이터를 복원할 수 있으므로 성능면에서 우수한 특징을 갖는다. 하지만 데이타 천이점에서 위상의

변화가 발생하게 되면 신호의 진폭에 변화를 발생하며 변조의 차수가 증가하면 진폭의 변화도 증가하게 된다. 그러므로 변조의 차수가 증가하더라도 일정한 신호의 진폭을 유지하는 것이 PSK 방식에서 설계할때 요구사항이 되는 것이다.

QPSK 경우 입력 데이터를 2비트를 구분하여 한 비트는 I 채널, 그리고 다른 1비트는 Q채널에 할당하면 I/Q 채널의 변조 신호와 최종 출력 신호에 불연속점이 발생하는 것을 알 수 있다. 그림 5-13은 변조 신호의 파형을 보여 주고 그림 5-14는 변조 신호의 I/Q 2차원 평면에서의 변조 신호의 성상도를 보여 준다.

그림 5-13은 변조 신호의 I/Q 2차원 평면에서의 입력되는 2비트 정보에 따라서 QPSK 변조 신호의 매핑을 보여 주며 다음과 같다.

$(0,0) \rightarrow \left(-\frac{1}{\sqrt{2}}, -\frac{1}{\sqrt{2}}\right)$: I 채널 위상은 $-\frac{\pi}{4}$, Q 채널 위상은 $-\frac{\pi}{4}$로 천이

$(0,1) \rightarrow \left(-\frac{1}{\sqrt{2}}, \frac{1}{\sqrt{2}}\right)$: I 채널 위상은 $-\frac{\pi}{4}$, Q 채널 위상은 $\frac{\pi}{4}$로 천이

$(1,0) \rightarrow \left(-\frac{1}{\sqrt{2}}, -\frac{1}{\sqrt{2}}\right)$: I 채널 위상은 $-\frac{\pi}{4}$, Q 채널 위상은 $-\frac{\pi}{4}$로 천이

$(1,1) \rightarrow \left(\frac{1}{\sqrt{2}}, \frac{1}{\sqrt{2}}\right)$: I 채널 위상은 $\frac{\pi}{4}$, Q 채널 위상은 $\frac{\pi}{4}$로 천이

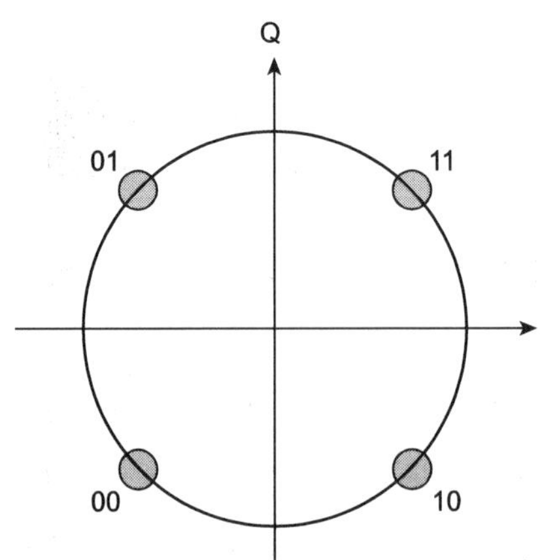

그림 5-13 QPSK 변조 신호 성상도

변조 신호 매핑에 따라 I 채널과 Q 채널의 신호와 두 신호의 합은 그림 5-14와 같이 표현된다. 입력 신호가 (1,1)이면 I/O 채널 신호는 모두 $\frac{1}{\sqrt{2}}$(0.707) 값에서 코사인 파형과 사인 파형을 그린다. 다음 주기에서 입력 신호가 (0,0)으로 변화하면 I/O 채널 신호는 모두 $-\frac{1}{\sqrt{2}}$(-0.707) 값으로 변화한다. 이 경우에 위상값이 π 만큼 변화하므로 변조 신호는 신호의 급격한 변화가 발생한다. 이러한 위상의 급격한 변화는 입력 신호 (0,1)에서 (1,0)으로 변화하는 경우도 발생한다. 이러한 불연속 신호 성분은 신호 전송의 품질에 저하를 유발하게 된다.

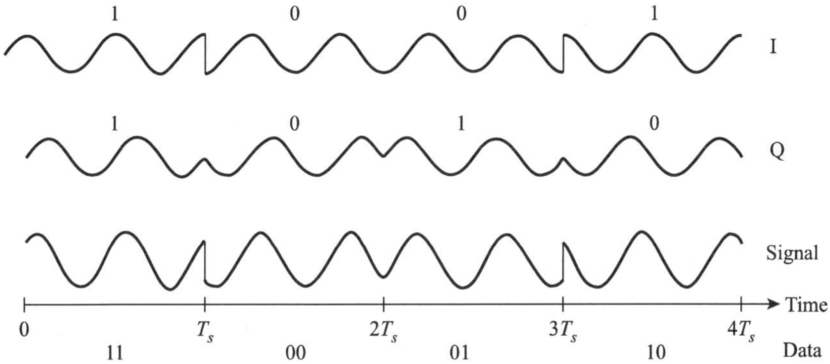

그림 5-14 QPSK 변조 신호

QPSK 변조 신호의 위상 변화가 π에서 $\frac{\pi}{2}$로 변화하도록 개선한 변조 방식이 OQPSK(Offset QPSK)이다. OQPSK 방식에서는 I 채널은 "0" 위상을 매핑하고 Q 채널은 "90°"를 매핑하고 I/Q 채널 신호를 더하여 변조 신호의 위상이 90° 만큼 변화하게 된다. 즉, Q 채널은 I 채널에 비해 $T_s/2$ 만큼 지연시켜서 변조 신호를 생성하는 것이다. 그림 5-15는 OQPSK 성상도를 보여 준다.

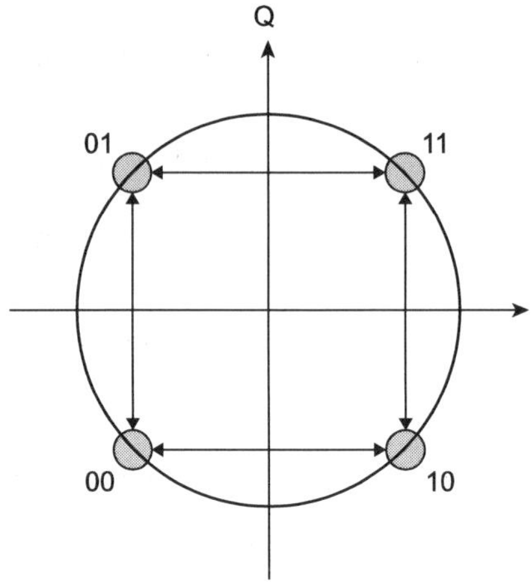

그림 5-15 OQPSK 변조 신호 성상도

OQPSK 변조 신호 매핑에 따라 I 채널과 Q 채널의 신호와 두 신호의 합은 그림 5-16와 같이 표현 된다. 입력 신호가 (1,1)이면 I/O 채널 신호는 모두 $\frac{1}{\sqrt{2}}$(0.707) 값에서 코사인 파형과 사인 파형을 그리는 것은 동일하나, Q 채널은 T/2 만큼 지연을 시킴으로서 위상의 변화가 $\frac{\pi}{2}$ 만큼 발생하는 것이다. 따라서, OQPSK에서는 변조 신호의 위상 변화가 QPSK 비해 $\frac{\pi}{2}$만큼 적게 되므로 송신 신호의 품질이 개선된다.

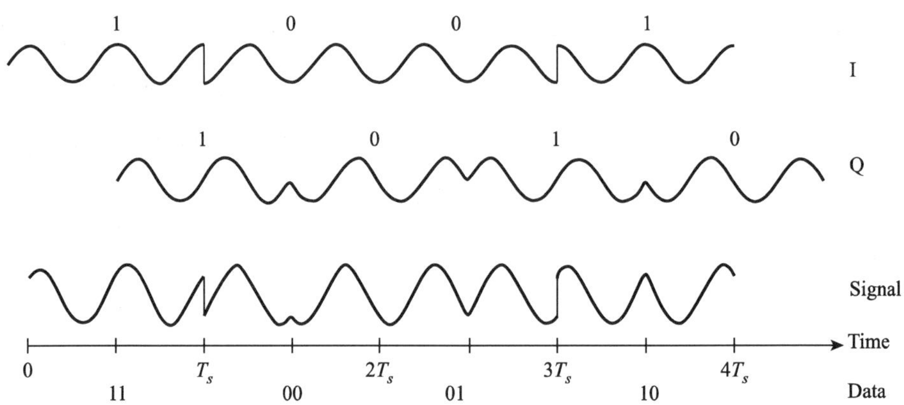

그림 5-16 OQPSK 변조 신호

이러한 BPSK 변조 신호의 주파수 스펙트럼은 그림 5-17와 같다. BPSK 주파수 스펙트럼은 ASK와 같이 NRZ 신호의 주파수 성분을 가지고 있으며 채널 대역폭안에 있는 신호만을 필터링하여 반송파 신호를 생성하여야 한다. 그림 5-18은 BFSK 송신 신호 스펙트럼을 보여 준다.

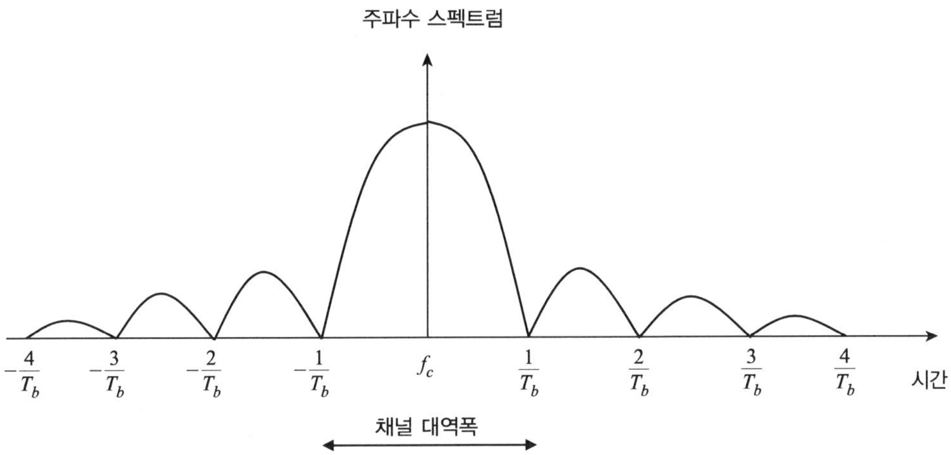

그림 5-17 BPSK 송신 신호 스펙트럼

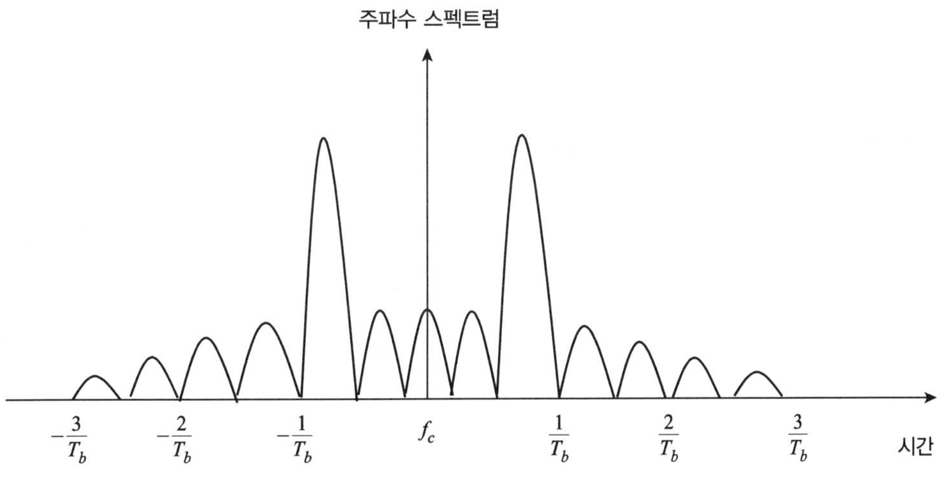

그림 5-18 BFSK 송신 신호 스펙트럼

근거리 무선통신이나 유선통신과 같이 수신 신호의 SNR 값이 비교적 큰 값을 갖는 통시 방식이다. 이러한 전송 채널에서는 ASK, QAM 변조 방식을 선택할 수 있다. 장거리 무선통신이나 이동으로 인한 채널의 변화가 큰 경우에는 수신 신호의 SNR 값이 적으므로 이러한 채널에서는 신호의 위상이나 주파수 성분만을 검출하는 것이 PSK, FSK 방식이 적합하다.

변조 방식은 주어진 채널 대역폭에서 전송하는 정보량 [bit/Hz]을 증가시키는 방향으로 발전하고 있다. 정보량을 증가시키기 위해 변조 지수가 2^1에서 변조 지수가 2^N으로, 단일 반송파 변조 방식에서 다중 반송파 변조 방식으로, 단일 안테나 방식에서 다중 안테나 방식으로 발전하고 있다. 표 5-2는 디지털 변조 방식의 발전을 보여 준다.

표 5-2 디지털 변조 방식의 발전

항목	기준	발전 방향
변조 지수	ASK, BPSK, FSK	2^NQAM, 2^NPSK, 2^NFSK
변조 방식	단일 반송파	OFDM 다중 반송파
안테나 방식	단일 안테나	N × N MIMO

5.3 WAVE 통신 기술

WAVE 통신은 차량 및 도로 안전 서비스를 위한 5.9 GHz 주파수 대역에서 고속 이동 환경에서 최대 1 km 전파 통달거리와 100 ms 시간 지연을 만족하는 기술이다. IEEE 802.11a 무선랜으로 기술을 기반으로 차량 통신 환경에 적합하도록 규격을 변경한 무선통신기술이며 OFDM 기술을 사용하고 있다.

■ OFDM 통신기술 개념

OFDM 변조 기술은 주파수 효율이 높아서 고속 데이터 전송에 적합한 기술로 3G 셀룰러와 WiBro, 그리고 4G 셀룰러 통신, 그리고 디지털 방송 기술에서 널리 사용되는 기술이다. 이 변조 기술은 기본적으로 주파수 직교성의 원리를 이용한다.

OFDM의 주파수 직교성이란 N개의 서로 다른 주파수 신호가 있다고 가정할 때 자신의 주파수 신호간의 상호 상관 값은 "1"이고, 다른 주파수 신호간의 상호 상관 값은 "0"인 경우에 이들 주파수 신호간에는 주파수 직교성이 있다고 말한다. 주파수 직교성이 있는 주파수 신호를 더하여 전송하면 수신기에서는 직교성의 원리를 이용하여 각각의 주파수 성분을 분리할 수 있으므로 N개의 주파수를 변조에 사용할 수 있다.

그림 5-19에 나타난 것처럼 전송 데이터 입력 X_n은 Serial to Parallel 변환을 거쳐 N개의 출력이 되며, N개의 라인에 N개의 서로 다른 주파수 신호를 곱하고 합하여 전파로 보낸다. 이때 N개의 서로 다른 주파수 신호는 직교 성분을 가지고 있으므로 수신기에서 복조할 때 분리가 가능하다.

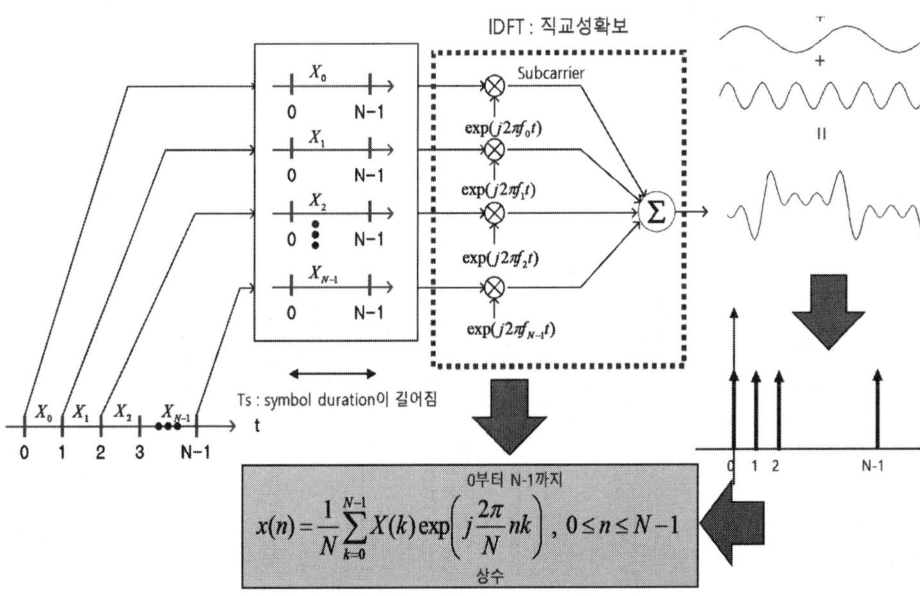

그림 5-19 OFDM의 신호 생성 원리

이러한 OFDM 신호는 한 개의 주파수를 사용하지 않고 N개의 주파수를 사용하므로 복수 반송파 변조(Multi-carrier Modulation) 방식이라고 부른다. 또 OFDM 변조 방식은 Xn 신호를 N개의 병렬 신호로 변환하여 전송하므로 심볼의 주기가 N배 만큼 확장되므로 무선 채널의 시간 지연에 강인하고 또한 수신기의 시간 동기에 민감하지 않은 장점을 가지고 있다. OFDM 변조 신호를 수식으로 표현하면 다음과 같다.

$$x(t) = \sum_{k=0}^{N-1} X_k e^{j\frac{2\pi k}{T_s}t},\ 0 \le t \le T_s \tag{5-3}$$

수식(5-3)에 나타난 OFDM 변조 신호 $x(t)$는 입력 신호 X_k를 OFDM 의 한 개의 심볼시간 T_s 동안 N개의 주파수 신호 성분을 곱하고 더하는 과정으로 IFFT 변환으로 표현된다. 송신기에서 IFFT 변환을 하여 변조 신호를 발생하므로 수신기에서는 FFT 변환을 하여 송신 신호 X_k를 복원할 수 있다. 변복조 과정은 하드웨어로 구현할 때 디지털 샘플 단위로 IFFT와 FFT 변환을 수행한다.

OFDM 신호의 예로 그림5-20은 T_s = 8usec, N= 64, 서브 캐리어 주파수가 156.25 KHz인 경우에 OFDM 신호의 주파수 영역에서의 신호 파형을 보여준다.

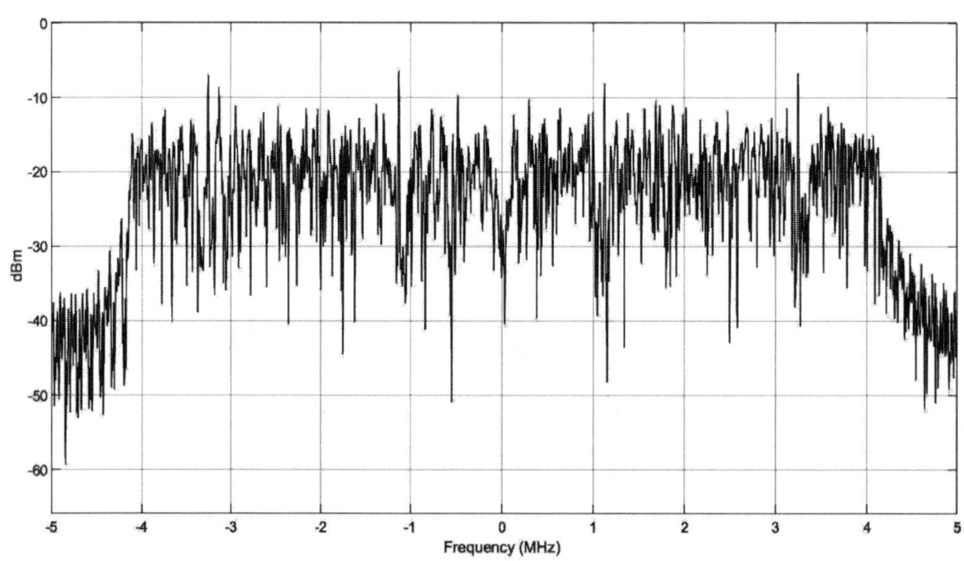

그림 5-20 OFDM 송신 신호 스펙트럼(IEEE 802.11p)

■ OFDM 변조 신호 설계

OFDM 변조 신호를 생성하여 전송하고 정상적으로 복조하기 위해서는 OFDM 변조 신호의 무선 채널을 고려하여 전송 신호를 설계하여야 한다. OFDM 변조 신호는 안테나를 통해 전파로 송출되며 다경로 페이딩을 통하여 수신기에 도달한다. 수신기는 수신된 OFDM 신호의 시작점을 알고 OFDM 수신 신호에 대해서 채널로 인한 왜곡을 보정하여 송신 데이터를 복원하는 과정을 수행한다. 그러므로, OFDM 변조 신호 설계는 무선 채널의 왜곡에도 정상적으로 신호를 복원할 수 있도록 전송 신호의 형태를 설계하는 것으로 OFDM 심볼에 Guard Time을 추가하는 것과 OFDM 신호의 타이밍 동기와 채널 추정을 위한 기준 신호(Training Sequence)를 설계하는 것이 필요하다.

OFDM 신호의 Guard Time은 무선 채널에서 발생하는 다경로 페이딩 채널로 인한 Delay Spread 영향을 최소화하기 위해 반영되었다. 차량이 이동하는 무선 채널은 아래 그림 5-21과 같이 시간 영역에서는 장애물과 반사체로 인하여 다경로 시간 지연(Multipath Delay Spread)이 발생한다. 다경로 시간 지연과 함께 지연된 신호는 차량 이동으로 인한 도플러 변이(Doppler Shift)가 발생하게 된다. 따라서 수신된 신호는 시간과 주파수 영역에서 랜덤한 변이가 발생하고 이로 인하여

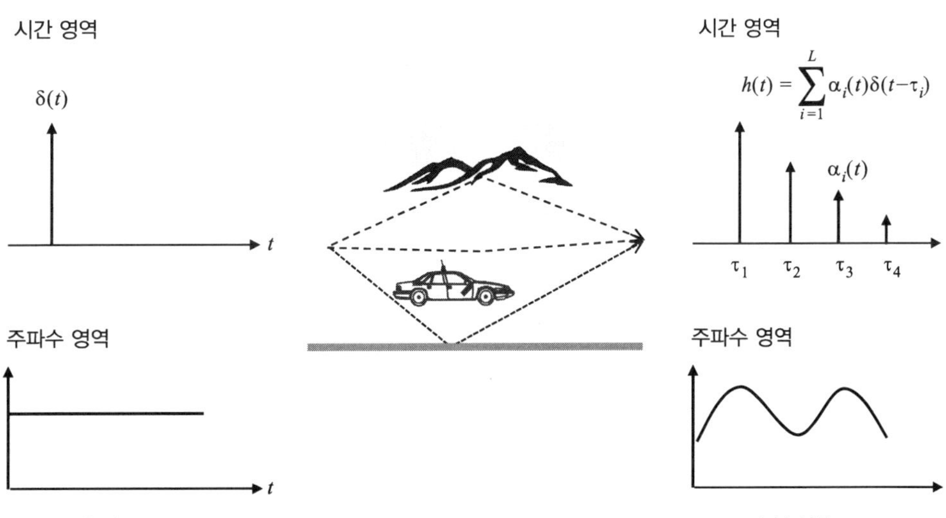

그림 5-21 다경로 페이딩 채널

OFDM 신호가 왜곡되어 수신기에 도달하게 된다.

OFDM 변조신호를 연속적으로 전송할 경우 OFDM 한 심볼이 끝나는 지점과 다음 OFDM 심볼의 시작점간에는 무선 채널의 시간 지연으로 인하여 심볼간 간섭이 존재하여 복조 성능을 저하시키는 결과를 가져 온다. 그리고 수신기에 도달한 신호는 N개의 Sub-Carrier가 임의의 시간 지연이 발생하므로 시간 지연이 발생한 구간에서 Sub-carrier간의 직교성이 성립되지 않아서 상호 간섭이 발생하게 된다. 이러한 간섭을 없애고 직교성을 유지하기 위해 일정한 Guard Time을 추가하고 이 시간에 앞부분의 Sub-carrier 신호를 복사하여 붙임으로서 Sub-carrier간 주파수 직교성을 유지하게 한다. Guard Time은 Delay Spread 값의 4~5배 정도로 설정하며 IFFT/FFT의 한 주기 시간에 Guard Time을 더하여 한 심볼 주기로 정한다. 그림 5-22는 OFDM 변조 신호의 Guard Time을 보여 준다.

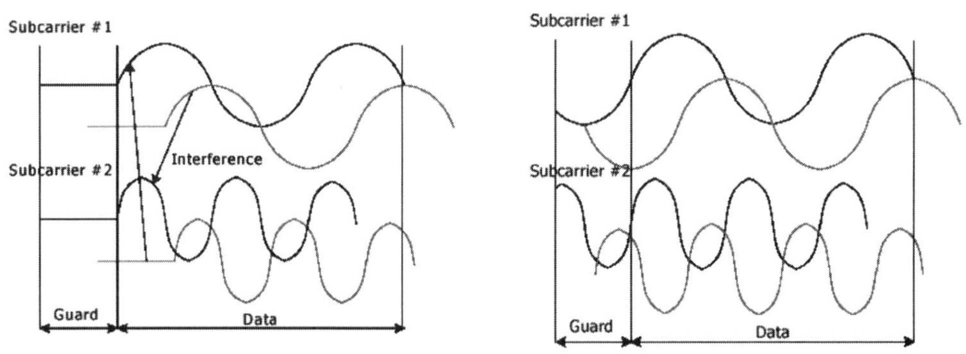

그림 5-22 OFDM 변조신호의 Guard Time

송신 데이터는 콘볼루션 코딩과 인터리빙을 하고 변조 방식에 따라 심볼 매핑을 한다. BPSK 경우 입력 비트가 I(Inphase) 축에서 "0"이면 "−1", "1"이면 "+1"을 매핑한다. 입력 정보가 "0"이면 −sine 파형이 되고 "1"이면 sine 파형이 되며 그림 5-23과 같다.

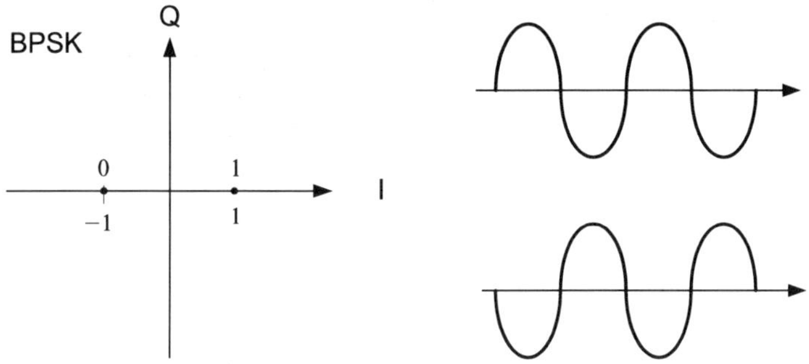

그림 5-23 OFDM BPSK 신호의 매핑

BPSK와 동일한 방법으로 QPSK는 2비트, 16QAM은 4비트, 64QAM은 6비트로 신호 매핑이 된다. 표 5-3에서 표 5-6은 BPSK, QPSK, 16QAM, 64QAM 변조 방식에 따른 신호의 비트 매핑을 보여 준다.

| 표 5-3 | BPSK 비트 매핑

입력 비트(b_0)	I–out	Q–out	$K_{MOD} \times Q$
0	−1	0	0
1	1	0	0

| 표 5-4 | QPSK 비트 매핑

입력 비트(b_0)	I–out	입력 비트(b_1)	Q–out
0	−1	0	−1
1	1	1	1

| 표 5-5 | 16–QAM 비트 매핑

입력 비트(b_0 b_1)	I–out	입력 비트(b_2 b_3)	Q–out
00	−3	00	−3
01	−1	01	−1
11	1	11	1
10	3	10	3

▎표 5-6▎ 64QAM 비트 매핑

입력 비트(b_0 b_1 b_2)	I-out	입력 비트(b_3 b_4 b_5)	Q-out
000	−7	000	−7
001	−5	001	−5
011	−3	011	−3
010	−1	010	−1
110	1	110	1
111	3	111	3
101	5	101	5
100	7	100	7

송신 데이터는 변조 신호 매핑과 IFFT 변환을 거쳐 변조 신호로 변환이 된다. 송신 데이터는 BPSK, QPSK, 16QAM, 64QAM 신호로 매핑이 되며, 변조 방식에 따라 신호의 크기가 일정한 값을 갖도록 정규화를 시키기 위해 정규화 인자를 곱한다. 매핑 데이터를 M, 정규화 인자 K라고 가정하면 다음과 같이 표현할 수 있다.

$$M = (I + jQ) \cdot K \tag{5-4}$$

여기서, 정규화 인자 K는 BPSK 경우 1, QPSK 경우 $\frac{1}{\sqrt{2}}$, 16QAM 경우 $\frac{1}{\sqrt{10}}$, 64QAM 경우 $\frac{1}{\sqrt{42}}$ 값을 갖는다. BPSK 신호 매핑에 있어 입력신호가 0/1이면 출력은 −1/1 값으로 매핑되고 정규화 인자값은 −1/1이 된다. 표 5-8은 변조 방식에 따른 정규화값을 보여 준다.

▎표 5-7▎ 변조방식에 따른 정규화 값

변조 방식	K_{MOD}
BPSK	1
QPSK	$1/\sqrt{2}$
16QAM	$1/\sqrt{10}$
64QAM	$1/\sqrt{42}$

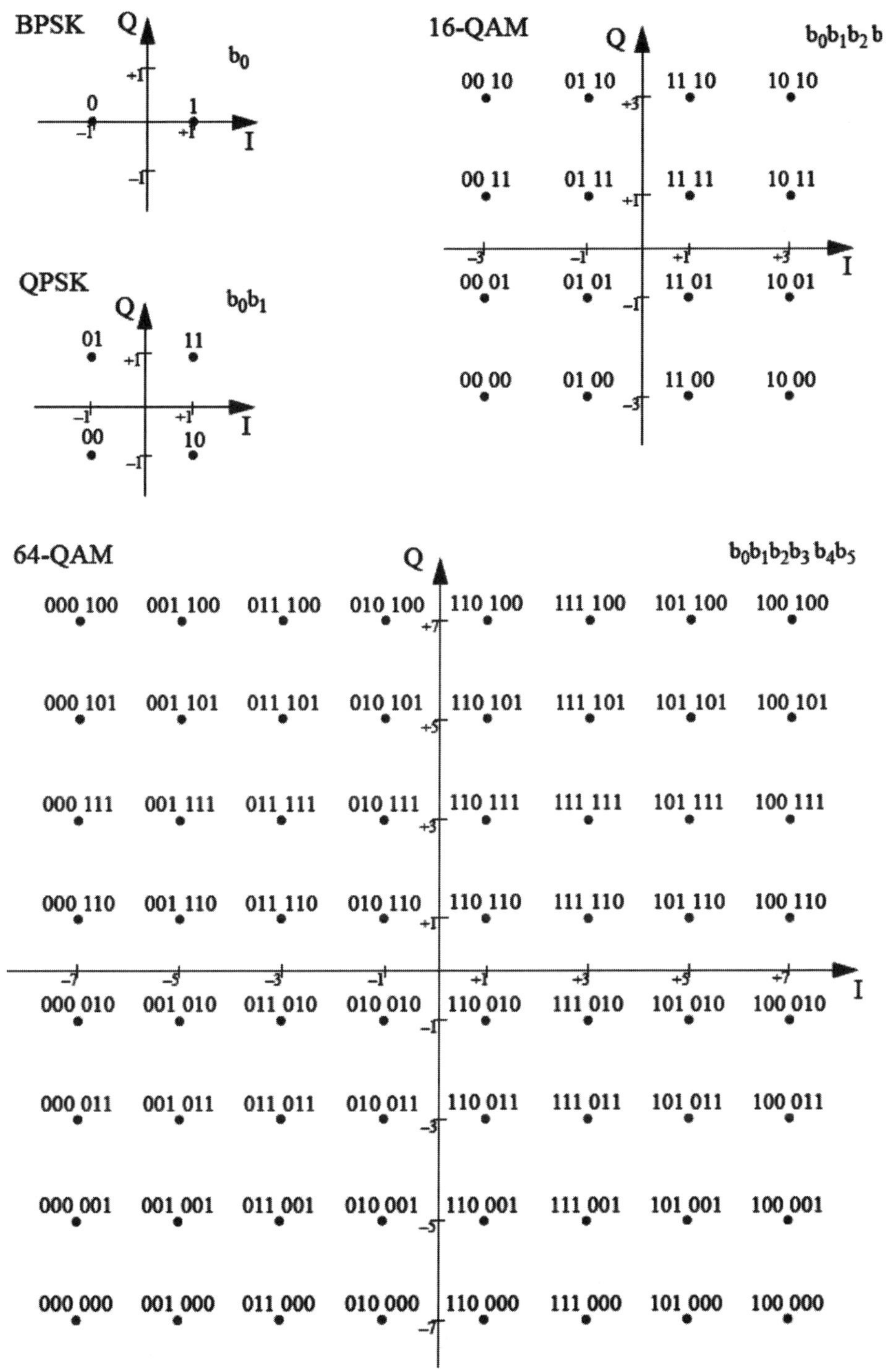

그림 5-24 OFDM 변조 신호 성상도

전송 데이터가 신호 매핑을 하고 IFFT 변환을 하면 시간 영역 신호를 생성한다. 그리고 다경로 시간 지연을 고려하여 보호 시간(Guard Time)을 삽입하여 송신 신호를 생성하게 된다. 서브캐리어의 보호 시간에는 심볼 시간에서 전송하는 서브캐리어의 시작점에서의 시간 영역 신호를 복사하여 붙임으로써, 주파수 영역의 직교성을 유지하게 한다. 그림 5-25는 OFDM 변조 신호 생성을 보여 준다.

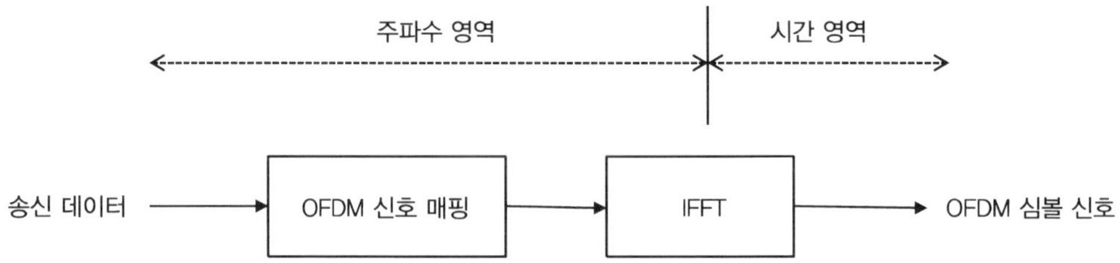

그림 5-25 OFDM 변조 신호 생성

주파수 영역에서는 전체적으로 64개의 서브 캐리어를 사용한다. 이중에서 4개의 서브 캐리어 P_{-21}, P_{-7}, P_7, P_{21}는 주파수 에러 보정을 위해 사용하며, DC와

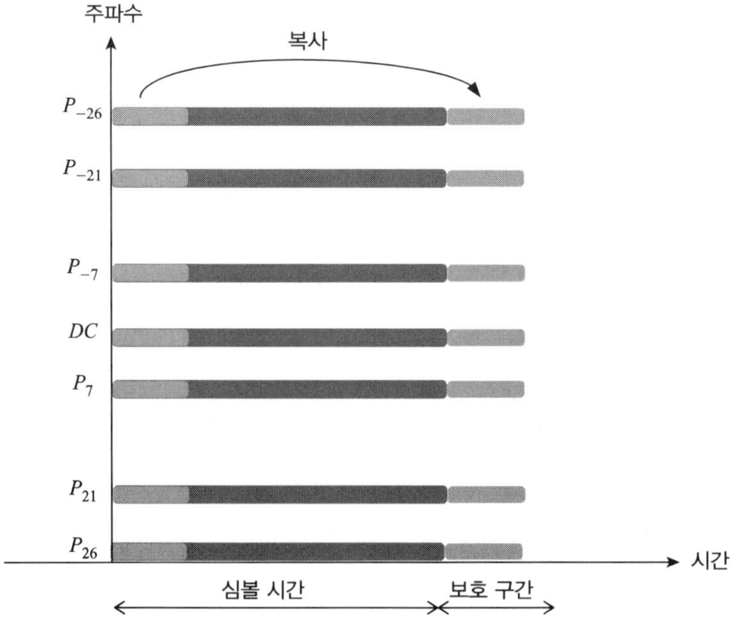

그림 5-26 OFDM 전송 시간과 서브 캐리어 할당

$P_{-27} \sim P_{-32}$와 $P_{27} \sim P_{32}$에 해당되는 12 서브 캐리어 사용하지 않는다. 12개의 서브 캐리어는 필터링에 의해서 왜곡이 발생할 수 있으므로 이를 방지하기 위해서 서브 캐리어를 사용하지 않는 것이다. 그림 5-26은 OFDM 전송 시간과 서브 캐리어 할당을 보여 준다.

OFDM 데이터 속도는 최소 3 Mbps, 최대 27 Mbps를 지원한다. BPSK 방식에서 3 Mbps는 심볼당 24비트를 할당하고 코딩 속도가 1/2이면 Coded 비트는 48비트가 된다. 4.5 Mbps는 심볼당 36비트를 할당하고, 코딩 속도가 3/4이면 Coded 비트도 48비트가 된다. 6 Mbps ~ 27 Mbps에서 OFDM 심볼당 비트 수와 Coded 비트 수를 계산하면 표 5-8과 같다.

| 표 5-8 | 데이터 속도별 OFDM 파라미터

데이터 속도 (Mbits/s)	변조 방식	코딩 속도 (R)	서브 캐리어당 비트 수 (N_{BPSC})	OFDM 심볼당 coded 비트 수 (N_{CBPS})	OFDM 심볼당 비트 수 (N_{DBPS})
3	BPSK	1 / 2	1	48	24
4.5	BPSK	3 / 4	1	48	36
6	QPSK	1 / 2	2	96	48
9	QPSK	3 / 4	2	96	72
12	16-QAM	1 / 2	4	192	96
18	16-QAM	3 / 4	4	192	144
24	64-QAM	2 / 3	6	288	192
27	64-QAM	3 / 4	6	288	216

표 5-9은 WAVE OFDM 변조 신호 규격을 보여 준다.

변조 과정을 통하여 생성된 신호는 그림 5-27과 같다. 변조된 신호는 데이터 패킷 형태로 만들어 전송하는데 데이터 패킷은 시간적으로 버스트 형태로 존재하므로 수신부에서 데이터 패킷의 시작을 검출하고 주파수와 위상, 시간 동기를 맞추기 위한 기준 신호 및 변조 모드에 관한 정보를 추가하게 된다. 이러한 추가적인 정보를 데이터 패킷의 헤더 정보라고 부른다.

| 표 5-9 | WAVE 변조 신호 규격

파라미터	값
N_{SD} : 데이터 전송용 서브 캐리어 수	48
N_{SP} : 파일럿 서브 캐리어 수	4
N_{ST} : 서브 캐리어 수	$52(N_{SD}+N_{SP})$
T_F : 서브 캐리어의 주파수 간격	0.15625 MHz(=10 MHz/64)
T_{FFT} : IFFT/FFT 시간	$6.4\ \mu s(1/T_F)$
T_{GI} : Guard Time	$1.6\ \mu s(T_{FFT}/4)$
T_{SYM} : 심볼 시간	$8\ \mu s(T_{GI}+T_{FFT})$
T_{SHORT} : 짧은 동기 신호(Short Training Sequence)	$16\ \mu s(10\times T_{FFT}/4)$
T_{LONG} : 긴 동기 신호(Long training Sequence)	$16\ \mu s(T_{GI2}+2\times T_{FFT})$

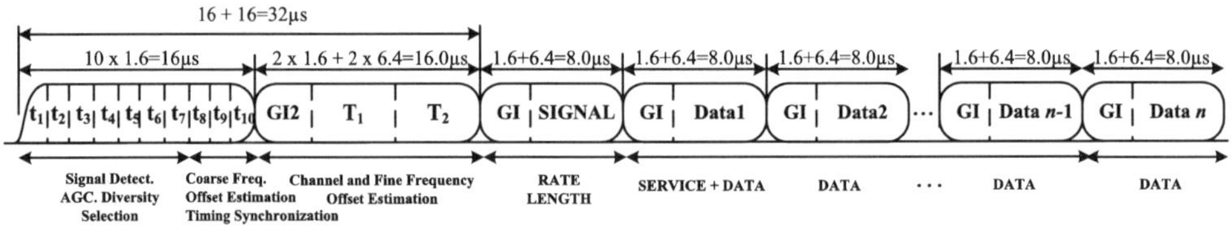

그림 5-27 OFDM 전송 신호

5.4 셀룰러 V2X 통신기술

셀룰러 통신은 광역에서 서비스를 제공하는 양방향 통신기술이다. 셀룰러 통신은 벌집 모양의 셀 구조를 가지며 음성, 데이터 및 비디오 서비스를 포함한 고속 데이터 전송과 서비스 품질을 향상시키는 방향으로 발전하고 있다.

1세대 셀룰러 통신은 FDMA 방식을 사용하며 아날로그 음성 서비스를 제공하고, 2세대 셀룰러 통신은 TDMA와 CDMA 디지털 방식을 적용하여 디지털 음성과 데이터 서비스를 제공한다. 3세대 셀룰러 통신은 WCDMA 방식으로 최대 2 Mbps 전송이 가능하고 디지털 음성, 데이터 및 미디어 서비스를 제공한다.

4세대 셀룰러 통신은 OFDMA 방식을 기반으로 최대 100 Mbps 전송이 가능하고 All-IP 멀티미디어 서비스를 제공할 수 있다. 5세대 셀룰러 통신은 OFDM 방식을 기반으로 1 Gbps 전송이 가능하고 3D 멀티미디어 서비스를 제공할 수 있다. 셀룰러 통신기술은 음성 서비스에서 점진적으로 데이터 및 비디오 정보 서비스를 포괄적으로 지원함에 따라서 데이터 전송 속도가 증가하고 프레임 사이즈는 짧아지는 특성이 있다. 5세대 이동통신은 광대역 데이터 전송, IoT, URLLC(Utlra Reliable Low Latency Communication) 서비스 도메인에 적용을 고려하여 개발되었다. 표 5-10은 셀룰러 통신기술의 기술적 특성을 보여 준다.

| 표 5-10 | 셀룰러 통신기술의 기술적 특성

항목	1세대	2세대	3세대	4세대	5세대
무선접속 기술	아날로그 AMPS	디지털 (GSM, CDMA)	IMT-2000 (WCDMA)	LTE Advanced	IMT-2020
무선접속방식	FDMA	TDMA, CDMA	CDMA	OFDMA	OFDMA
변조 방식	FM	GSMK, QPSK	QPSK	QPSK, 16QAM, 64QAM	QPSK, 16QAM, 64QAM 256QAM
데이터 속도	–	64 kbps	2 Mbps	100 Mbps	1 Gbps
프레임 주기	20 ms	20 ms	10 ms	5 ms	1 ms
응용 서비스	아날로그음성	디지털 음성, 데이터	디지털 음성, 데이터, 비디오	IP 기반 멀티미디어	광대역, IoT, URLCC

차량 안전과 자율주행 서비스를 제공하는 셀룰러 기반 V2X 기술은 3GPP Rel. 12 버전에서 D2D 통신 표준을 시점으로 시작되었으며 Rel. 14 버전의 LTE V2X 기술 표준과 Rel. 16 버전의 3GPP 5G NR V2X 기술 표준으로 발전하고 있다. 일반적으로 LTE-V2X와 5G NR V2X 통신 표준은 C-V2X라고 부르며 두 가지 표준을 중심으로 설명한다.

■ V2X 셀룰러 시스템 구성

셀룰러 V2X(C-V2X) 통신 네트워크은 사용자 단말(UE; User Equipment)과 기지국 e-Node B, 노변 기지국(RSE), 그리고 응용 서비스 서버로 구성이 된다.

사용자 단말은 차량간 통신(V2V), 차량과 보행자간 통신(V2P), 차량과 노변 기지국간 통신(V2I), 그리고 차량과 기지국간 통신을 지원한다. V2N 은 e-Node B를 통해 응용 서비스 서버에 연결한다. V2V, V2P는 V2I는 V2X 전용 통신망에 접속이 되고 5.9 GHz 주파수 대역을 사용한다.

V2N 접속은 셀룰러 사업자에 의해 제공되며 주파수 대역은 관리가 된다. 1세대 아날로그 셀룰러 통신에서 4세대 이동통신에서 사용하는 주파수는 450 MHz, 800 MHz, 1.8 GHz, 2.1 GHz이고 5세대 이동통신은 3.5 GHz, 28 GHz 밀리미터 주파수 대역을 이용한다.

그림 5-28은 3GPP TS22.186에서 제시하는 5G NR-V2X 시스템 구성도를 보여 준

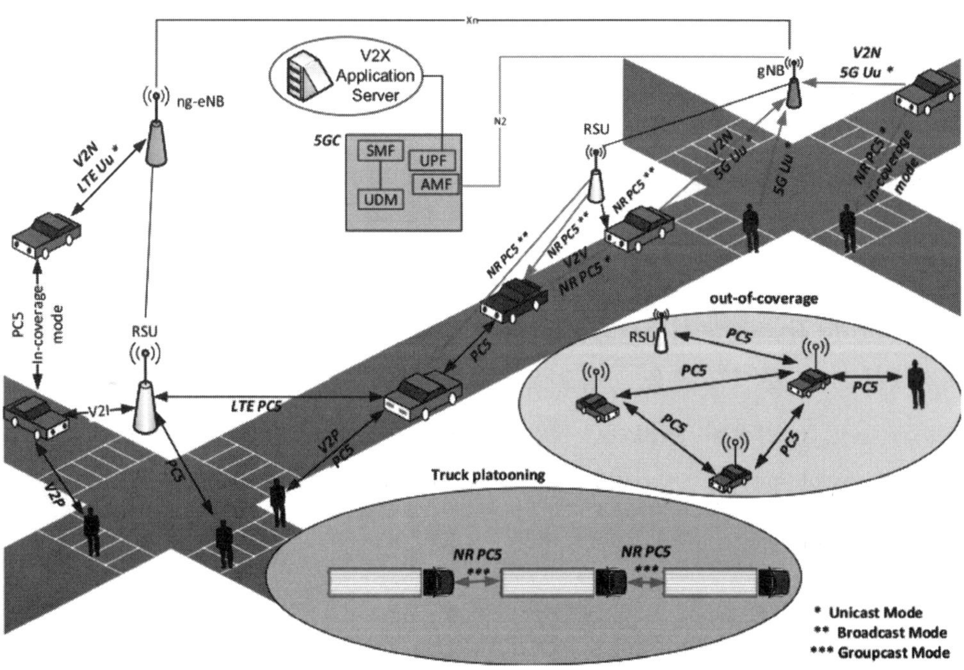

그림 5-28 5G NR-V2X 시스템 구조(3GPP TS22.186 문서 인용)

다. 5G NR-V2X 시스템은 V2X 응용 서버, 코어 네트워크, 그리고 무선 액세스 망으로 구성이 된다. 무선 액세스 망은 PC5 무선 액세스와 V2I 무선 액세스, 그리고 V2N 무선 액세스를 제공할 수 있다. PC5 무선 액세스는 사이드 링크(Side Link)라고 부르기도 한다.

■ PC5 무선 접속

C-V2X는 셀룰러 망을 사용할 수도 있고 셀룰러 망 없이 동작할 수도 있다. 즉, 셀룰러 접속을 하는 Uu 인터페이스와 단말 간 직접 통신을 하는 PC5 인터페이스가 있다. Uu 접속은 단말기가 보행자 단말, 차량 단말, 그리고 RSE 가 셀룰러 기지국에 접속이 되는 것을 의미하고, 셀룰러 기지국의 통달 거리를 벗어난 단말의 경우는 PC5를 이용한 단말 간 직접 통신을 할 수 있다.

그림 5-29는 기지국이 없는 상황에서 PC5 직접통신을 보여 주고, 그림 5-30은 기지국을 경유한 차량 간 직접 통신의 예를 보여 준다. 셀룰러 망이 사용하지 않은 PC5 접속은 Uu 접속과 함께 서로 보완적으로 사용할 수 있다.

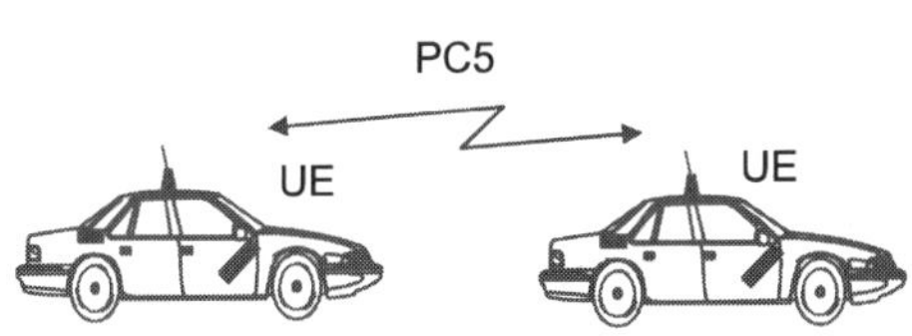

그림 5-29 기지국이 없는 PC5 통신 개념

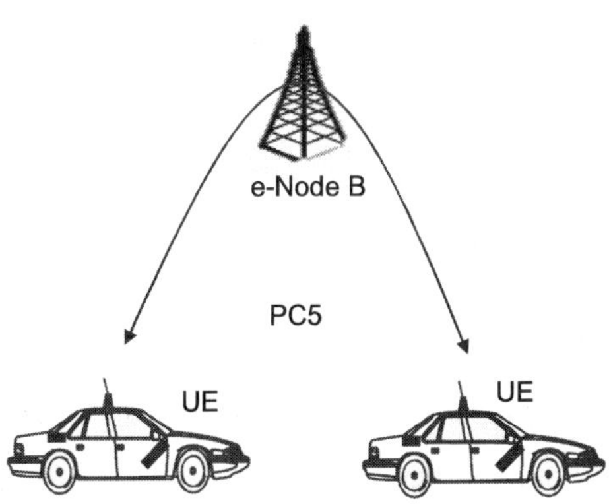

그림 5-30 기지국 기반 PC5 통신 개념

■ Uu 접속

Uu 접속은 UE와 Node_B로 구성된 엑세스 망과 코어 네트워크, 그리고 응용 서비스 서버로 구성되며 업 링크와 다운 링크를 통해 고속 데이터 전송을 제공한다. 다운 링크는 단일 주파수 채널을 이용한 멀티 캐스팅과 방송 서비스를 제공하고, 코어 네트워크와의 연동을 통해 QoS 서비스를 제공할 수 있다. 에지 컴퓨팅 기술은 저지연 고신뢰를 만족하는 자율주행과 LDM 다운로드 서비스를 지원할 수 있다. 그림 5-31은 차량과 응용 서비스 서버 간 Uu 무선 인터페이스를 보여 준다.

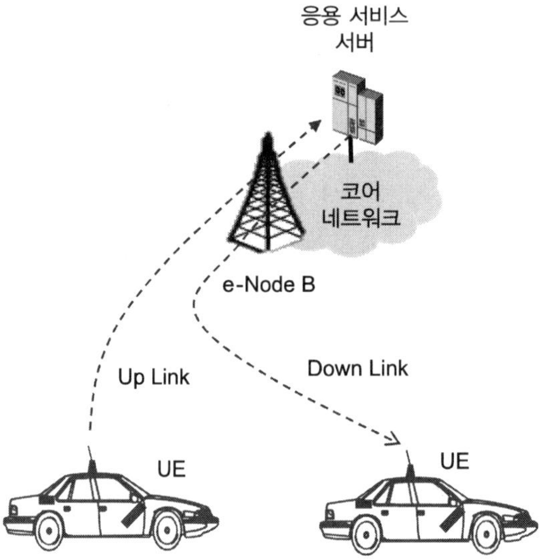

그림 5-31 UE와 응용 서비스 서버 간 Uu 통신 개념

■ 기술 특성

C-V2X 통신 기술은 3GPP Rel. 14 버전인 LTE-V2X 기술과 3GPP Re. 16. 버전 5G NR V2X 기술로 구분할 수 있다.

LTE-V2X 통신 기술은 차량 및 도로 안전 서비스를 목표로 안전 메시지를 주기적으로 방송하는 기술을 말한다. 이 기술의 성능 목표는 패킷 에러율이 10% 이내이고 패킷 지연 시간이 100 ms를 성능 목표로 하고 있다. LTE-V2X 기술은 주파수 채널 대역폭이 10 MHz이고 서브 캐러어 간격이 15 KHz, 그리고 변조 방식은

QPSK, 16QAM, 64QAM을 지원한다.

5G NR V2X 통신 기술은 자율주행서비스를 목표로 자율주행메시지를 유니케스팅, 멀티캐스팅, 그리고 방송하는 기능을 제공한다. 이 기술의 성능 목표는 패킷 에러율이 1% 이내이고 패킷 지연 시간이 10 ms를 성능 목표로 하고 있다. 이 기술은 주파수 채널 대역폭이 10, 20, 30, 40 MHz 가변이 가능하고 서브 캐러어 간격도 15 KHz, 30 KHz, 60 KHz, 120 KHz로 가변이 가능하다. 그리고 변조 방식은 QPSK, 16QAM, 64QAM, 256QAM을 지원한다. 또한 UE 이동 속도가 500 km/h 경우에도 채널 추정이 가능하도록 기준신호를 추가하였으며 재전송을 적용하여 통신 수신 성공률이 향상되었다.

| 표 5-11 | C-V2X 기술 특징

항목	LTE-V2X	5G NR V2X
서비스	도로 안전(CAM, BSM)	자율 주행(군집주행, 등)
통신 방식	Broadcast	Boradcast,Unicast, Groupcast
채널 대역폭(MHz)	10	10, 20, 30, 40
무선접속	OFDMA	OFDMA
서브캐리어간격(KHz)	15	15,30,60,120
변조 방식	QPSK, 16QAM, 64QAM	QPSK, 16QAM, 64QAM, 256QAM
재전송	없음	Hybrid ARQ
성능	Latency : 100 ms PER : 10% 이내	Latency : 10 ms PER : 1% 이내

PC5 무선 접속에서 다수의 사용자가 있는 경우 혼잡 제어가 필요하다. LTE-V2X 에서는 기지국이 스케쥴링하는 동작 모드 3과 UE에서 자동으로 자원을 할당하는 모드 4로 동작할 수 있다.

■ 물리 계층

LTE V2X, 5G NR V2X는 OFDMA 다중접속기술을 이용하므로 무선전송에 대한 구조와 특징을 이해해야 한다. LTE 기반 무선 채널은 1 RE(Radio Element)를 기본으로 한다. 1 RE는 시간 영역에서는 OFDM 하나의 심볼 시간이고 주파수 영역에서는 OFDM 서브 캐리어 그룹에 의해 형성되는 무선 채널의 기본 단위를 의미하며 사용자별로 할당이 가능한 물리적인 채널이 된다. OFDMA에서는 주파수 영역에서 서브 채널과 시간 영역에서의 심볼 단위로 채널을 할당할 수 있으며 서브 채널 단위로 사용자를 구분하고 OFDM 심볼 단위로 제어 채널과 서비스 채널 등의 논리적인 채널을 할당할 수 있다.

LTE-V2X 표준에서 15 KHz 서브 캐리어를 기준으로 하면 OFDM 하나의 심볼 시간은 71 usec이고 서브 캐리어는 12개에 할당한 무선 채널이고 1 RE에 의해 전송할 수 있는 데이터 속도는 변조 방식에 의해 결정이 된다. 그리고 하나의 타임 슬롯 구간에 할당된 서브 채널의 합을 리소스 블록이라고 부른다. 그림 5-32에서는 14개의 OFDM 심볼로 구성된 리소스 블록을 보여 준다.

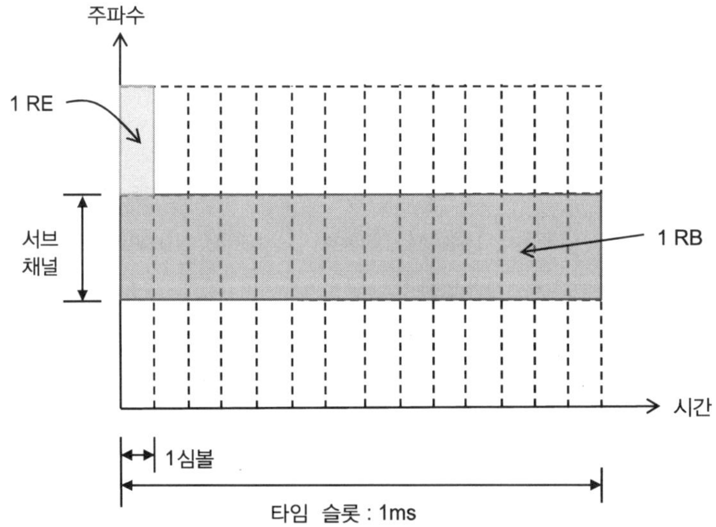

그림 5-32 LTE 기반 V2X 채널 개념

OFDMA에서는 RB에 포함된 서브 캐리어 주파수가 12개이므로 변조 신호는 12개의 서브 캐리어 신호의 합이 되므로 단일 서브 캐리어에 비해 PAPR이 높다. 이러한 PAPR를 줄이기 위해서 12개의 서비스 캐리어 대신에 하나의 서브 캐리어로 매핑을 시켜서 전송하면 PAPR이 감소하게 되는데 이러한 방식을 SC-FDMA(Single

Carrier Frequency Division Multiple Access)라고 부른다, 그림은 5-33은 OFDMA와 SC-FDMA 기술 개념을 보여 준다.

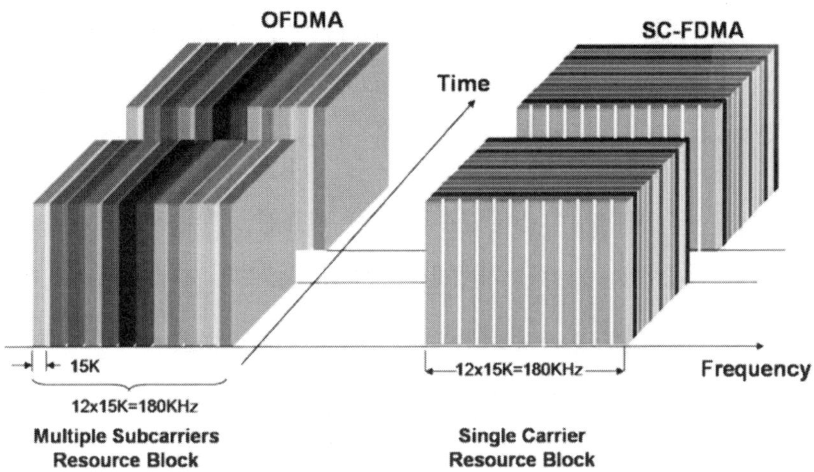

그림 5-33 OFDMA, SC-FDMA 기술 개념

SC-OFDM 신호의 주파수 스펙트럼은 그림 5-34와 같다.

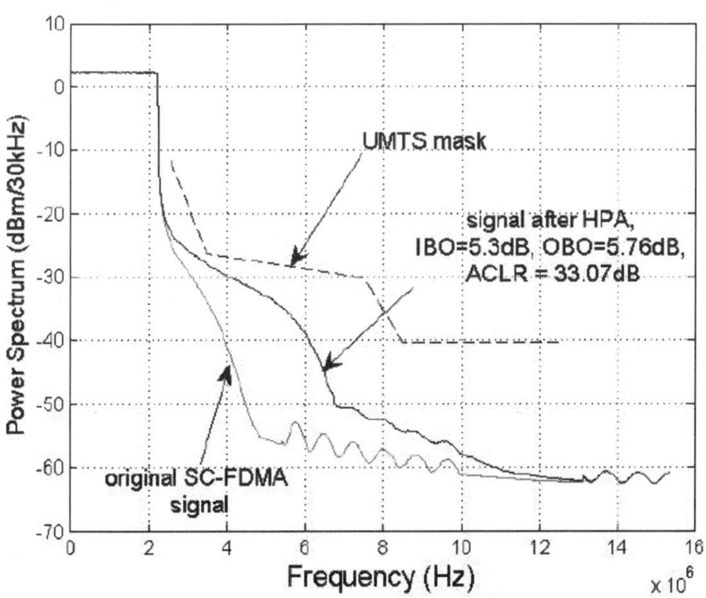

그림 5-34 SC-OFDM 주파수 스펙트럼

5G NR NR V2X 무선링크는 500 Km/h 고속 이동성과 10 ms 저지연 Latency를 만족하기 위하여 그림 5-35와 그림 5-36과 같이 두 가지 형태를 고려하였다.

타임 슬롯을 OFDM 심볼 단위로 물리적인 채널을 할당하며, AGC(Automatic Gain Control), PSCCH(Physical Sidelink Control Channel), PSSCH(Physical Sidelink Shared Channel), DMRS(DeModulation Reference Signal), Guard, 그리고 PSFCH((Physical Sidelink Feedback Channel) 타임 슬롯이 있다.

PSCCH는 링크 접속 및 링크 제어, 스케쥴링에 필요한 기능을 제공하며, PSSCH는 응용 메시지를 전송하는 기능을 제공한다. DMRS는 수신기에서 동기, 채널 추정

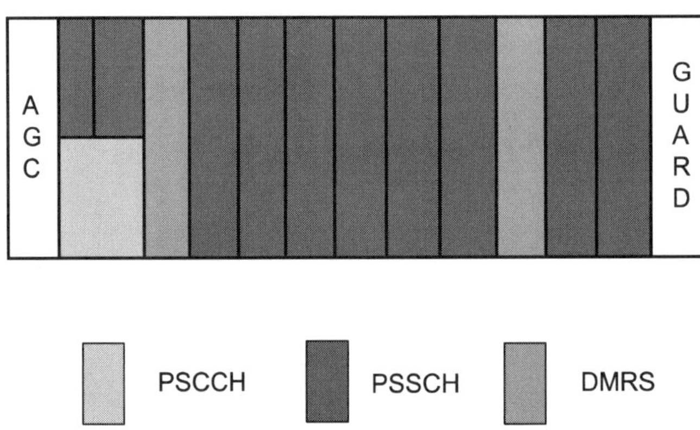

그림 5-35 5G NR V2X 타임 슬롯 구성 1

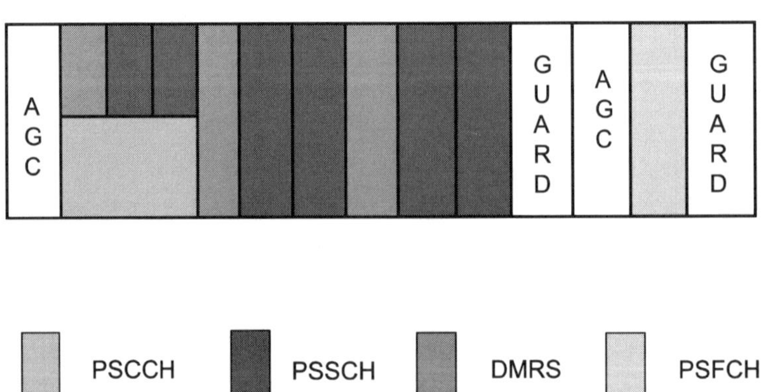

그림 5-36 5G NR V2X 타임 슬롯 구성 2

을 위한 기준 신호로 주기적으로 전송하며 2개 또는 3개의 타임 슬롯을 할당할 수 있다. 그림 5-35와 그림 5-36은 5G NR V2X 타임 슬롯 구성에 대한 예시를 보여 준다.

5.5 디지털 방송 기술

방송 기술은 광역에서 정보를 단방향으로 전송하는 기술로 음성, 데이터와 비디오 전송이 가능하다. 방송 기술은 아날로그 방식에서 디지털 방식으로 전환되었다.

방송 기술은 광역으로 서비스를 제공하므로 ITS 서비스를 제공할 수 있다. FM DARC, RDS 기술은 53~100 KHz 주파수 대역에서 정보를 제공할 수 있고 DMB 기술은 디지털 멀티미디어 서비스를 제공할 수 있다. 그림 5-37은 방송을 이용한 서비스 개념을 보여 준다.

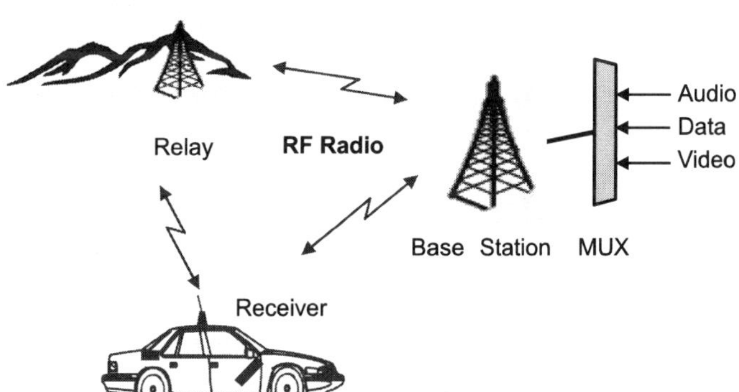

그림 5-37 방송 서비스 개념

■ 기술 특성

FM DARC(Digital Radio Channel)은 기존 60~94 KHz FM 방송 채널에서 디지털 데이터를 방송하는 기술이다. 변조 방식은 다경로 피이딩에 강인한 특성을 갖는 LMSK(Level Controlled Minimum Shift Keying)을 사용하며 최대 전송 데이터 속도는 16 Kbps이다. 이 기술은 교통 정보 방송이나 전자 맵 다운로드, 위치 에러 보정 정보를 전송할 수 있다.

DMB 기술은 유럽 Eureka-147 DAB 방식을 기반으로 TV 디지털 방송에 적합하도록 개발되었다. Eureka-147은 디저털 음성, 데이터 및 스트리밍 서비스가 가능하며 T-DMB는 지상 DMB 기술로 MPEG-4 기술과 Reed Solomon 기술을 적용하여 디지털 음성과 비디오 정보를 전송한다.

MSK는 1950 후반에 Melvin L. Doelz와 Earl T. Heald에 의해 발명되었다. 이 변조 방식은 전송하고자 하는 데이터 비트에 주파수를 매핑할 때 비트 시간의 1/2 시점에 직교 성분을 할당하여 위상변화가 연속적으로 된다. 이러한 매핑은 변조된 신호의 진폭을 유지할 수 있고 주파수 대역폭을 최소로 할 수 있다. 이러한 방식은 OQPSK(Offset Quadrature Phase Shift Keying)과 동일한 원리이다. MSK와 Gaussain MSK 신호의 주파수 스펙트럼은 그림 5-38과 같다.

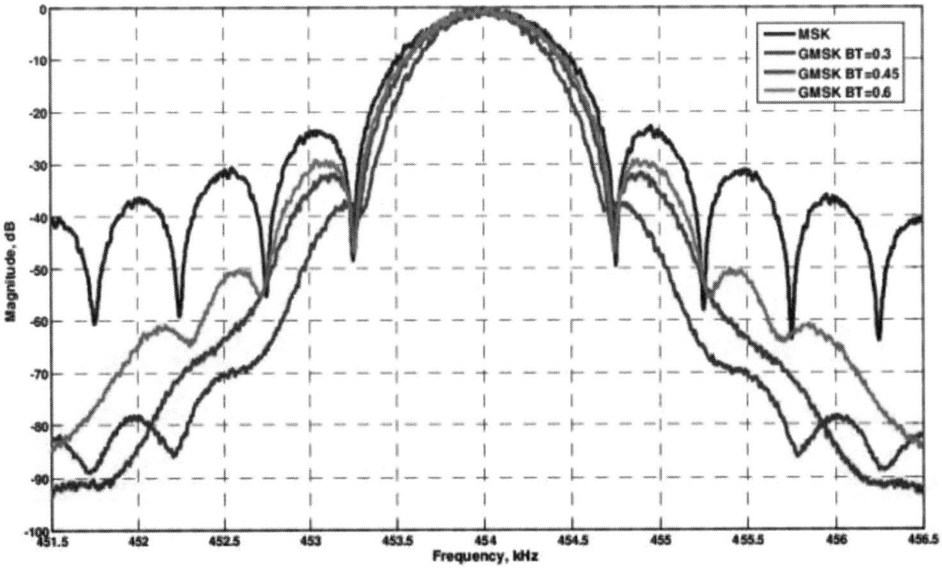

그림 5-38 GMSK 주파수 스펙트럼(인용)

요약

- 디지털 통신 시스템은 송신기는 소스 코딩, 암호화, 채널 코딩, 변조, 대역확산, 다중화, RF 송신, 안테나 기능으로 구성되며 수신기는 역과정 과정으로 이루어진다.
- 무선 채널은 신호 진폭, 주파수 대역폭, 그리고 시간에 있어 제약이 있다.
- 디지털 변조는 데이터 비트를 변조 신호로 매핑하는 기능을 말한다. 변조 방식으로는 ASK, PSK, FSK 변조 방식이 있다.
- OFDM 변조는 무선랜과 셀룰러, 방송에서 널리 사용하는 방식으로 다수의 서브 캐리어의 직교성을 이용하여 변조 신호를 생성한다. 주파수 효율이 높은 장점과 PAPR이 큰 특징이 있다.
- WAVE 통신은 10MHz 주파수 대역폭에서 64개 서브 캐리어를 사용하는 OFDM 변조 방식으로 BPSK, QPSK, 16QAM, 64QAM을 가변적으로 지원한다.
- 셀룰러 V2X는 PC5 인터페이스와 Uu 인터페이스를 제공하며 PC5는 5.9 GHz 전용 주파수를 사용하고 Uu 인터페이스는 사업자 주파수를 사용한다.
- LTE-V2X 통신 표준은 차량 및 도로 안전 서비스를 제공하며 5G NR-V2X 통신 표준은 자율주행 서비스를 제공할 수 있다.
- PC5 인터페이스의 분산 제어 방식이고 Un 인터페이스는 기지국에 의한 집중 제어 방식이다.

참고문헌

[1] Xiong, Fuqin. Digital Modulation Techniques, Artech House, Inc., 2006.

[2] Barnela, Manoj, and Dr Suresh Kumar. “Digital modulation schemes employed in wireless communication: A literature review.” International Journal of Wired and Wireless Communications 2.2 (2014): 15-21.

[3] D. Garcia-Roger, E. E. González, D. Martín-Sacristán 및 J. F. Monserrat, “V2X Support in 3GPP Specification : From 4G to 5G and Beyond”, IEEE Access, vol. 8, pp. 190946-190963, 2020, doi: 10.1109/ACCESS.2020.3028621.

[4] 지능형 교통 시스템: 5GHz 주파수 대역에서 동작하는 ITS 물리계층과 MAC계층에 대한 유럽 프로파일 표준, ETSI EN 303 686.

[5] IEEE 802.11 WLAN MAC, PHY 계층 규격, 2016.

[6] 차량통신시스템 3단계: PHY/MAC(LTE-V2X), TTAS.KO-06.216/R1.

제 6 장

무선 채널

송신기에서 변조되어 송출하는 전파는 무선 채널을 통해 수신기에 전달되며 수신되는 전파는 송수신기 간에 거리, 이동성, 지형 등의 전파 환경에 따라 신호 감쇄, 지연 및 왜곡 현상이 발생한다. 수신기에서 전파를 수신하고 디지털 신호로 복원하기 위해서는 무선 채널에 대한 정확한 이해가 필요하다.

이 장에서는 무선 채널로 인한 영향이 광범위한 관점에서의 전파 감쇄와 국부적인 관점에서 전파 신호 왜곡 현상을 설명한다. 이론적인 채널 모델에는 가우시안 채널, 라이시안 채널과 레이레이 페이딩 채널 모델이 있으며 이러한 무선 채널 특성을 설명한다. 그리고 시뮬레이션 채널 모델과 무선통신시스템의 링크 버짓 사례를 설명한다.

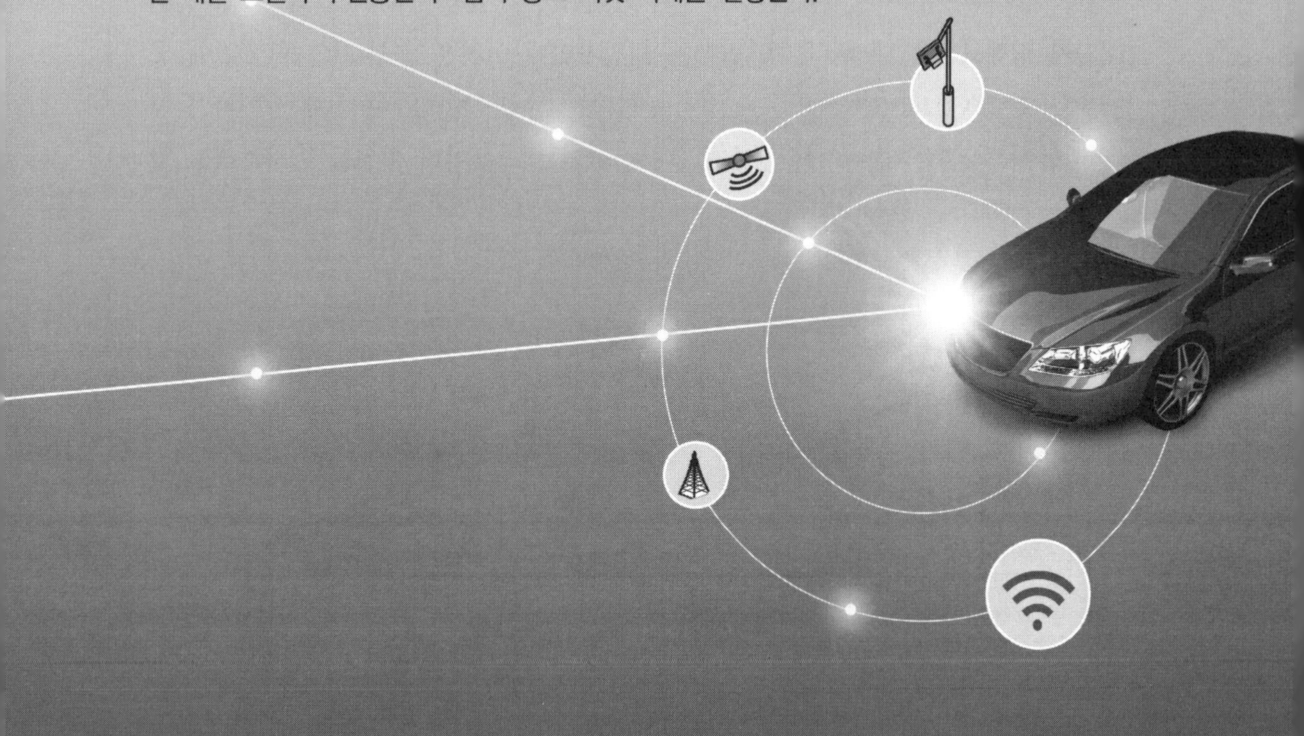

6.1 전파 신호

송신기의 기저대역 디지털 변조 신호는 그림 6-1의 전파 생성 과정을 따라서 안테나의 전파 신호로 생성된다. 기저대역 변조 신호는 DAC(Digital to Analog Converter)를 통해 아날로그 변조 신호로 변환이 된다. 아날로그 변조 신호는 VCO (Voltage Controlled Oscillator)의 반송파와 곱하고 BPF(Band Pass Filter)를 거쳐서 RF 신호로 변환이 된다. 이 RF 신호는 증폭기에서 신호가 증폭되고 RF 스위치와 송신 안테나를 통하여 대기 중에 전파로 전달이 된다. 이러한 송신 전파 신호는 무선 채널을 통해 빛의 속도로 전송이 되며 수신기에 도달하게 된다.

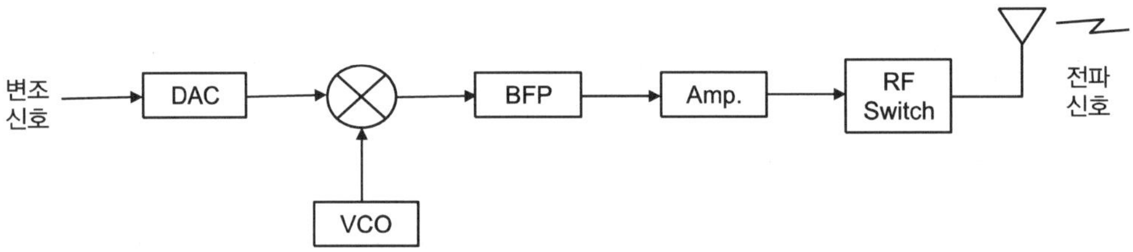

그림 6-1 전파 신호의 생성 과정

전파 신호는 송신기 안테나에서 수신기 안테나까지 전송이 되며 그림 6-2와 같이 3가지 형태로 전달이 된다. 첫 번째는 직진파인데 이것은 송수신 안테나 간에 공간적으로 LOS(Line Of Sight) 채널이 형성되는 것을 말한다. 두 번째는 전파가 지형지물에 반사가 되어 수신기 안테나에 전달되는 경우이며 이것을 반사파라고 말

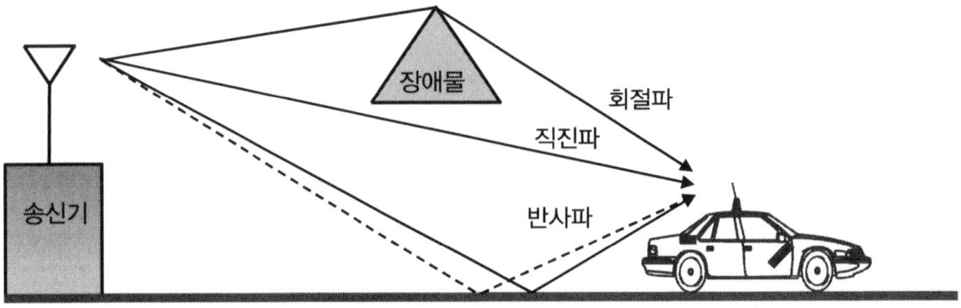

그림 6-2 무선 채널의 특성

한다. 세 번째는 전파 신호가 지형지지물을 통과하면서 전파가 휘어지는 되는데 이러한 현상을 회절이라고 부른다. 그러므로 무선 채널을 통해 수신기에 전달된 전파는 직진파, 반사파와 회절파가 존재한다. 이외에도 전파가 수신되는 단면에 따라 분산이 되는 산란 현상도 발생한다.

그림 6-3과 같이 수신기 안테나에 입력되는 신호는 수신 신호와 간섭 신호가 합해진 신호가 입력이 되고 수신기 장치에서 발생하는 열잡음이 존재한다. 수신된 전파는 RF 스위치와 BPF(Bandpass Filter)와 RF 믹서와 AGC를 통과하여 수신 신호 레벨이 일정한 아날로그 신호를 복원하고 ADC를 통해 디지털 샘플 신호로 복구되어 복조 과정을 거치게 한다.

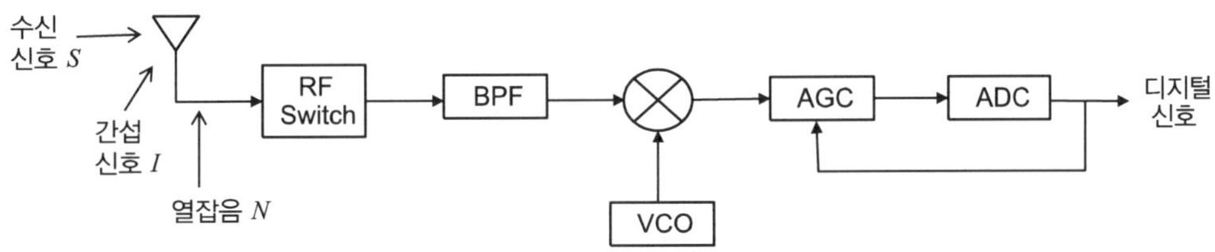

그림 6-3 전파의 수신 처리 기능

수신기는 무선 채널을 통해 수신한 신호로부터 송신 정보를 에러없이 복원해야만 한다. 송신기에서 보내는 신호가 S라고 하고, 무선 채널에서 잡음으로 작용하는 간섭 신호는 I, 그리고 수신기를 구성하는 디바이스에서 발생하는 열잡음을 N이라고 가정하면 수신기의 신호는 $S+I+N$로 표현이 되며 그림 6-4와 같다.

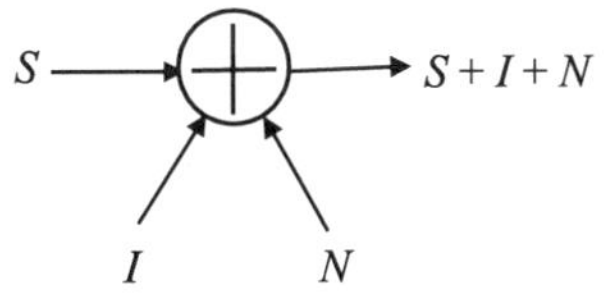

그림 6-4 무선 채널 SINR 개념

신호 성분 S와 간섭과 잡음 성분 I, N의 상대적인 비율은 SINR(Signal Interference Noise Ratio)라 부르며 수식6-1로 정의한다. I 신호는 동일 채널과 이웃한 채널에 의한 간섭을 의미하고 N 신호는 열잡음 또는 가우시안 잡음이라고 한다.

$$SINR = \frac{S}{I+N} \tag{6-1}$$

■ 전파 신호 규격

전파 신호는 주어진 주파수 채널 대역폭에서 송신 신호 성분을 포함하여야 하고 가능한 수신기에 전달이 될 수 있어야 하고 이웃한 주파수 채널에는 간섭 영향을 주어서는 안된다. 이러한 조건을 만족하도록 전파의 주파수 스펙트럼에 제약을 주는데 이것을 스펙트럼 마스크라고 부른다. 그림 6-5, 그림 6-6은 IEEE 802.11p 스펙트럼 마스크와 전력 스펙트럼을 보여 준다. 10 MHz 주파수 채널 대역폭에서 최대 출력의 제약과 이웃한 채널에 대한 간섭의 영향을 받지 않도록 신호 억압에 대한 조건을 제시한다.

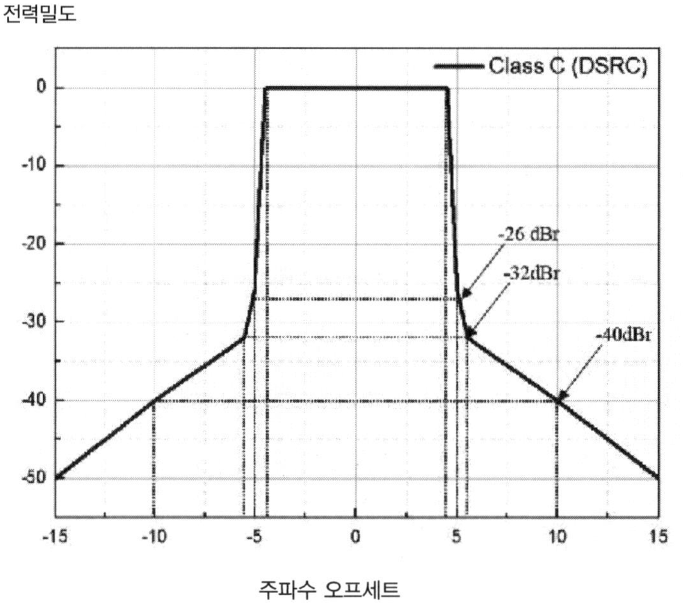

그림 6-5 IEEE802.11p 스펙트럼 마스크

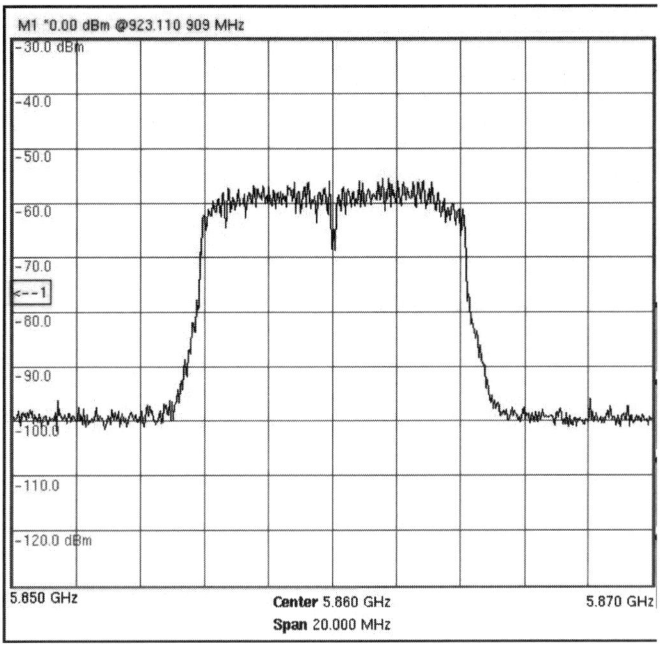

그림 6-6 IEEE 802.11p 송신 전력 스펙트럼

6.2 무선 채널의 특성

송신기에서 전파를 송신하고 수신기에서는 전파를 수신하여 무선 통신이 이루어진다. 송신 신호와 수신 신호간 전파의 통로를 무선 채널이라고 부른다. 일반적으로, 수신 신호는 진폭의 감쇄, 위상과 주파수 성분에 에러, 시간 지연에 변화가 발생하게 되는데, 이러한 변화는 무선 채널에 의해 영향을 받기 때문이다. 무선 채널의 특성은 이해하는 것은 무선통신시스템을 설계하고 검증하는데 매우 중요하다.

무선 채널의 특성에 대한 이해는 광범위한 관점과 국부적인 관점이 있다.

광범위한 관점은 무선통신시스템의 링크 버짓 설계, 무선망 구축을 위한 설계, 시스템 엔지니어링을 하는 측면에서 송신기와 수신기 간에 거리에 따른 무선 채널의 감쇄 변화를 파악하는 것이다. 예를 들어, 무선통신시스템의 요구사항에 무선통달거리를 정하고자 한다. 무선통달거리는 송신기의 신호 출력의 크기, 송수신기 간의 거리에 따른 전파 감쇄, 그리고 수신기의 수신 감도에 의해 결정이 되므로 이러한 시스템 파라미터를 분석하고 최적화하는 과정을 통해 시스템의 규격을 만들게 된다. 따라서, 광범위한 관점이란 이용하는 주파수 대역과 지형의 특성이 정해지는 경우 거리에 따른 전파 감쇄를 분석하는 것을 말한다.

국부적인 관점은 특정한 거리에서 수신 신호의 순시적인 변화를 이해하는 것으로 국부적인 영역에서 진폭의 변화, 주파수와 위상, 그리고 시간 지연에 대하여 특성을 파악하는 것이다. 이것은 무선 채널의 영향을 고려한 수신기의 설계와 검증을 하는데 필요하다. 그림 6-7은 무선 채널에 대한 광범위한 관점과 국부적인 관점을 보여 준다.

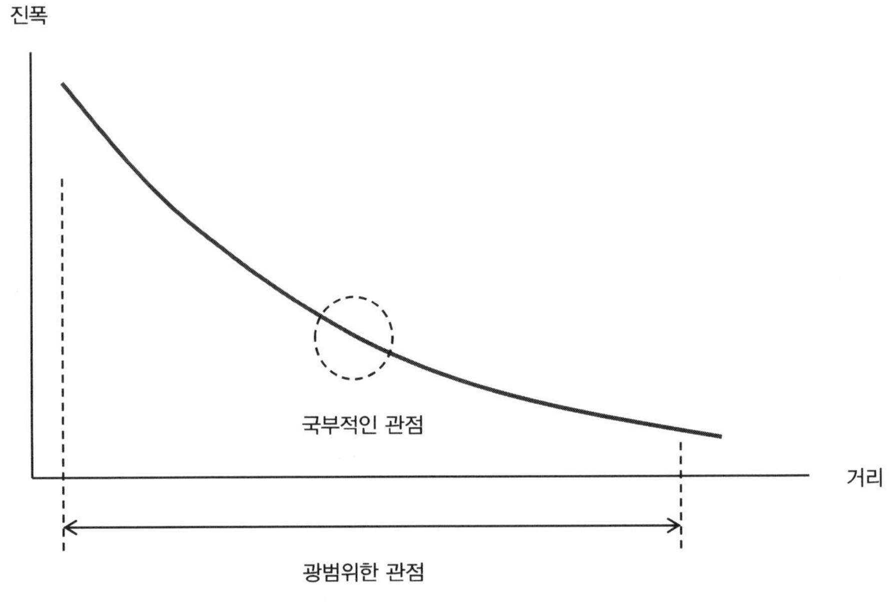

그림 6-7 무선 채널에 대한 관점

■ 광범위한 관점

송신기와 수신기 간에 거리에 따라 전파 감쇄가 일어나는데 직접파만 존재하고 자유 공간에서의 감쇄에 대하여 살펴본다. 그림 6-8에서 송신기와 수신기 사이에 거리가 d이고 송신 전력이 P_T , 수신 전력이 P_R , 수신 안테나가 수신하는 유효 면적이 A, 수신기 안테나 이득이 G_R이면 다음과 같은 수식이 주어진다.

$$P_R = \frac{P_T}{4\pi d^2} A = \left(\frac{\lambda}{4\pi d}\right)^2 P_T G_R \tag{6-2}$$

전파의 속도는 파장과 주파수의 곱으로 표현되므로 $\lambda = \frac{c}{f}$를 대입하면

$$P_R = \frac{P_T}{4\pi d^2} A = \left(\frac{c}{4\pi df}\right)^2 P_T G_R \tag{6-3}$$

상기 수식으로부터 수신되는 전력은 거리와 주파수의 제곱 반비례하고 전파 속도의 제곱에 비례하며, 송신 출력과 수신기 안테나 이득에 비례하는 것을 알 수 있다.

전파의 감쇄는 일반적으로 무선 주파수와 거리에 의해 영향을 받는다. 무선 주파수가 낮으면 거리에 따른 전파 감쇄가 적고 전파가 굴절하고 회절하는 특성이 있어서 장거리 전송이 가능하지만 무선 주파수가 높아지면 전파 감쇄가 크고 직진성이 강해져서 단거리 전송이 적합한 특성을 가진다.

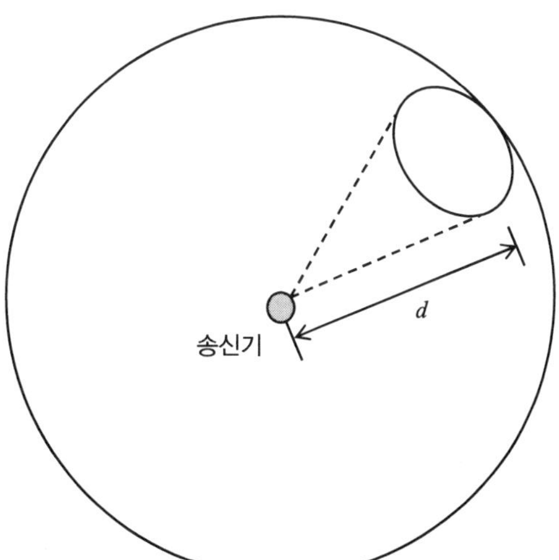

그림 6-8 전파의 거리에 따른 전력 밀도 감쇄 모델

ITU-R P.1546-3 문서는 30 MHz ~ 3 GHz 주파수 대역에서 이용하는 주파수 반송파를 기준으로 안테나 높이, 면적 점유율과 시간 점유율에 따른 전파의 손실 추정에 대한 권고로 Okumura-Hata 모델이라고 부른다. 그림 6-9는 2 GHz 주파수 대역에서 면적 점유율과 시간 점유율이 각각 50%일 때 전파의 전계강도 감쇄량을 보여 준다.

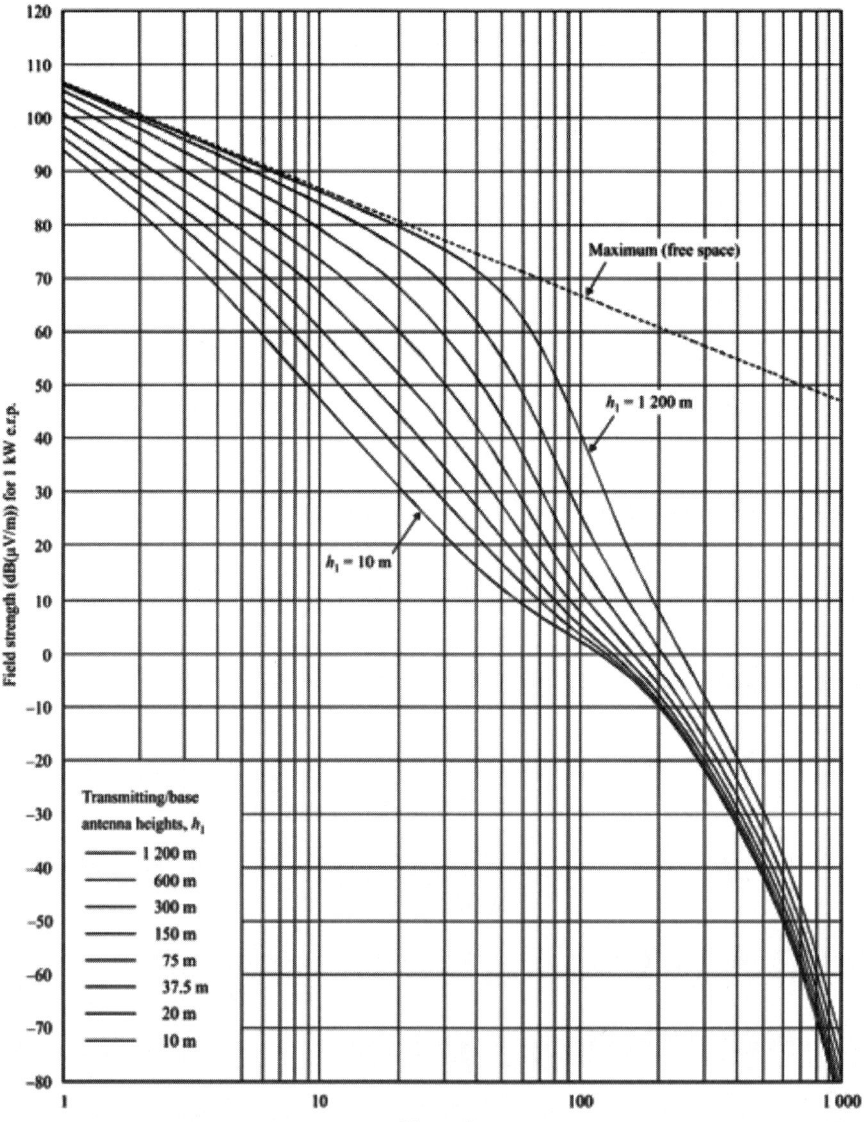

그림 6-9 2 GHz 주파수 대역에서의 전계강도 감쇄 추정값

5.9 GHz 대역은 비교적 직진성이 강한 특징을 가지고 있으며 거리가 증가함에 전파 크기에 감쇄가 일어난다. 전파의 신호 감쇄를 거리에 반비례하며 자유공간에서는 거리의 제곱에 반비례하고, 장애물이 있어 반사파가 존재하는 도심지 환경에서는 거리의 4제곱에 반비례하는 것으로 알려져 있다. 유럽의 ETSI 연구보고서에서 발표된 전파 손실은 도심지, 도심지 주변, 외곽 도로에서의 전파 감쇄에 차이가 있으며 5.9 GHz 대역에서의 전파 손실 계산 모델을 제시하였는데 수식적인 모델은 다음과 같다.

$$L_{fs} = 20\log\left(\frac{\lambda}{4\pi d}\right),\ d \le d_0 \tag{6-4}$$

$$L_{fs} = 20\log\left(\frac{\lambda}{4\pi d_0}\right) - 10n_0\log\left(\frac{\lambda}{d_0}\right),\ d_0 \le d \le d_1 \tag{6-5}$$

$$L_{fs} = 20\log\left(\frac{\lambda}{4\pi d_0}\right) - 10n_0\log\left(\frac{d_1}{d_0}\right) - 10n_1\log\left(\frac{d}{d_1}\right),\ d \ge d_1 \tag{6-6}$$

여기서, 전파손실을 결정하는 d_0, d_1, n_0, n_1는 전파 환경에 따라 다음과 같이 추정 파라미터를 적용한다. 표 6-1은 전파 손실 예측 파라미터를 보여 준다.

표 6-1 전파손실 예측 파라미터

파라미터	도심지	도심지 주변	외곽도로
d_0	64	128	256
d_1	128	256	1024
n_0	3.8	3.3	2.8
n_1	4.3	3.8	2.7

그림 6-10은 위에서 제시한 모델을 5.85 GHz 대역에 적용하여 도심지와 도심지, 외곽도로에서의 전파 손실을 계산한 결과를 보여 준다. 안테나간 거리가 멀어질수록 전파손실이 증가하며, 도심지에서의 손실이 외곽도로에서의 손실이 커짐을 알 수 있다.

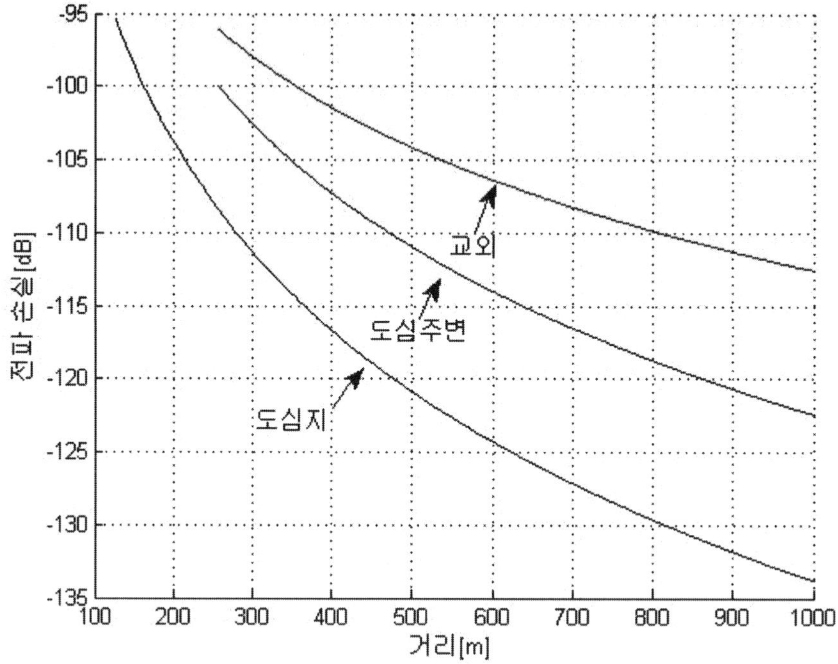

그림 6-10 5.85 GHz 주파수 신호의 이론적인 전파 감쇄

이동에 따른 도플러 주파수 변화

전파는 감쇄는 송신기와 수신기의 이동, 그리고 전파가 전달되는 통로의 물리적인 구조에 따라 전파 신호가 영향을 받게 된다. 전파를 보내는 송신기 또는 전파를 수신하는 수신기가 이동하면 도플러(Doppler) 현상에 의해 전파의 주파수 성분이 변화한다. 송수신기 이동에 따른 주파수 변화를 도플러 주파수라고 하며 이동 속도가 클수록 도플러 주파수의 크기는 증가한다. 도플러 주파수 f_D는 아래 수식6-7로 정의되며 이동하는 속도에 비례하고 무선 주파수의 파장에 반비례한다.

$$f_D = \frac{v}{\lambda} = \frac{v \cdot f}{c} \tag{6-7}$$

여기서, v 는 장치의 이동 속도, λ는 반송파 주파수의 파장, f는 반송파 중심 주파수 c는 빛의 속도를 의미한다.

예를 들어, 5.8 GHz 주파수를 사용하는 송신기가 200 Km/h로 이동하면 $f = 5.8 \cdot 10[LSUP9Hz]$, $v = 2 \cdot 10^5$[m/sec], $c = 3 \cdot 10^8$[m/sec]이므로 이 값을 대입하여 계산된 도플러 주파수는 1.074 KHz가 된다. 이것은 200 km/h 주행으로 인하여 1.074 KHz 주기로 위상 성분이 변화하는 것을 의미한다.

지형과 이동에 따른 다경로 페이딩 채널 특성

전파를 이용하는 주변 환경의 지형적인 구조나 형태에 따라 무선 채널의 특성이 다르게 된다. 예를 들어, 차량은 개활지나 터널 구간을 통해 이동하게 되므로 개활지 구간과 터널 구간에서의 지형적인 구조와 형태에 따라 무선 채널이 달라지게 된다.

개활지 구간에서 전파는 송신기와 수신기가 전파 경로에 따라서 LOS(Line of Sight) 무선 채널 환경과 NLOS(Non Line of Sight) 무선 채널 환경으로 구분할 수 있다. LOS 채널 환경은 송수신기 간에 직접파가 존재하는 것을 말하며, NLOS 채널 환경은 송수신기 간에 직접파가 존재하는 않는 것을 의미한다.

송수신기 간에 LOS 환경이 존재하고 반사파가 더해지는 무선 채널이 존재하며 이러한 채널을 라이시안 채널이라고 부른다. 라이시안 채널에서 직접파와 반사파의 신호 크기를 K 팩터로 정의하며 K 값이 크면 직접파가 우세한 채널을 의미하고 K 값이 적으면 반사파가 우세한 채널을 의미한다. 그림 6-11은 라이시안 채널 모델을 보여 준다.

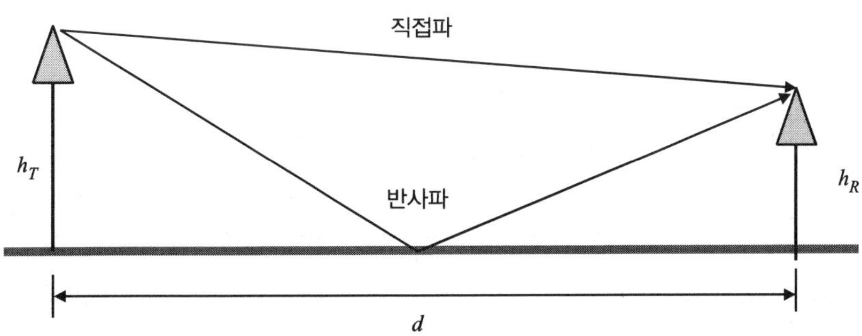

그림 6-11 라이시안 채널 모델

NLOS 채널은 송수신기 간에 장애물이 존재하여 수신기에는 장애물에서 반사된 신호들이 수신기에 모두 수신되는 경우를 의미하며 다수 경로의 채널이라고 말한다. 다경로 채널의 경우 수신기가 이동하면 단일 경로별로 페이딩이 발생하므로 이런 경우를 다경로 페이딩 채널이라고 부른다. 다경로 페이딩 채널은 서로 다른 독립적인 경로의 채널이 수신기에서 더해지기 때문에 다경로 페이딩 채널은 시간적으로 랜덤하게 변화하는 특징을 갖는다. 그림 6-12는 다경로 페이딩 채널 모델을 보여 준다.

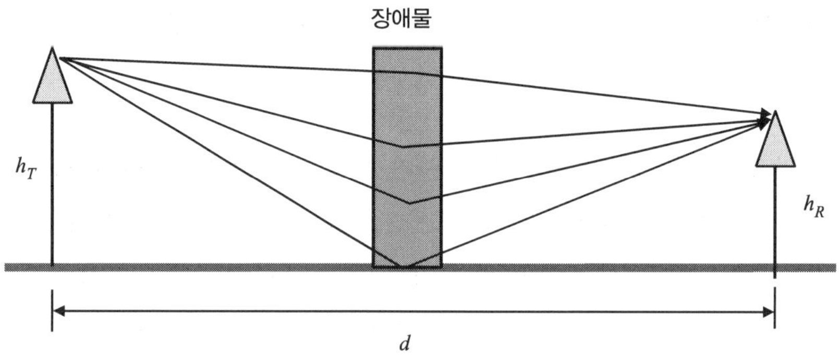

그림 6-12 다경로 페이딩 채널 모델

송수신기가 터널에 있는 경우 터널은 전파가 진행하는 도파관 역할을 하며 반사파를 발생하기도 하는데, 이러한 경우에 Ray Tracing 채널 모델을 적용할 수 있다.

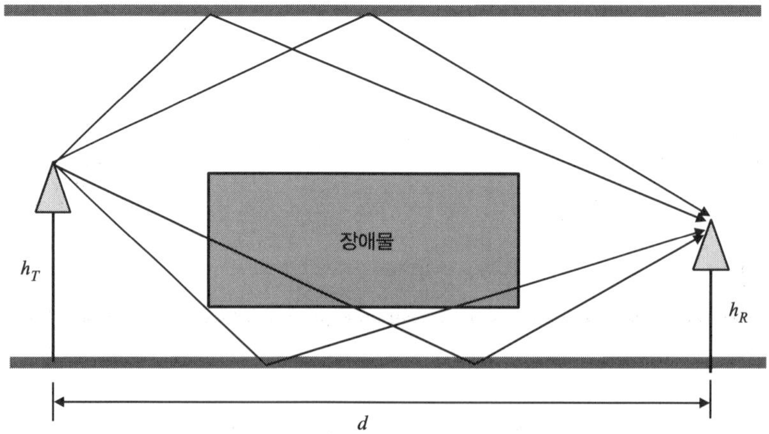

그림 6-13 Ray Tracing 채널 모델

Ray Tracing 전파 채널 모델은 송수신기 간에 다수 반사파가 존재하여 수신기에서는 이러한 반사파들의 합으로 전파를 수신하며 일반적으로 실내 공간, 터널 등에 적용하는 채널 모델이다. 그림 6-13은 터널 구간에서의 Ray Tracing 채널 모델을 보여 준다.

그림 6-14는 5.85 GHz 주파수 대역에서 차량이 이동하면서 수신한 수신 신호 레벨(RSSI)을 측정한 결과이다. OFDM 신호를 송출하고 60 km/h 속도로 이동하면서 수신한 신호를 분석한 결과 수신 신호는 송신기와의 거리가 멀어질수록 신호 감쇄가 발생하고 특정 지점에서의 수신 신호 레벨은 다경로의 페이딩 채널로 인하여 신호 레벨이 랜덤하게 변화하는 것을 알 수 있다.

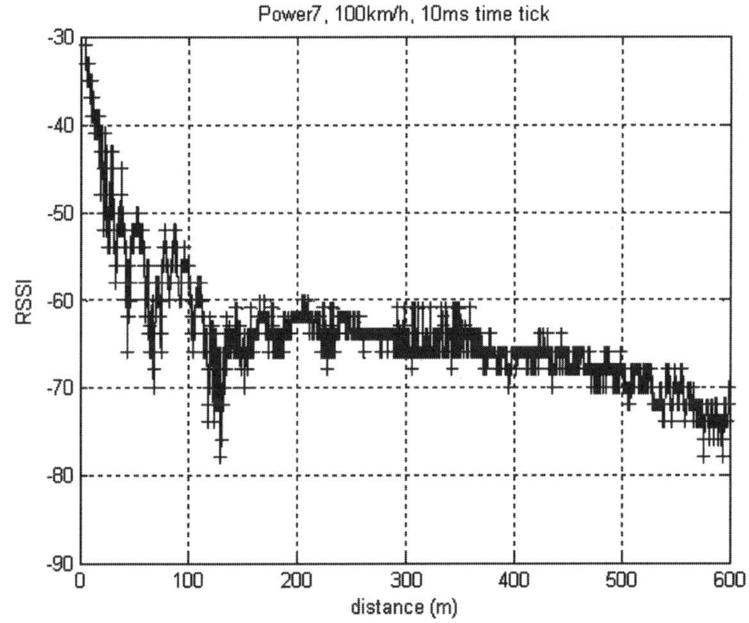

그림 6-14 다경로 전파 채널 측정(예)

일반적으로 다경로 페이딩에 의한 변화는 도로의 형태나 구조물에 의해서 특성에도 영향을 받는다. 고속도로는 도로와 도로 시설물이 있고 터널이나 교량이 있는 형태가 있다. 그리고 도심지 도로는 도로와 도로 시설물 외에 건물이 있고 또 교차로를 중심으로는 더욱 복잡한 형태를 가지고 있으므로 고속도로와 도심지 도로에 따라서 전파 채널 특성이 다르다.

고속도로는 송신기와 수신기 간에 직접파가 존재하는 라이시안(Ricean) 채널 특성이 있고, 도심지 도로는 송신기와 수신기간에 직접파는 없고 반사파만 존재하는 다경로 레이레이(Rayleigh) 페이딩 채널 특성을 갖는다. 따라서, 다경로 페이딩 채널은 차량 단말의 이동과 도로의 형태에 따라서 전파 채널 특성이 달라지는데 고속 도로상에서 페이딩 손실은 10 dB 정도 이내이며, 도심지 도로에서는 20 dB 정도로 페이딩 손실이 큰 것으로 알려져 있다.

다경로 페이딩 채널은 시간적인 변화로 볼 때 짧은 시간 구간에서의 빠른 페이딩(Fast Fading)과 상대적으로 긴 시간에서의 느린 페이딩(Slow Fading)이라고 부른다. 빠른 페이딩은 수신기가 특정 위치에 있을 때 수신기의 입사각의 변화에 따른 진폭이 변화이지만 느린 페이딩은 송수신기간의 장애물에 의한 페이딩으로 Shadowing 현상의 페이딩이라고 부른다. 따라서 송수신기간의 전파 손실은 자유공간에서의 전파 손실과 빠른 페이딩 손실이 더해지거나, 느린 페이딩 손실이 더해지는 것으로 나타난다. 아래의 수식6-8과 수식6-9는 송수신기 간 거리와 페이딩으로 인한 전파 손실을 보여 준다.

무선 채널의 전파 손실을 광범위한 관점으로 파악하는 것은 무선통신시스템의 링크 버짓을 이해하고 설계하는데 필요하다. 무선통신시스템을 설계할 때 송신기의 전파 출력과 통달 거리에 따른 전파 손실, 그리고 수신기의 수신 감도를 결정하는 과정에서 무선 채널의 감쇄 특성을 정확하게 이해해야 무선통신시스템을 설계할 수 있기 때문이다.

$$L_p = L_{FS} + L_{FF} \tag{6-8}$$

$$L_p = L_{FS} + L_{SF} \tag{6-9}$$

여기서, L_P는 일정 거리와 페이딩에 의한 감쇄

L_{FS}는 자유 공간에서의 거리에 따른 감쇄

L_{FF}는 반송파 주파수 변화가 빠른 페이딩으로 인한 감쇄

L_{SF}은 반송파 주파수 변화가 느린 페이딩 또는 음영 지역으로 인한 감쇄

■ 국부적인 채널의 특성

송신 안테나에서 송신하는 전파 신호는 무선 채널을 거쳐서 수신 안테나에 도착하게 되며 수신 신호는 신호의 크기, 주파수와 시간, 그리고 위상 성분에 있어서 왜곡이 발생하게 된다. 수신 신호의 크기가 감소하게 되고 주파수 에러와 위상 에러, 그리고 전파 지연 시간이 발생하므로 이러한 특성을 이해하여야 수신 신호를 에러 없이 복원할 수 있다.

진폭의 변화

수신 신호의 진폭은 직접파와 간섭파의 합에 의해 정해지며 간섭파의 크기가 크게 되고 반사파의 개수가 증가함에 따라서 진폭의 변화에 영향을 미친다. 이론적으로 라이시안 채널과 레이레이 채널로 구분이 되며 각각의 진폭의 변화는 확률적인 특성을 갖게 된다.

그림 6-15은 다경로 페이딩 채널의 시간에 따른 진폭의 크기 변화 특성을 보여 준다. 다경로 페이딩 채널에서의 진폭 신호의 특성을 확률적으로 그림 6-16과 같은

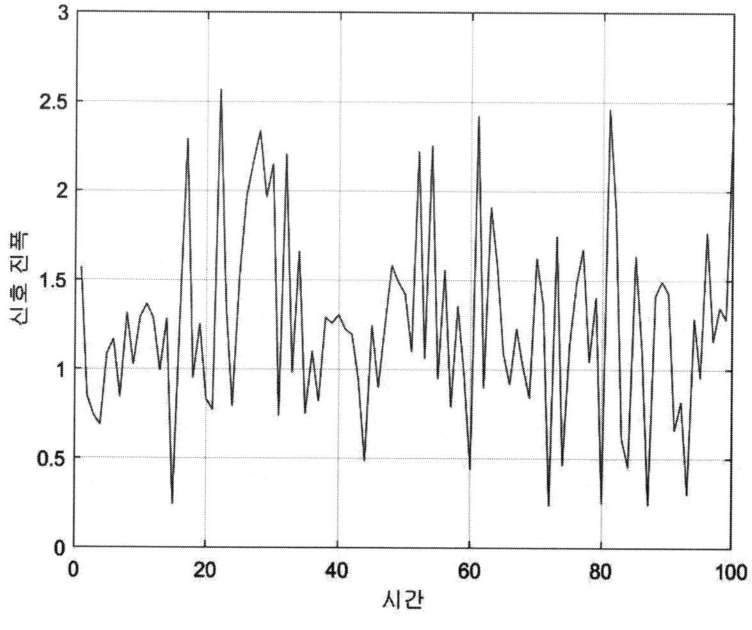

그림 6-15 다경로 페이딩 신호(표준편차 = 1, 레이레이 페이딩)

레이레이 확률 분포를 갖는다. 이러한 확률 분포는 신호의 평균값이 양수이고 신호의 분산값이 증가함에 따라 신호의 변화가 커지는 것을 알 수 있다.

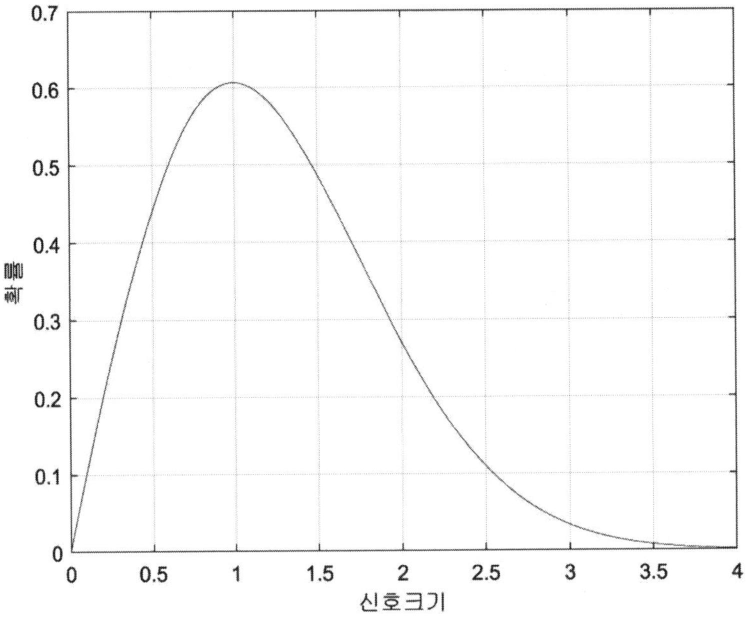

그림 6-16 다경로 페이딩 신호의 진폭에 대한 확률 특성(표준편차 = 1인 레이레이 페이딩)

주파수 변화

송신기 또는 수신기가 고속으로 이동하면 도플러 현상으로 인하여 주파수 변이 f_D가 발생하게 된다. 이 주파수 변이는 송신기와 수신기 간 주파수 에러를 유발한다. 주파수 에러로 인하여 반송파 주파수에 에러가 발생하고 수신 성능에 영향을 준다. 예를 들어 OFDM 방식에서는 이 주파수 에러는 서브 캐리어 에러를 유발하므로 서브 캐리어 간 간섭 영향을 주고 서브 캐리어간에 직교성을 유지하지 못하기 때문에 주파수 에러 검출 및 보상이 필요하다. OFDM 이상의 고차 변조 방식에서 이 주파수 에러 추정기술은 복조 성능에 영향을 크게 미친다. 그림 6-17은 이동으로 인한 도플러 스펙트럼을 보여준다.

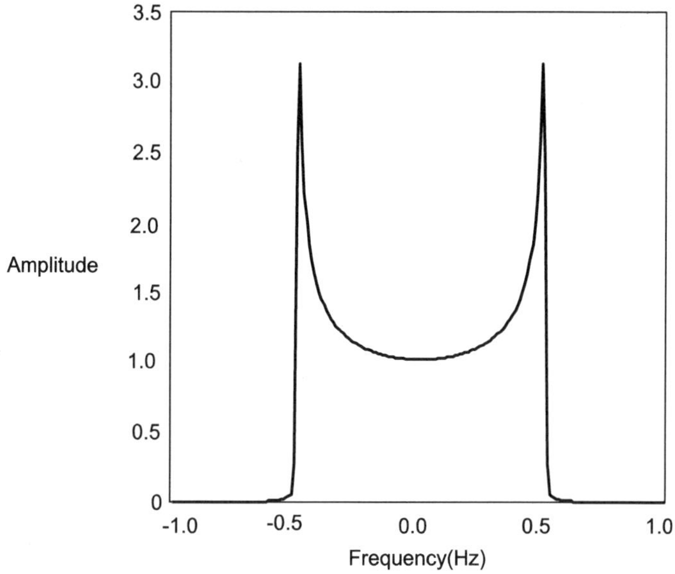

그림 6-17 다경로 페이딩 신호의 주파수 스펙트럼 특성

시간 지연

수신되는 신호는 다 경로로 통과하여 도착하게 되며 이로 인하여 시간 지연이 발생하게 된다. 이 시간 지연은 거리가 증가함에 따라 증가하게 되는데 시간 지연으로 인한 비트 또는 심볼간 간섭이 발생된다. 이러한 심볼 간 간섭을 제거하는 수

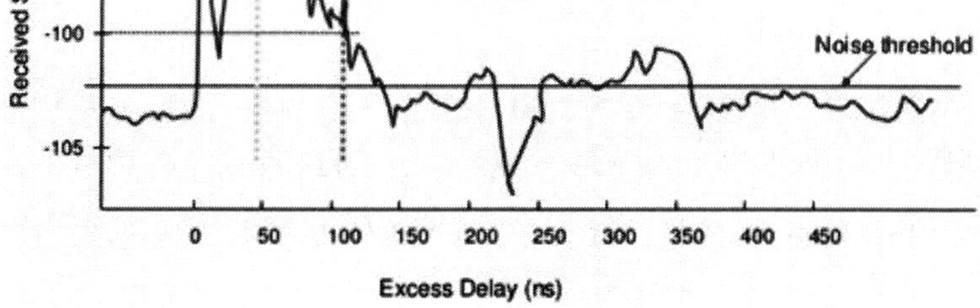

그림 6-18 다경로 페이딩 신호의 신호 지연 특성

신 기능을 등화기라고 부른다.

그림 6-18은 시간 지연 특성을 보여 준다. 전파가 수신기에 도달 시간을 RMS (Root Mean Square)값, 최소 지연값, 최대 지연값으로 정의한다.

위상 변화

위상 정보를 이용한 PSK 변조 방식에서는 초기 위상 추정과 연속적인 위상을 맞추어야 복조를 정상적으로 할 수 있다. 위상의 에러는 송수신기의 초기 위상값에 에러가 존재하고 도플러 주파수로 인하여 시간에 따라 변화하게 된다. 다경로 페이딩 채널에서는 여러 경로를 통해 서로 다른 위상값을 갖는 신호의 합이 수신되므로 위상값이 랜덤하고 시간에 따라 가변되는 특성을 갖게 된다. 따라서 초기 위상 에러 추정 및 연속적인 위상 추적이 성능에 크게 영향을 미치게 된다. 그림 6-19는 다경로 페이딩 채널에서의 위상 특성을 보여 준다.

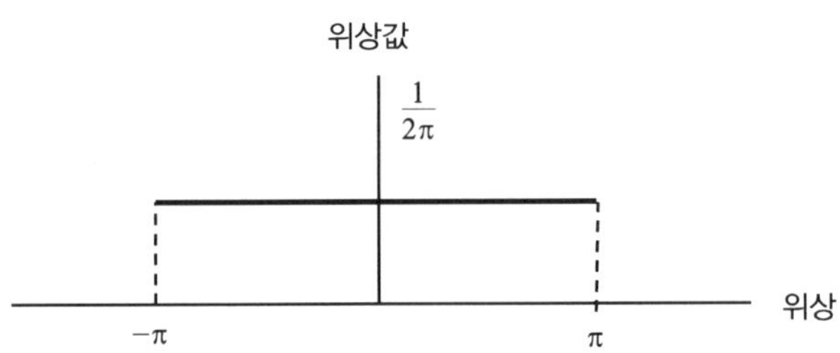

그림 6-19 다경로 페이딩 채널의 위상 특성

6.3 이론적인 무선 채널 모델

전파 신호의 특성을 이론적으로 해석하고 무선 링크의 성능을 분석하기 위해서는 무선 채널에 대한 모델링이 필요하다. 수신 신호는 송신기에서 보내 원신호와 무선채널에서 더해진 간섭 신호와 수신기에서 발생하는 잡음의 합으로 표현이 된다.

여기서는 열에 의한 가우시안 채널 모델과 간섭파에 의한 라이시안 채널과 레이레이 채널의 이론적인 모델에 대하여 알아본다.

■ 가우시안 채널 모델

무선 전송시스템의 일차적인 성능분석은 가우시안 채널 모델을 적용하는데 이것은 수학적으로 해석이 가능하고 검증된 방법으로 널리 사용되고 있다.

송신 신호는 S, 외부에서 추가되는 가우시안 잡음을 N, 무선 채널을 H, 그리고 수신 신호를 R이라 표현하면, 수신 신호 R은 송신 신호와 가우시안 잡음의 합이 되는 채널 모델을 가우시안 채널 모델이라고 한다. 즉, 수신 신호 $r(t)=s(t)+n(t)$가 되는 것이다.

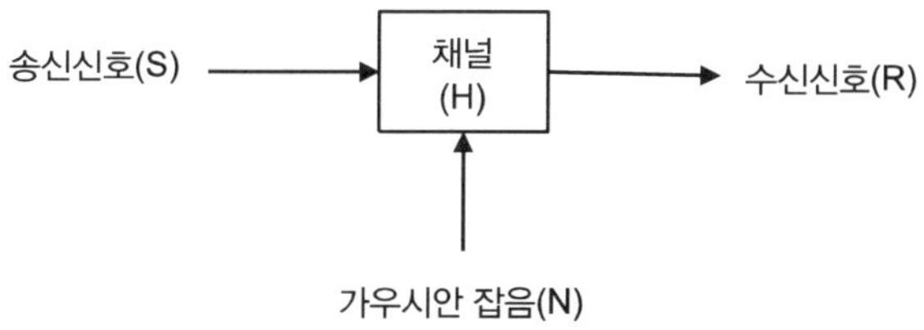

그림 6-20 가우시안 채널 모델

가우시안 잡음은 열운동에 의해 발생하며 열잡음의 전력 밀도는 볼쯔만 상수와 절대온도의 곱으로 계산이 된다. 그리고 채널 주파수 대역폭을 곱하면 가우시안 잡음 전력 N을 얻게 되며 수식은 다음과 같다.

$$N=k \cdot T \cdot W \tag{6-10}$$

여기서, k는 볼쯔만 상수로 1.38×10^{-23}이고 단위는 J/K이다. T는 열운동이 없는 절대온도로 섭씨 0도에서 절대온도는 273.15가 된다. W는 채널 대역폭이며 단위는 Hz가 된다.

가우시안 잡음

가우시안 잡음은 수신기의 온도와 주파수 채널 대역폭의 함수이며 온도와 채널 대역폭에 따라 변화하는 것을 알 수 있다.

예를 들어, 상온 27도에서 채널 주파수 대역폭이 10 MHz인 광대역 무선통신시스템의 잡음 전력은 계산해보자. 볼쯔만 상수는 dBm을 기준하여 −198.6이고, 절대온도 300.15(섭씨 27도)는 25 dB, 10 MHz 채널 대역폭은 70 dB이므로 열잡음 전력은 −198.6 + 25 + 70 = −103.6 dBm이 된다. 여기에 전자소자가 가지고 있는 잡음 지수가 5 dB라고 가정하면 시스템에서의 잡음 레벨은 −98.6 dBm이 되는 것이다. 이것은 무선 채널의 잡음 전력을 의미하며 수신되는 신호 레벨은 이 잡음 전력보다 커야 검출이 된다는 것을 알 수 있다.

상온 27도에서 채널 주파수 대역폭이 200 KHz인 협대역 무선통신시스템의 잡음 전력은 어떻게 되는지를 알아보자. 볼쯔만 상수는 dBm을 기준하여 −198.6이고, 200 KHz 채널 대역폭은 53 dB이므로 열잡음 전력은 −198.6 + 25 + 53 = −120.6 dBm이 된다. 여기에 전자소자가 가지고 있는 잡음 지수가 동일하게 5 dB라고 가정하면 시스템에서의 잡음은 −115.6 dBm이 된다. 따라서, 무선통신시스템의 주파수 채널 대역폭에 따라서 가우시안 잡음의 전력 레벨은 변화함을 알 수 있으며 시스템의 성능 분석 시에 SNR 값이 달라짐을 알 수 있다. 표 6-2는 채널 대역폭에 따른 상온에서 가우시안 잡음 전력을 보여 준다.

표 6-2 주파수 채널 대역폭에 따른 상온에서 가우시안 잡음 전력

채널 대역폭	채널 대역폭(dB)	잡음 전력(dBm)
200 KHz	53	−120.6
1 MHz	60	−98.6
10 MHz	70	−88.6
100 MHz	80	−78.6

열에 의한 잡음 신호는 신호의 크기가 랜덤한 특징을 갖으며 확률적으로 가우시안 분포를 갖는다. 가우시안 분포는 평균값이 m이고 신호의 에너지를 의미하는 Variance 가 σ일 때 가우시안 확률밀도함수와 확률누적함수는 다음과 같이 주어진다.

$$p(x) = \frac{1}{\sigma\sqrt{2\pi}} e^{-(x-m)^2/2\sigma^2},$$

$$p(X \le x) = \frac{1}{\sigma\sqrt{2\pi}} \int_{-\infty}^{x} e^{-(x-m)^2/2\sigma^2} dx \tag{6-11}$$

여기서, 신호는 평균값이 "0"이고 신호의 에너지를 나타내는 Variance가 "1"의 값을 갖는 경우에 정규화된 가우시안 확률밀도함수와 확률누적함수라고 말하며 수식적으로 다음과 같이 표현된다.

$$p(x) = \frac{1}{\sqrt{2\pi}} e^{-x^2/2},\ p(X \le x) = \frac{1}{\sqrt{2\pi}} \int_{-\infty}^{x} e^{-x^2/2} dx \tag{6-12}$$

위의 확률누적분포는 에너지값을 구하기 위해서 에러 함수와 보완적 에러 함수를 다음과 같이 정의한다.

$$erf(x) = \frac{1}{\sqrt{2\pi}} \int_{0}^{x} e^{-x^2/2} dx,$$

$$erfc(x) = 1 - erf(x) = \frac{1}{\sqrt{2\pi}} \int_{x}^{\infty} e^{-x^2/2} dx \tag{6-13}$$

그림 6-21은 가우시안 잡음 신호에 대한 신호 특성을 보여 주고 그림 6-22는 정규화된 확률 밀도 함수를 보여 준다.

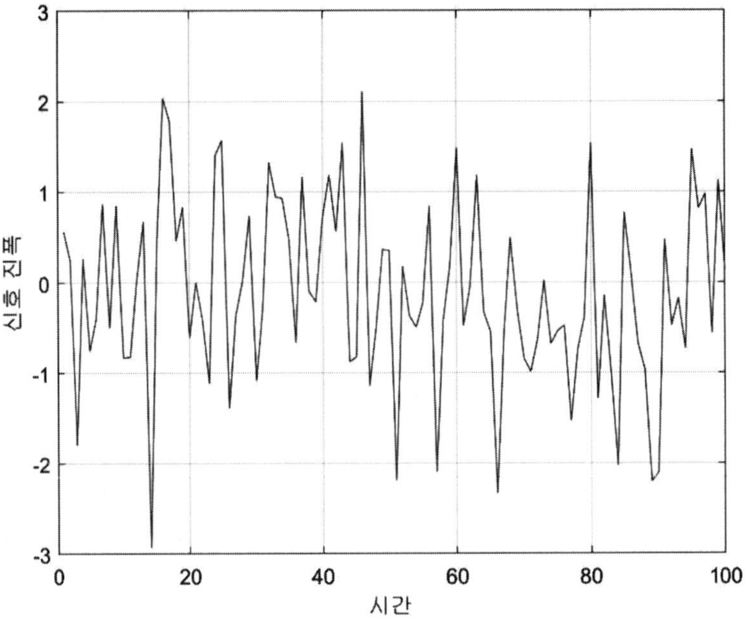

그림 6-21 가우시안 잡음 신호(신호 평균 = 0, 표준편차 = 1인 가우시안 분포)

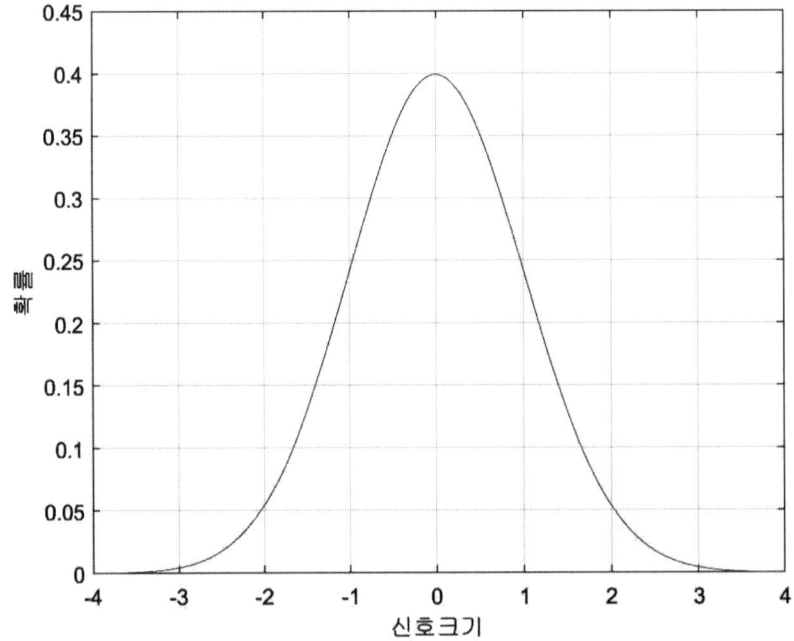

그림 6-22 정규화된 가우시안 확률 밀도 함수(신호 평균 = 0, 표준편차 = 1인 가우시안 분포)

가우시안 잡음은 가우시안 확률분포를 가지므로 잡음이 더해진 수신 신호도 가우시안 확률적인 특성을 갖게 된다. 수신 신호의 에너지가 잡음 신호의 에너지에 비해 아주 작다고 가정하면 에러가 발생하게 될 것이며 수신 신호의 에너지가 잡음 신호의 에너지에 비해 크면 에러가 발생하지 않을 것이다. 수신 신호 에너지와 잡음 에너지의 비에 따라 수신 신호의 검출 에러율이 영향을 받게 되는 것이다.

$$BER = f(SNR) \tag{6-14}$$

에러 함수는 SNR 값이 x라고 가정할 때 x 값이 0에서 x까지 적분한 값으로 계산이 되며 이것은 신호 에너지가 잡음 에너지보다 크기 때문에 성공적으로 수신 검출하는 확률이 된다. 보완적 에러 함수에서 SNR x 값이 $-\infty$에서 x까지 적분한 값이 되고 $1-erf(x)$로 계산되며 수신 검출 에러 확률이 된다. 그러므로 보완적 에러 함수로부터 신호의 비트 오율을 계산할 수 있다. 그림 6-23은 에러 함수를 보여 준다.

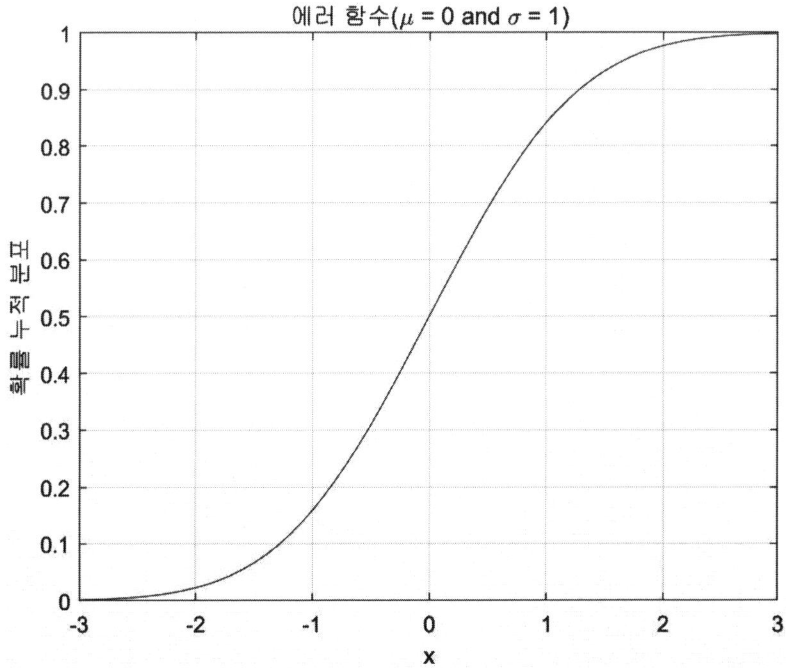

그림 6-23 에러 함수

신호의 에너지와 잡음 에너지의 비율을 의미하는 SNR 값의 비율은 10진수로 기준하면 매우 크기 때문에 로그값으로 사용하며 SNR 값에 따른 dB는 다음과 같이 계산된다.

| 표 6-3 | SNR 값과 dB 관계

SNR 값	dB = 10·log(SNR)
1	0
2	3.0
3	4.8
4	6.0
5	7.0
6	7.8
7	8.5
8	9.0
9	9.5
10	10
100	20
1,000	30
10,000	40
100,000	50
1,000,000	60
1/10	−10
1/100	−20
1/1,000	−30
1/10,000	−40
1/100,000	−50
1/1,000,000	−60

■ 라이시안 채널 모델

라이시안 채널은 송수신기간에 전파가 직접파와 반사파가 존재하는 무선 채널을 의미하며 Two ray 무선 채널 모델이라고도 부른다.

직접파만 존재하는 수신 신호를 $r(t)=a(t-\tau_d)\cdot\cos(2\pi(f_c-f_e)(t-\tau_d)+\psi+\psi_e)$ 이고 반사파와 직접파의 크기 비율을 ρ라고 가정하면 반사파가 추가된 수신 신호는 다음과 같은 수식으로 표현할 수 있다.

$$r(t)=a(t-\tau_d)(1+\rho)\cdot\cos(2\pi(f_c-f_e)(t-\tau_d)+\psi+\psi_e) \tag{6-15}$$

그림 6-24와 같이 송신 안테나의 높이가 h_T이고 수신 안테나 높이가 h_R이고 두 안테나의 높이 차이가 $\triangle R$, 두 안테나 간 거리가 d, 그리고 두 안테나간 직접파와 반사파의 거리가 각각 R_1, R_2라고 가정하면 다음과 같은 수식이 성립된다.

$$\begin{aligned} R_1 &= \left[d^2+(h_T-h_R)^2\right]^{1/2} = d\left[1+\frac{((h_T-h_R)^2}{d^2}\right]^{1/2} \\ &\cong d\left[1+\frac{1}{2}\left(\frac{h_T-h_R}{d}\right)^2\right] \end{aligned} \tag{6-16}$$

$$\begin{aligned} R_2 &= \left[d^2+(h_T+h_R)^2\right]^{1/2} = d\left[1+\frac{((h_T+h_R)^2}{d^2}\right]^{1/2} \\ &\cong d\left[1+\frac{1}{2}\left(\frac{h_T+h_R}{d}\right)^2\right] \end{aligned} \tag{6-17}$$

$$\triangle R = R_2 = R_1 \cong \frac{2h_Th_R}{d} \tag{6-18}$$

이러한 거리차로 인한 위상의 차이는 다음과 같이 계산이 된다.

$$\triangle\psi = \frac{4\pi}{\lambda}\frac{h_Th_R}{d} \tag{6-18}$$

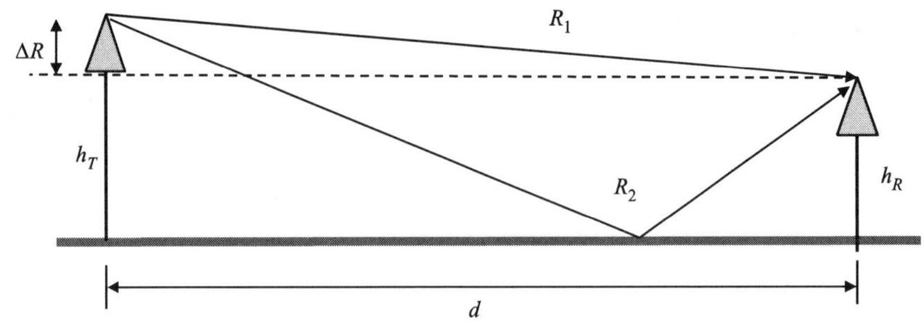

그림 6-24 이론적인 라이시안 채널 모델

이러한 위상의 변화는 전파의 전자장에 변화를 주며 수신되는 전자장은 다음과 같이 표현이 된다.

$$E = E_o e^{-j\beta R_1}(1 \pm \exp(-j\Delta\psi)) \tag{6-19}$$

라이시안 채널은 직접파와 반사파의 신호 크기 비율에 수신 신호의 특성이 다르게 된다. 이러한 라이시안 채널은 두 개의 랜덤 변수 X, Y가 서로 독립적이고 평균값이 u_X, u_Y이 "0"이 아니고 표준편차가 σ_X^2, σ_Y^2라고 가정하면 수신 신호는 라이시안 확률분포를 가지는데 수식은 다음과 같다.

$$f(r) = \frac{r}{2\pi\sigma^2} exp\left(-\frac{r^2+\mu^2}{2\sigma^2}\right) I_o\left(\frac{\mathrm{u}}{\sigma^2}\right),\ r \geq 0 \tag{6-20}$$

여기서, $\mu = \sqrt{\mu_X^2 + \mu_Y^2}$

$$I_o(x) = \frac{1}{\pi}\int_0^{\pi} e^{x\cos\psi} d\psi,\ -\infty \leq \psi \leq \infty$$

그림 6-25는 표준 편차의 값이 0.5, 1, 2인 경우의 라이시안 채널의 확률 밀도 함수를 보여 준다.

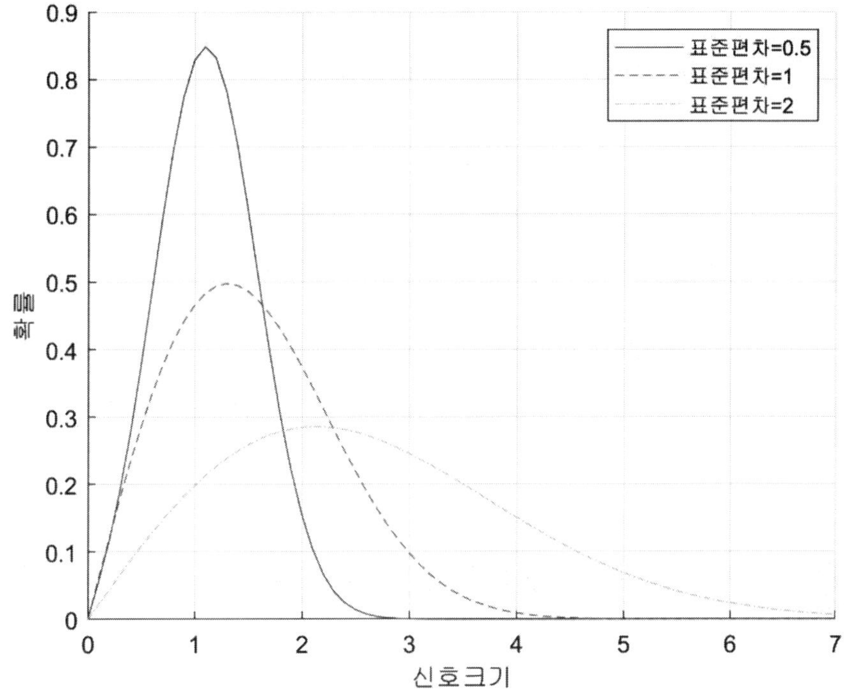

그림 6-25 라이시안 확률 밀도 함수

▪ 레이레이(Rayleigh) 채널 모델

수신되는 전파에 직접파가 없고 다수의 반사파만 존재할 때 다경로 레이레이 채널이라고 부른다. 송신기와 수신기간에서는 지형적인 구조나 전파 장애물이 있어서 직접파가 없고 반사파만 존재하는 경우가 발생할 수 있다. 또한, 송신기나 수신기가 이동함에 도플러 변화로 인하여 전파에 페이딩 현상이 발생한다. 다경로 무선 채널과 이동으로 인한 페이딩 채널을 다경로 레이레이 페이딩 채널이라고 부른다.

다경로 레이레이 페이딩 신호를 수식적으로 표현하면 다음과 같다.

$$r(t) = \sum_{i=1}^{N} a_i(f - f_{i,} t - \tau_i) \cos 2\pi((f_c - f_i)(t - \tau_i) + \psi + \psi_i) \tag{6-21}$$

수신 신호의 진폭 크기는 $a_i(f - f_i,\ t - \tau_i)$이며 N개의 경로에 대해서 주파수 변화와 시간 지연된 신호의 합으로 결정이 된다. 수신 신호의 $\cos 2\pi((f_c - f_i)(t - \tau_i)$

$+\psi+\psi_i)$ 성분은 N개의 경로에 대해서 주파수 변화와 시간 지연, 그리고 위상 변화를 가진 Cosine 신호의 합으로 표현이 된다.

다경로 페이딩 채널을 통해 수신된 신호의 크기 $a_i(f-f_i,\ t-\tau_i)$는 레이레이 확률 분포를 갖고 주파수는 도플러 스펙트럼을 갖고 위상의 변화는 균등한 분포를 가지면 다경로 레이레이 페이딩 채널이라고 부른다(그림 6.15~19 참고).

다경로 페이딩 채널에서는 직접파가 없으므로 안테나의 높이나 거리에 의한 변화보다는 반사파의 진폭, 시간 지연 및 위상 변화에 큰 영향을 받는다.

6.4 무선 채널의 시뮬레이션 모델

무선링크의 성능 분석은 수학적인 모델을 이용한 이론적인 성능 분석, 컴퓨터 시뮬레이션을 이용하는 성능 분석, 그리고 실제 시스템을 구현하고 시험 장치를 이용한 성능 분석 방법이 있다.

실제 시스템을 제작하여 시험을 하는 방법은 정확한 방법이기는 하지만, 시간과 예산이 많이 투입이 되어야 하므로 시스템 제작을 하기 전에 이론적인 방법이나 컴퓨터 시뮬레이션을 이용하여 무선 링크의 성능을 분석하고 평가하게 된다.

시스템 설계 단계에서 송신기와 채널 모델, 그리고 수신기 모델을 이론적으로 분석하고, 컴퓨터 프로그램이나 Matlab과 같은 시뮬레이션 프로그램으로 구현하여 시뮬레이션을 수행함으로써 시스템의 성능을 만족하는 송수신기 알고리즘을 설계하며, 이 과정에서 실제 전파 환경에 근접하는 채널 모델링을 하는 것이 필요하다.

따라서, 무선 채널 모델은 송수신기의 알고리즘을 설계하고 검증하는데 뿐만 아니라 시스템을 구현하고 실제 환경에서 시험할 때에도 필요하므로 무선 채널 모델은 매우 중요하다.

그림 6-26은 무선 링크 시뮬레이션 구성을 보여 준다. 송신 신호 생성에서는 랜덤

한 신호 패턴을 만들어 송신 모델에 입력이 된다. 송신 모델은 송신기의 기능을 모델링하는 것으로 변조 및 채널 코딩 기능을 수행한다. 무선 채널 모델링은 송신 신호의 진폭과 위상, 그리고 주파수에 변이가 발생하고 외부 잡음과 간섭을 모델링한다. 수신 모델은 무선 채널을 통해 받은 정보를 변조하고 채널 디코딩을 하여 원신호를 복원한다. 그리고 송신 신호와 복원된 신호를 비교하고 정보 비트 에러를 카운트함으로서 BER 또는 PER을 계산한다. 이러한 시뮬레이션을 통하여 설계된 시스템의 성능을 분석하고 시스템의 성능 목표을 만족하는지를 확인할 수 있다.

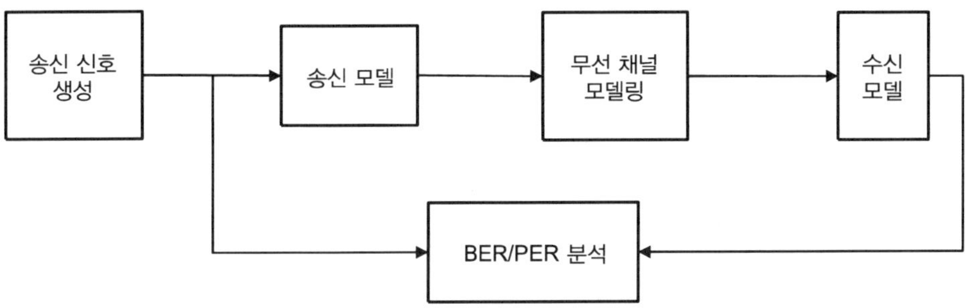

그림 6-26 무선링크 시뮬레이션 모델

다경로 페이딩 채널 이론적인 모델로는 Jakes 모델과 TDL 모델을 사용한다. Jakes 모델은 다수의 Sine 성분의 신호와 Cosine 성분의 신호를 생성하고 도플러 주파수 성분을 고려하는 채널 모델 방식이다. TDL(Tapped Delay Line) 채널 모델은 디지털 필터 설계에서 사용하는 개념으로 다수의 지연이 있고 지연마다 도플러 스펙트럼을 곱하여 채널 모델링하는 방식이다.

TDL 채널 모델은 전파 채널은 각각의 경로가 페이딩 채널을 가지며 다수의 페이딩 채널이 더해져서 다경로 페이딩 채널이 된다는 개념이다. 이러한 TDL 구조는 그림 6-27과 같이 TDL 필터 구조를 가지며 각각의 경로에는 페이딩 채널이 곱해지며 전체 경로의 합이 1이 되도록 경로의 가중치가 곱해진다.

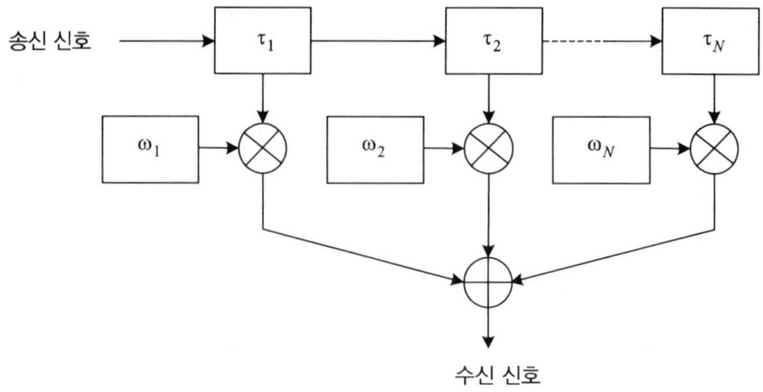

그림 6-27 TDL(Tapped Delay Line) 채널 모델

5.9 GHz 주파수 대역에서 IEEE 802.11p 표준을 사용하는 V2X 통신은 차량간 통신과 차량과 인프라간 통신을 지원하는데 무선 채널의 특성은 운용 환경과 통신 방식에 차이가 있는 것으로 알려졌다.

차량이 도심지 환경, 도심 외곽 환경, 그리고 고속도로 환경에 따라 채널 특성이 다르며 도심이 환경일수록 다경로 페이딩 채널이고 고속도로 환경에서는 라이시안 채널 특성을 갖는다. 그리고 차량과 인프라간 통신에 있어서 고정된 기지국과 움직이는 차량간 통신에 비해서 차량간 통신은 무선 채널이 좋지 않은 것이다.

예를 들어, 호주의 Cohda Wireless사에서 사용하는 채널 모델은 5.8-5.9GHz 주파수 밴드에서 동작하는 WAVE 방식 V2V 통신은 차량의 주행 환경과 장소에 따라서 5가지 시나리오(Rural LOS, Urban Approaching LOS, Crossing NLOS, Highway LOS, Highway NLOS)로 분류한 뒤 차량 간 상대속도에 따라 delay profile과 Doppler shift 값을 제시하고 있다.

Delay profile의 경우 다중경로 채널을 모델링하기 위하여 널리 사용되는 방식인 TDL(tapped delay line) 모델을 이용하여 표현되어 있으며 시나리오별로 tap의 개수, 시간 영역에서 각 tap의 위치 그리고 각 tap에서의 평균 전력이 모두 다르게 정의된다.

Doppler spread의 경우 비대칭적 Doppler 스펙트럼을 고려한다. 일반적으로

WAVE V2V 통신에서 측정된 도플러 스펙트럼은 기존 U-모양의 도플러 PSD와 달리 비대칭이며 하나의 도플러 spectrum으로 표현되지 않는다. 따라서 각 tap 별로 half-bath tub 모양의 Doppler 스펙트럼으로 정의되었다. 표 6-4는 한 예를 보여준다.

표 6-4 도심지에서 차량 간 통신 채널 모델

항목	Tap1	Tap2	Tap3	Tap4	단위
전력	0	−8	−10	−15	dB
시간 지연	0	117	183	333	ns
도플러 주파수	0	236	−157	492	Hz
프로파일	Static	Half−BT	Half−BT	Half−BT	

6.5 무선링크 버짓

통신시스템을 개발함에 있어서 시스템의 품질을 분석하고 평가하는 방법으로 링크 버짓을 사용한다. 링크 버짓은 통신시스템을 전력 측면에서 이득과 손실의 합을 전체적으로 계산하여 목표로 하는 서비스 품질을 제공하기 위해 자원을 할당하는데 활용할 수 있고 또 통신시스템이 허용할 수 있는 잡음의 수준을 평가하는데 활용할 수 있다.

링크 버짓을 계산하기 위해서는 시스템의 전력 이득과 손실에 미치는 시스템 파라미터와 서비스 품질을 결정하는 파라미터를 정의하는 것이 필요하다. 따라서, V2X 통신 시스템은 송신기와 수신기, 그리고 송수신기간의 전파 채널로 구분하며 송신기의 전력에 영향을 주는 파라미터와 전파 채널에서의 전파 손실 파라미터, 그리고 수신기에서의 전력에 영향을 주는 파라미터를 정의한다. 또한, 서비스 품질을 만족하기 위해 수신기에서의 SNR 값이 시스템 파라미터와 어떻게 관련이 되는지를 설명하고 아울러 추가 손실에 대한 여유 이득(Margin)이 있는지를 설명한다.

무선링크 버짓은 전력 관점에서 송수신기에서의 이득과 손실을 계산하여 전체적인 이득을 계산한다. 그림 6-28에서 나타낸 바와 같이 송신기의 전력 이득과 손실, 전파 채널 손실, 그리고 수신기의 전력 이득과 손실로 구분하여 설명한다.

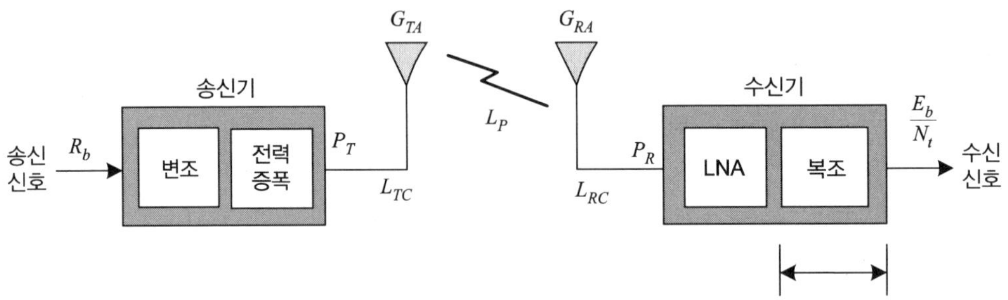

그림 6-28 통신시스템의 링크 버짓 파라미터

■ 송신 출력 파라미터

송신기는 송신 신호를 수신하여 변조 과정과 전파 신호 변환 과정을 통해 안테나를 송출한다. 이 송신기의 전력 이득에 영향을 주는 파라미터는 송신기의 전력 증폭기 출력 G_{TP}와 송신기의 안테나 이득 G_{TA}이다. 그리고 전력 손실에 영향을 주는 파라미터는 송신기 전력 증폭기 출력과 안테나간 안테나 케이블로 인한 손실 L_{TC}이 있다.

송신기의 송신 출력은 다음과 같이 계산할 수 있다.

$$P_T = P_{TP} - L_{TC} + G_{TA} \tag{6-22}$$

■ 전파 경로 손실

송수신기간의 전파 채널로 인한 손실은 6-2절 수식 6-8과 수식 6-9에서 설명한 바와 같이 자유공간에서의 손실과 페이딩으로 인한 감쇄 손실의 합으로 계산한다.

■ 링크 버짓 계산

전파 신호가 수신 안테나에 입력이 되면 수신 안테나 이득과 케이블 손실이 발생하고 LNA에 입력된다, 이때 수신기의 감도는 수신 신호 레벨과 비교하여 링크 버짓을 계산할 수 있으며 수신기의 신호 레벨과 링크 마진 L_M은 다음과 같이 계산한다.

$$P_R = P_T - L_P + G_{RA} + L_{RC} \tag{6-23}$$

$$L_M = P_R - P_{RS} \tag{6-24}$$

여기서, P_R은 전파의 수신신호 레벨, L_P는 전파 경로에 따른 손실, G_{RA}는 수신 안테나 이득, L_{RC}는 RF 케이블 손실, P_{RS} 서비스 품질을 만족하는 수신 감도를 의미한다.

수신기에서는 송신 출력이 전파 손실이 더하여 져서 수신 안테나에 입력이 되면 수신 안테나 이득과 케이블 손실이 있고 LNA에 입력된다, 이때 수신 신호 레벨과 수신 감도를 비교하여 수신기의 링크 마진을 계산할 수 있다.

■ WAVE 통신 링크 버짓 계산(예)

WAVE 통신 규격을 적용하여 도심 환경에서 300 m까지 통신 서비스를 제공하는 경우의 링크 마진을 계산해보자. WAVE 통신에서의 링크 마진은 표 6-5와 같이 계산할 수 있다.

송신 안테나를 통해 방사되는 RF 출력은 24 dBm이 된다. 전파 통달 거리가 300 m 경우 경로 손실이 110 dB이고 페이딩 손실을 고려하지 않은 값이 된다. 최종 수신 신호 레벨이 −82 dBm이고 수신 감도가 −85 dBm이므로 링크 마진은 3 dB가 된다. 실제 페이딩 손실도 발생할 수 있으므로 도심지 환경에서 300 m 통신을 하면 링크 버짓이 적다는 것을 알 수 있다.

┃표 6-5┃ WAVE 통신 시스템 링크 버짓 계산

시스템 파라미터	값
반송파 중심 주파수	5.85 GHz
채널 대역폭	8.3 MHz
데이터 속도	3 Mbps
송신 디바이스 출력 P_T	20 dBm
G_{TA}	6 dBi
G_{LC}	2 dBi
RF 송신 출력 P_T	24 dBm
전파 경로 손실	110 dB
G_{RA}	6 dBi
G_{RC}	2 dBi
수신 신호 레벨 P_R	–82 dBm
수신감도 P_{RS}	–85 dBm
L_M	3 dB

요약

- 송신기 안테나에서 무선 채널을 통하여 수신기 안테나까지 전달되는 전파 신호는 직진파, 반사파, 그리고 회절파 형태를 갖는다.

- 수신기의 신호의 품질을 평가하는 기준은 원하는 신호 S와 간섭과 잡음 성분 *I*, *N*의 상대적인 비율인 SINR(Signal Interference Noise Ratio)로 정의한다. *I* 신호는 동일 채널과 이웃한 채널에 의한 간섭을 의미하고 *N* 신호는 열잡음 또는 가우시안 잡음이다.

- 무선 채널은 광밤위한 관점과 국부적인 관점이 있다. 광범위한 관점은 거리에 따른 전파 감쇄를 측정하거나 추정하여 링크 버짓을 분석하는 것이고, 국부적인 관점은 신호를 전송하고 에러없이 복원하는 신호처리 관점에서 이해하는 것이다.

- 전파의 감쇄는 지형적인 구조(도심, 교외, 개활지), 이동성, 안테나 위치 등에 영향을 받으며 Okumura Hata 전파 감쇄 모델이 널리 사용된다.

- 미시적인 관점에서 무선 채널은 열잡음이 존재하는 가우시안 채널, 직접파가 존재하는 라이시안 채널, 직접파가 존재하지 않고 이동성이 있는 다경로 페이딩 채널이 있다.

- 무선 통신 링크 시뮬레이션에서 사용하는 전파 채널 모델은 TDL(Tapped Delay Line) 모델을 사용한다.

- 무선 링크 버짓은 송신기에서 무선 채널을 통한 수신기까지 전제적인 신호 이득과 손실을 계산하여 시스템의 성능과 링크 마진을 분석하는데 필요하다.

참고문헌

[1] Salous, Sana. Radio propagation measurement and channel modelling. John Wiley & Sons, 2013.

[2] Acosta-Marum, Guillermo, and M. Ingram. "Doubly selective vehicle-to-vehicle channel measurements and modeling at 5.9 GHz." Proc. Int. Symp. Wireless Personal Multimedia Commun. 2006.

[3] Wang, Cheng-Xiang, Xiang Cheng, and David I. Laurenson. "Vehicle-to-vehicle channel modeling and measurements: recent advances and future challenges." IEEE Communications Magazine 47.11 (2009): 96-103.

[4] Kunisch, Jurgen, and Jorg Pamp. "Wideband car-to-car radio channel measurements and model at 5.9 GHz." 2008 IEEE 68th Vehicular Technology Conference. IEEE, 2008.

[5] Cheng, Lin, et al. "A measurement study of time-scaled 802.11 a waveforms over the mobile-to-mobile vehicular channel at 5.9 GHz." IEEE Communications Magazine 46.5 (2008): 84-91.

제 7 장

시스템 성능분석

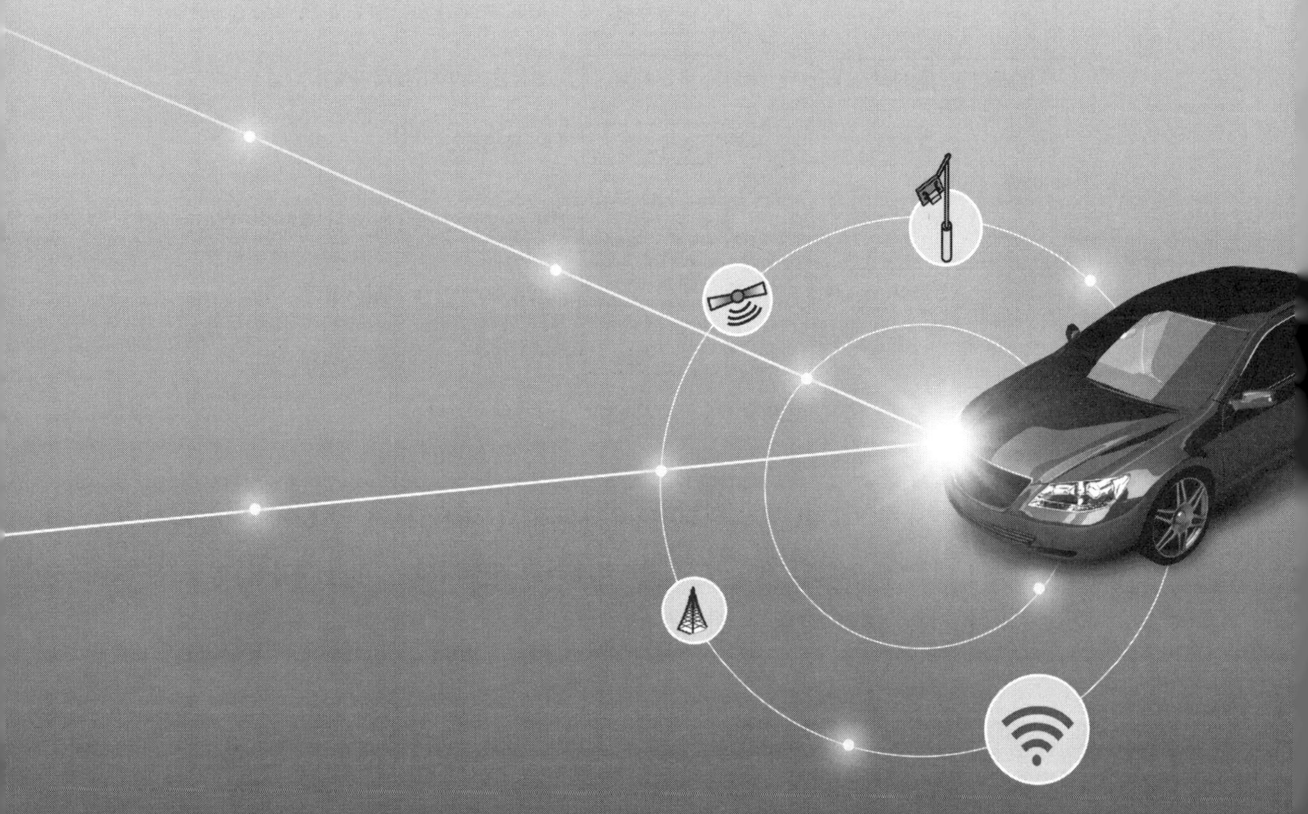

무선통신시스템 개발은 사용자 요구사항 정의, 시스템 구조 설계, 그리고 시스템 구현과 검증하는 일련의 과정을 통해 이루어진다. 무선통신시스템의 성능을 분석하고 검증하는 것은 사용자 요구사항과 시스템의 목표를 만족하는지 확인하는 것으로 시스템 개발에 있어서 필수적인 과정이다. 시스템의 성능을 분석하는 방법은 그림 7-1과 같이 이론적인 성능 분석과 컴퓨터를 이용한 시뮬레이션 방법. 그리고 계측기를 이용한 성능 분석이 있다. 이론적인 성능 분석은 송수신기와 무선 채널을 모델링하고 수학적으로 성능 분석하는 것이다. 컴퓨터 시뮬레이션은 시스템의 기능과 동작 모델을 프로그램으로 구현하는 방식이다. 계측기 성능 분석은 송신의 전파 규격, 수신 감도 등을 계측기를 사용하여 시험하고 성능을 평가하는 것이다.

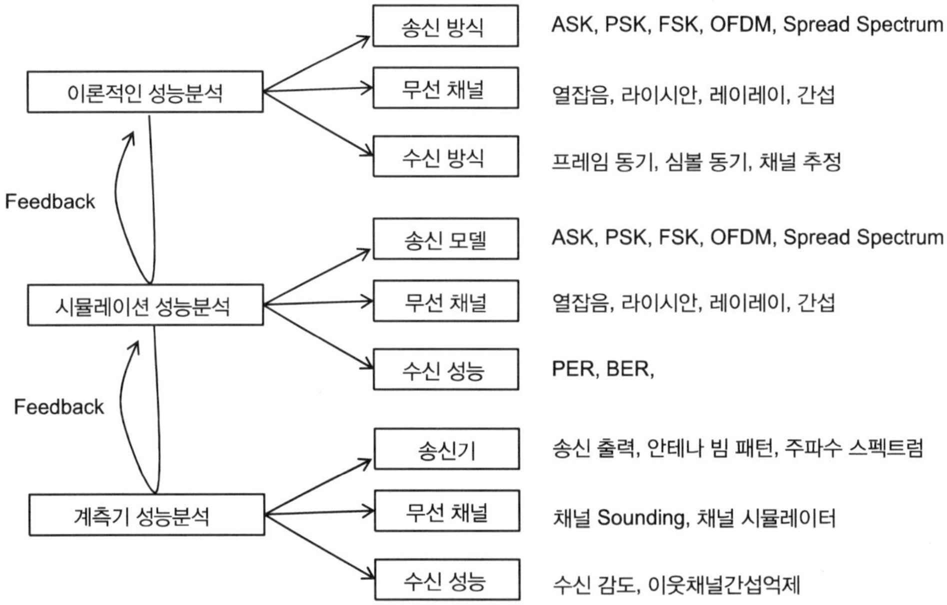

그림 7-1 시스템의 성능 분석 방법

이 장에서는 수신기 기능을 중심으로 프레임 동기와 비트 동기, PLL 원리, 그리고 복조 기능에 대한 이론적인 성능 분석을 소개하고 8장에서는 시뮬레이션 성능 분석과 계측기 성능 분석 방법을 설명한다.

7.1 시스템 수신 기능 모델

수신기에 입력되는 데이터는 헤더 정보와 순수 데이터인 Payload로 구성된 패킷 데이터 형태를 갖는다. 이러한 패킷 데이터는 연속적으로 수신되지 않고 패킷 데이터간에 시간 간격이 존재한다. 헤더 정보는 전파 신호가 안테나에 입력되어 아날로그 기저대역 신호로 변환이 될 때 일정한 신호레벨을 유지하는 AGC(Automatic Gain Control) 기능과 반송파 주파수와 에러를 최소화하는 주파수 동기, 패킷 프레임의 시작점을 검출하는 프레임 동기를 위한 일정한 패턴의 기준신호를 포함하고 있다. 헤더 정보 구간에 패킷을 안정적으로 수신하는 AGC, 주파수 및 프레임 동기를 맞추어 Payload 정보를 수신할 수 있게 된다. Payload 구간에는 심볼의 타이밍을 맞추는 심볼 동기와 복조를 통하여 송신 데이터를 복원하게 된다. 그림 7-2는 패킷 수신 과정을 보여 준다.

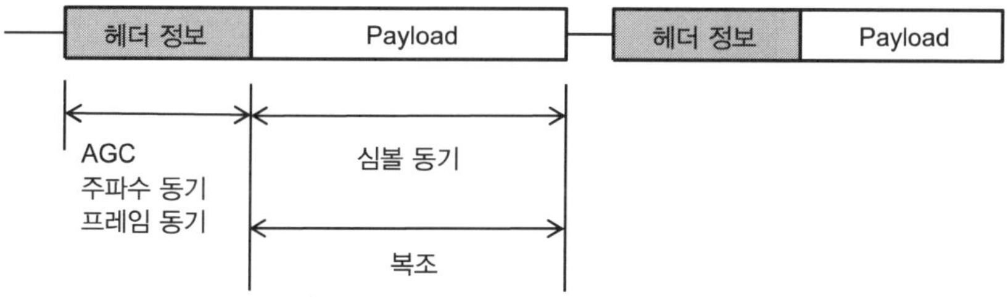

그림 7-2 패킷 수신 과정

■ 프레임 동기

프레임 동기는 패킷의 시작을 알아내는 과정으로 송수신기간에 미리 약속한 일정한 길이의 디지털 코드을 이용한다. 이 디지털 코드는 자신과의 상관관계는 크고 패킷 Payload에 있는 디지털 비트와의 상관 관계가 적어야 하며 가능한 랜덤한 디지털 특성을 갖어야 한다. 프레임 동기 또는 스크램블링에서는 랜덤한 비트 수열을 얻기 위해 PN(Pseudo Noise)를 사용한다.

■ PN 코드

PN 코드는 쉬프트 레지스터에 클럭을 가하여 쉬프트 레지스터에 상태 천이가 발생하게 하여 랜덤한 특징을 갖는 비트 수열을 얻을 수 있다. 그림7-3은 5단의 쉬프트 레지스터를 이용하여 31비트의 주기를 갖는 PN 코드의 예를 보여 준다. 쉬프트 레스터의 값이 “0”이 아니면 출력 비트는 비트 길이가 31이고 비트의 패턴과 수학적인 생성식은 다음과 같다.

출력 수열: 0000101011101100011111001101001

생성 다항식: $1+x^2+x^5$

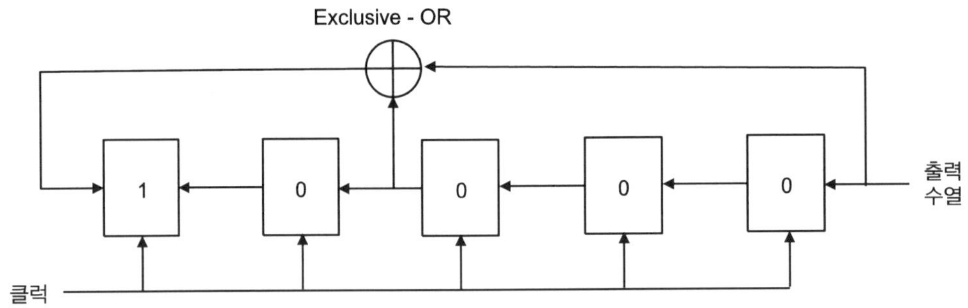

그림 7-3 5단으로 구성된 PN 코드용 쉬프트 레지스터

이 PN 코드에서 생성된 비트 수열은 다음과 같은 성질을 갖는다.

- “0” 또는 “1”이 나올 확률은 1/2이다.
- “00” 또는 “11”이 나올 확률은 1/4이다.
- “000” 또는 “111”이 나올 확률은 1/8이다.
- “0000” 또는 “1111”이 나올 확률은 1/16이다.
- “1”의 개수가 “0”의 개수보다 1개가 더 많다.
- 자기 상관값은 1 또는 −1/N이 된다.

자기 상관(Autocorrelation)은 PN 코드와 쉬프트된 PN 코드와의 상관 관계를 의미하며 수식적으로 다음과 같이 표현된다.

$$\Phi(i) = \frac{1}{N}\sum_{i=0}^{N-1} c(i)c(i+N) \tag{7-1}$$

실제로 동기 패턴에 사용할 때는 31 비트 길이를 갖는 코드에 "0"을 추가하여 32 비트를 만들어 "1"의 개수가 16이고 "0"의 개수가 16개가 되도록 한다. 이러한 코드를 사용하여 위상 오프셋이 "0"에서 자기상관값이 "1"이 되고 위상 오프셋이 다른 곳에서는 자기상관값이 "0"이 되어 프레임 동기 패턴에 적합한 코드를 만들 수 있다. 그림 7-4는 PN 코드의 자기 상관 특성을 보여 준다.

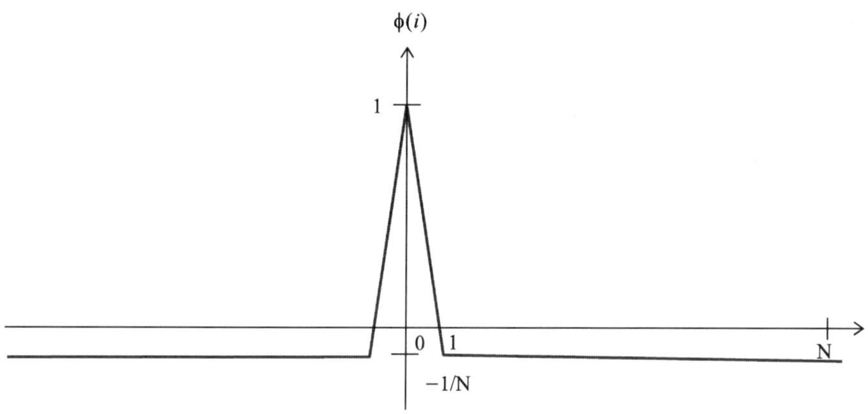

그림 7-4 PN 코드 자기상관 특성

프레임 동기 패턴이나 대역확산 통신시스템에서 사용자를 구분하기 위한 코드는 정규화된 자기 상관(Normalized Autocorrelation)값이 "1"이고 다른 코드와의 상호 상관(Crosscorrelation)값이 "0"이 되어야 한다. 이러한 요구사항을 만족하는 코드에는 골드 코드, Kasami 코드 등이 있다.

■ Correlator 설계

프레이밍의 시작점을 알아내는 프레임 동기는 수신 단에 저장된 동기 패턴과 수신 신호간의 상관값을 계산하고 상관값이 임의의 임계치 값보다 크면 프레임의 시작이라고 판단하는 논리회로에 의해 구현이 된다.

DSRC 패킷 통신에서 동기 패턴은 "00011011 10101000 01001011 00111110"이고 총 길이는 32비트가 된다. 그림 7-5와 같이 수신 신호의 비트가 레지스터에 입력이 되며 표 7-1과 같이 수신 비트와 동기 패턴의 비트가 동일하면 "1"이고 다르면 "0"을 출력한다.

그림 7-5는 수신 신호 비트와 수신기에 저장된 동기 패턴과의 상관값을 계산하여 동기 검출을 하는 논리회로를 보여 준다. 수신 비트와 동기 패턴의 비트가 모두 일치할 때 Adder 출력은 32가 된다. 그리고 Adder 출력이 설정한 임계값보다 크면 동기가 검출되었다고 판단하고 임계값보다 적으면 동기 검출이 되지 않았다고 판단한다.

| 표 7-1 | 입력 비트에 따른 상관기의 결과

수신 비트	동기 패턴의 비트	상관기의 결과
0	0	1
0	1	0
1	0	0
1	1	1

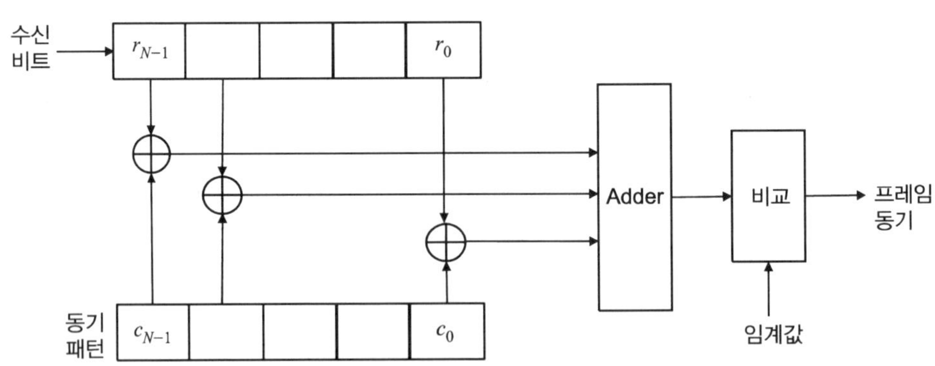

그림 7-5 동기 검출 논리회로

■ 동기 검출의 이론적인 성능 분석

수신된 전파 신호에 반송파를 곱하고 대역 필터를 거치고 기저대역 디지털 신호를 얻게 되는데 이 디지털 비트 정보는 위상 에러와 시간 에러가 존재하며 다음과 같이 표현이 된다.

$$r(t) = a(t) \cdot \cos(2\pi\phi_e) \tag{7-2}$$

기저대역 아날로그 신호가 AD를 거쳐 디지털 샘플이 되고 열잡음이 추가된 신호는 다음과 같다.

$$r_i = a_i \cdot \cos(2\pi\phi_i) + n_i \tag{7-3}$$

이 수신 신호와 수신기 내부의 동기 패턴 c_i와 Correlation을 취하면

$$\Phi(i) = \frac{1}{N}\sum_{i=0}^{N-1}(a_i c_i \cos 2\pi\phi_e + c_i n_i) \tag{7-3}$$

여기서, 이론적인 성능 분석을 하기 위해서 몇 가지 가정을 할 수 있다.

첫째 가정은 신호 성분은 위상 에러 ϕ_e가 "0"이 되는 것이다. 신호에 포함된 위상을 추정하는 과정은 일반적으로 PLL(Phase Looped Lock) 원리를 적용하여 주파수와 위상, 시간을 추정하는 것이다. 이 PLL 원리는 시간 동기에서 설명하기로 한다.

두번째 가정은 신호의 잡음 성분은 가우시안 확률을 갖는다고 가정한다. 잡음에 c_i 비트가 곱해져도 결과는 가우시안 확률 분포를 갖는 잡음이 되며 잡음의 평균이 "0"이고 분산값이 "1"인 정규화된 가우시안 분포를 갖는 것이다.

이러한 가정을 하면 상관 함수 $\Phi(i)$도 동일한 가우시안 분포를 갖으며 신호의 평균값이 "0"이고 분산값 σ_n^2이 "1"이 된다. 동기 검출기에서 임계값이 γ라고 설정하면, 상관함수 $\Phi(i)$ 값이 γ 보다 큰 확률은 동기를 정상적으로 검출할 확률을 의미하고 γ 보다 작은 경우는 동기 패턴을 검출하는 에러를 의미하여 False Alarm이

라고 한다. 동기 패턴을 검출하는 회로에서 임계값의 설정에 따라 동기 검출하는 확률과 오율이 결정되며 그림 7-6은 동기 검출 확률과 Flase Alarm의 개념을 보여 준다.

동기 검출은 상관기의 출력이 "1"이고 가우시안 분포의 평균값이 "1"이면 "1"로 판단하는 경우이므로 임계값 γ 이상인 경우의 확률을 의미하며 수식 7-4와 같이 표현된다. Fasle Alarm은 상관기의 출력이 "0"이고 가우시안 분포의 평균값이 "0"이면 "1"로 판단하는 경우이므로 임계값 γ 이하인 경우의 확률을 의미하며 수식7-5와 같이 표현된다.

$$P_D = \int_{\gamma}^{+\infty} p_{\phi(i)d\phi(i)} \tag{7-4}$$

$$P_{FA} = \int_{-\infty}^{\gamma} p_{\phi(i)d\phi(i)} = 1 - P_D \tag{7-5}$$

프레임 동기의 검출 확률은 임계값이 γ이 적으면 동기 검출의 확률은 증가하게 되며 동시에 Flase Alarm 값도 증가하게 되므로 동기 검출 확률과 False Alarm 확률을 모두 고려하여 최적의 임계값을 설정하는 것이 필요하다. 또한 동기 패턴의

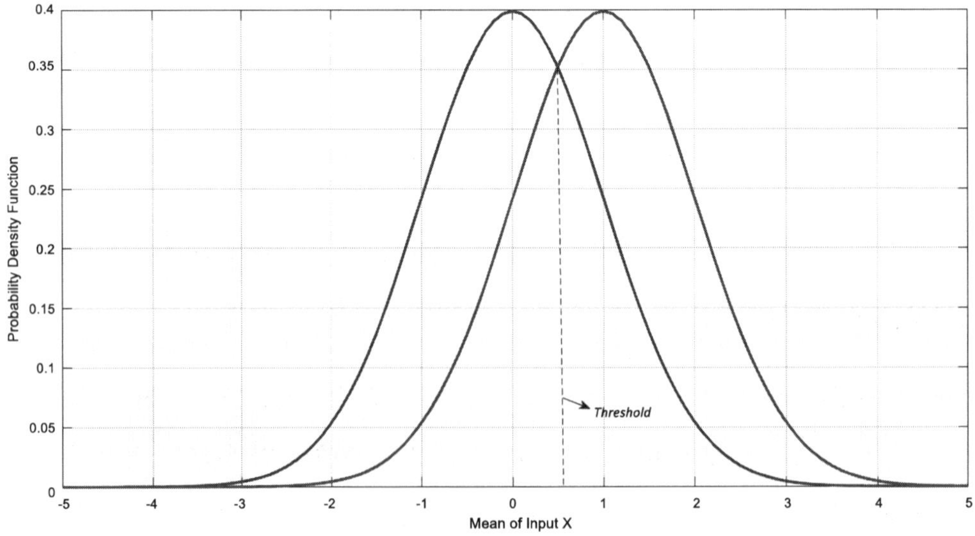

그림 7-6 동기 검출 성공 확률과 False Alarm

길이는 상관함수의 에너지 평균값에 영향을 준다. 예를 들어, 동기 패턴의 길이가 32라는 것은 비트 에너지를 32배로 증가시키는 것으로 수신 신호가 15 dB 증가하고 SNR이 개선되는 효과를 가져오는 것이다. 동기 검출의 성능을 개선하기 위해서는 동기 패턴의 길이를 늘이는 방법도 고려할 수 있다.

Correlation 계산 결과는 위상 성분이 존재하므로 초기에 위상 에러를 보상하기 어려운 경우에는 Correlation 제곱하여 에너지 성분을 구할 수 있는데 이러한 방식을 비동기(Noncohent) 방식이라고 부른다. 이러한 상관값은 에너지 값의 합으로 표현되는 랜덤 변수이며 카이제곱(χ^2) 확율 분포를 갖게 된다.

■ OFDM 방식에서의 프레임 동기

OFDM 변조를 사용하는 패킷 통신에서의 프레임 동기는 Correlation 방식을 사용한다. IEEE 802.11p에서는 초기 동기를 위하여 짧은 기준신호(Short Training Sequence)와 채널 추정을 위하여 긴 기준신호(Long Traning Sequence)를 보낸다. 짧은 기준신호는 다음과 같이 주어지며 신호 형태는 그림 7-7과 같다.

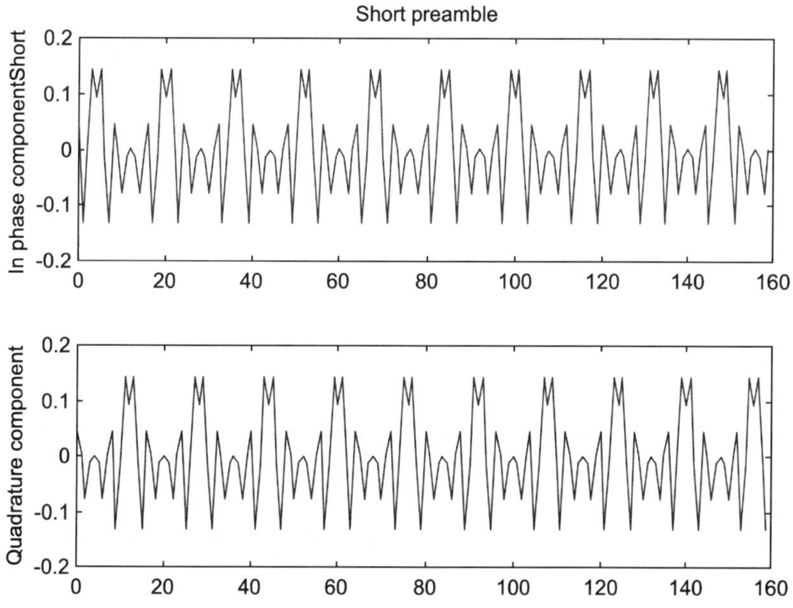

그림 7-7 짧은 기준신호의 파형

$$S_{-26,26} = \sqrt{(13/6)} \times (0,0,1+j,0,0,0,-1-j,0,0,0,1+j,0,0,0,-1-j,0,0,0,-1-j,0,0,0,1+j,0,0,0,0$$
$$0,0,0,-1-j,0,0,0,-1-j,0,0,0,1+j,0,0,0,1+j,0,0,0,1+j,0,0,0,1+j,0,0)$$

위상 추정을 위한 기준신호는 다음과 같이 주어지며 신호 형태는 그림 7-8과 같다.

$$L_{-26,26} = (1,1,-1,-1,1,1,-1,1,-1,1,1,1,1,1,1,-1,-1,1,1,-1,1,-1,1,1,1,1,0$$
$$1,-1,-1,1,1-1,1,-1,1,-1,-1,-1,-1,-1,1,1,-1,-1,1,-1,1,-1,1,1,1,1)$$

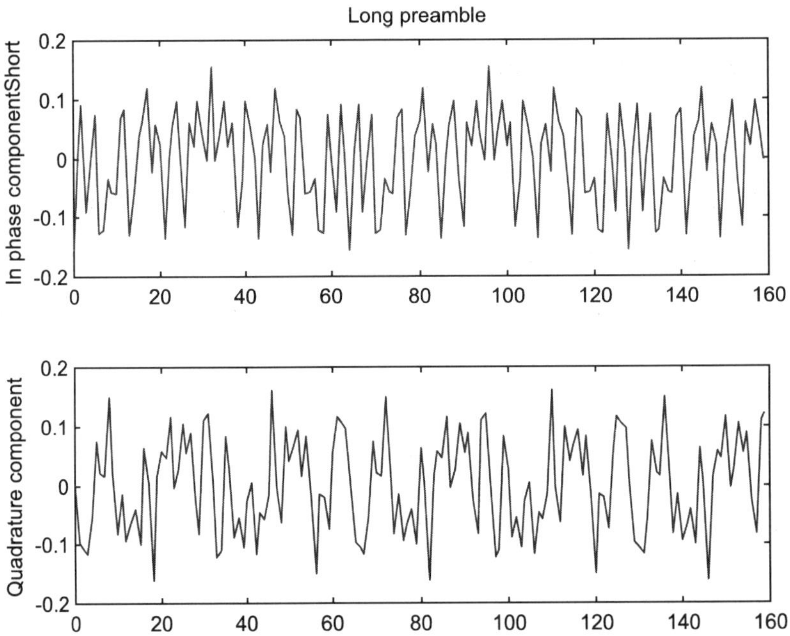

그림 7-8 긴 기준신호의 파형

짧은 기준신호는 이용하며 수신 신호의 유무를 판단하는 기능으로 수신 신호의 자기상관값을 계산하여 신호 검출을 할 수 있다. 짧은 기준신호는 16 샘플마다 반복되는 점을 이용하여 지연방식의 상관기를 이용하여 패킷의 출현 여부를 감지한다. 지연방식의 상관은 아래의 식7-6과 같이 짧은 기준 하나의 구간(16 샘플은 1.6 us, 1sample time = 100 nsec)만큼 지연시킨 샘플과 상관값을 수행한다.

$$d(i) = \sum_{i=0}^{L-1} \sum_{n=0}^{N-1} r(n+i) r \times (n+i+N) \tag{7-6}$$

여기에서, $r(n)$은 수신 신호, N은 짧은 훈련 심볼의 샘플 수, 그리고 L은 짧은 기준 심볼의 수, 즉 10을 나타낸다. 패킷의 검출은 상관 값의 결과값이 임계값보다 크게 되면 패킷이 수신되었다고 결정하는 것이다. 그리고 계산된 상관값은 수신레벨에 따라 변할 수 있어서 정규화하고 임계값과 비교하여 패킷 검출의 유무를 판단한다.

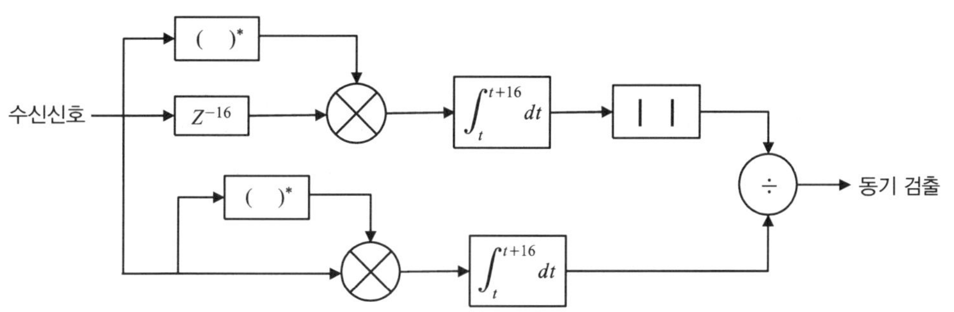

그림 7-9 지연 상관 방식의 패킷 검출 회로

그림 7-9는 지연 상관 방식의 패킷 검출을 보여 주고 그림 7-10은 SNR이 약 20 dB에 주파수 오프셋이 약 100 KHz 정도의 신호를 수신 입력으로 할 경우의 패킷 신호의 출력을 나타내었다.

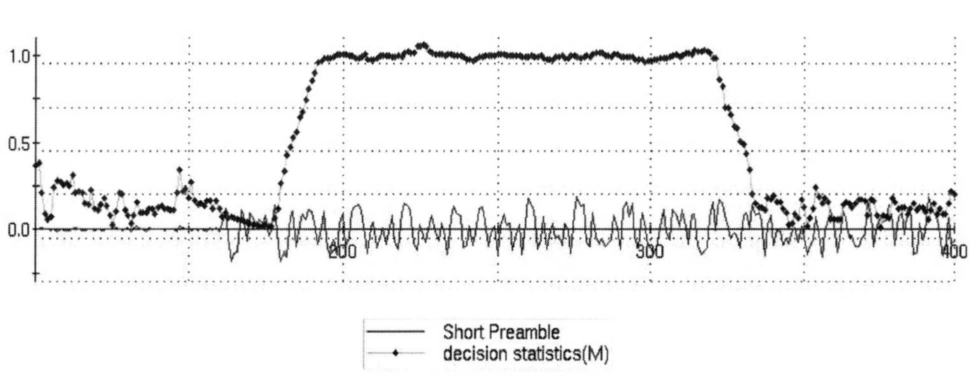

그림 7-10 지연 상관 방식의 패킷 검출

긴 기준 신호의 경우는 ASK에서 적용한 코드 패턴과의 상관값을 계산하는 방식으로 기준 신호를 검출하여 위상과 심볼 시간 동기를 맞출 수 있다. 그림 7-11은 긴 기준신호에 대한 상관값을 계산하여 신호 검출의 결과를 보여준다.

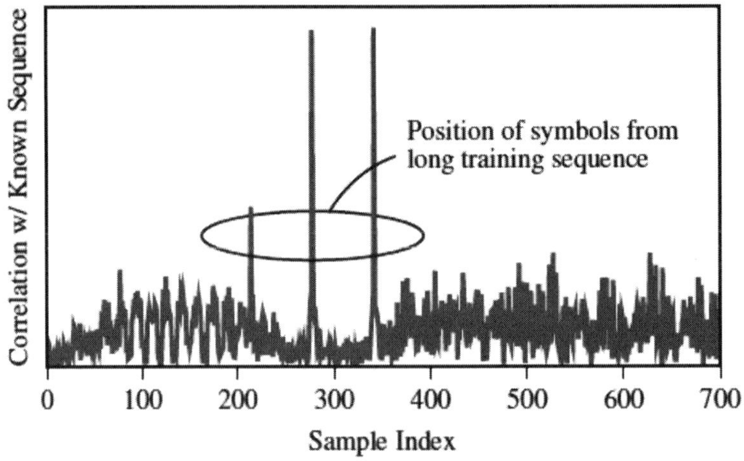

그림 7-11 긴 기준신호의 상관 방식의 신호 검출

IEEE 802.11p를 사용하는 신호의 프레임 동기에 대한 이론적인 해석도 확률적인 분석을 통해 동기 검출의 성능과 False Alarm을 성능 분석이 가능하다. 일반적으로 열잡음에 의한 성능 분석을 기본적으로 하며 실제 무선 채널을 고려하여 라이시안 채널이나 레이레이 페이딩 채널에서의 성능 분석도 필요하다. 라이시안이나 레이레이 페이딩 채널의 경우는 열잡음을 기준으로 성능 열화가 추가 발생하는 것으로 해석할 수 있다.

▪ PLL 이론적인 모델

수신 반송파의 주파수의 에러를 추정하고 추정하는 반송파 동기, 수신 신호의 심볼 타이밍을 추정하고 추적하는 심볼 동기에는 PLL(Phase Locked Loop) 기술이 사용된다. 이 PLL 기술은 기존의 아날로그 PLL 방식과 디지털 PLL 방식이 있는데 구현 방식과 회로 소자에 따른 특성이 다르지만 기본적인 원리는 동일하다.

PLL은 그림 7-12과 같이 위상 검출기와 루프 필터, VCO(Voltage Controlled Oscillator)로 구성이 되며 수식적인 모델은 다음과 같다.

수신 신호 $r(t)$가 임의의 신호 크기 A, 반송파 주파수 f_o, 반송파 위상값이 $\phi(t)$, 가우시안 잡음이 $n(t)$로 주어지고 추정 신호 $r(\hat{t})$를 다음과 같이 가정하면

$$r(t) = A \cdot \cos(2\pi f_o t + \phi(t)) + n(t) \tag{7-7}$$

$$r(\hat{t}) = \sin(2\pi f_o t + \phi(\hat{t})) + n(t) \tag{7-8}$$

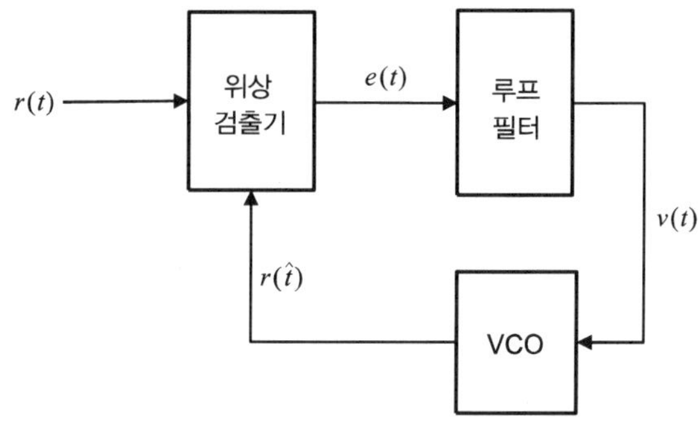

그림 7-12 PLL 구성

위상 검출기는 두 입력의 위상값의 차이로 계산하여 위상 에러를 출력하는 기능으로 두 신호를 곱하여 위상 에러를 검출하고 위상 검출기의 이득을 K_m이라고 가정하면 출력은 다음과 같다. 위상 검출기 출력신호 $e(t)$는 입력 신호간의 위상 에러 성분과 반송파 주파수의 2배 높은 신호 성분, 그리고 잡음 성분으로 나타난다.

$$e(t) = r(t) \cdot r(\hat{t}) = \frac{AK_m}{2}\left[\sin(\phi(t) - \phi(\hat{t}) + \sin(4\pi f_o t + \phi(t)\phi(\hat{t}))\right] +$$
$$n(t) \cdot K_m\left[A \cdot \cos(2\pi f_o t + \phi(t)) + \sin(2\pi f_o t + \phi(\hat{t})\right] \tag{7-9}$$

루프 필터는 위상 에러 신호 $e(t)$를 일정 구간 적분하여 위상 에러의 평균값을 구하는 기능으로 저주파 대역 필터 특성을 갖는다. 루프 필터의 전달함수가 $h(t)$라고 하면 루프 필터의 출력은 다음과 같이 표현될 수 있다.

$$v(t) = \int_{-\infty}^{+\infty} e(\tau)h(t-\tau)d\tau \tag{7-10}$$

루프 필터의 출력신호 $v(t)$는 수식(7-9)에서 표현된 위상 에러 신호 $e(t)$와 루프 필터 $h(t)$를 곱하고 적분하는 과정으로 두 신호의 상관값을 구하는 과정과 동일하다. 이 루프 필터를 통과하게 되면 위상 에러 신호 $e(t)$에 포함된 반송파 신호 성분은 제거되고 위상 성분과 잡음 성분만 남게 된다.

VCO는 루프 필터의 출력 $v(t)$ 값에 따라서 위상 추정값을 출력하므로 VCO는 다음과 같이 수식적으로 표현이 가능하다.

$$\phi(\hat{t}) = K_v \int_{o}^{t} v(t)dt \tag{7-11}$$

여기서, K_v는 VCO 이득 계수이며 Radian/V 단위를 갖는다. 수식(7-11) 우측 항에 수식 (7-9), (7-10)을 대입하고 수식을 간략화하여 시스템을 이해하기 위해 다음과 같이 가정을 한다.

- PLL 이득 계수는 다음과 같이 정의한다.

$$K = \frac{AK_m K_v}{2} \tag{7-12}$$

- 위상 에러 성분 $\phi_e(t)$은 $\sin(\phi(t) - \phi(\hat{t}))$로 주어지며 두 값의 차이가 $\frac{\pi}{6}$ 이내인 경우 $\phi(t) - \phi(\hat{t})$으로 근사화할 수 있다.

$$\phi_e(t) = \sin(\phi(t) - \phi(\hat{t})) \approx \phi(t) - \phi(\hat{t}) \tag{7-13}$$

- 잡음 신호 성분은 $n'(t)$로 정의하면 다음과 같다.

$$n'(t) = n(t) \cdot K_m [A \cdot \cos(2\pi f_o t + \phi(t)) + \sin(2\pi f_o t + \phi(\hat{t}))] \tag{7-14}$$

수식 (7-11)에서 정의된 위상 추정 함수 $\phi(\hat{t})$ 다음과 같이 주어진다.

$$\phi(\hat{t}) = K\int_0^t \int_{-\infty}^{+\infty} [\phi(t) - \phi(\hat{t}) + n'(t)]h(t-\tau)du \tag{7-15}$$

양변을 미분하고 라플라스 변환을 취하면 위상 추정 함수 $\phi(\hat{s})$에 대하여 전개하면 다음과 같이 표현된다.

$$\frac{\phi(\hat{t})}{dt} = K\int_0^t [(\phi(t) - \phi(\hat{t})) + n'(t)]h(t-\tau)d\tau \tag{7-16}$$

$$s\phi(\hat{s}) = K\phi(s)F(s) - K\phi(\hat{s})F(s) + KF(s)N(s) \tag{7-17}$$

$$\phi(\hat{s}) = \frac{KF(s)}{s + KF(s)}[\phi(s) + N(s)] \tag{7-18}$$

수식 (7-18) 식에서 위상 추정 함수 $\phi(\hat{s})$는 입력되는 위상 함수 $\phi(s)$와 잡음 함수 $N(s)$, 그리고 수식 (7-19)에서 정의한 전달함수 $H(s)$에 의해 영향을 받음을 알 수 있다. 그리고 $H(s)$는 루프 필터 $F(s)$와 PLL 계수 K에 의해 특성이 결정된다. 루프 필터의 주파수 대역폭과 잡음의 크기는 PLL 성능에 영향을 미치게 된다.

$$H(s) = \frac{KF(s)}{s + KF(s)} \tag{7-19}$$

예를 들어, RC 회로로 구성된 루프 필터를 적용하는 경우 루프 필터의 대역폭에 따라서 시간 응답이 변화하게 된다. 루프 필터 대역폭이 증가하면 시간 응답이 빠르고 루프 필터 대역폭이 줄어들면 시간 응답성이 느려지는 특성을 갖게 된다.

PLL 회로의 대표적인 응용은 반송파의 주파수 동기이다. 수신된 반송파 신호는 수신기의 VCO 출력과 곱하여 RF 신호로 변환이 된다. 그리고 RF 신호는 AGC로 통과 후 일정한 레벨의 아날로그 신호가 되며 이 신호는 주파수 에러 성분을 포함하고 있다. 주파수 에러 성분을 아날로그 필터에서 일정 구간 적분을 하여 평균화된 값이 되어 VCO를 제어하여 결과적으로 반송파 주파수에 맞추게 된다. AGC 출력 신호를 디지털 샘플로 변환하고 디지털 영역에서 필터링하여 VCO를 제어할 수도 있다.

그림 7-13은 반송파 동기용 PLL 구성도를 보여 준다.

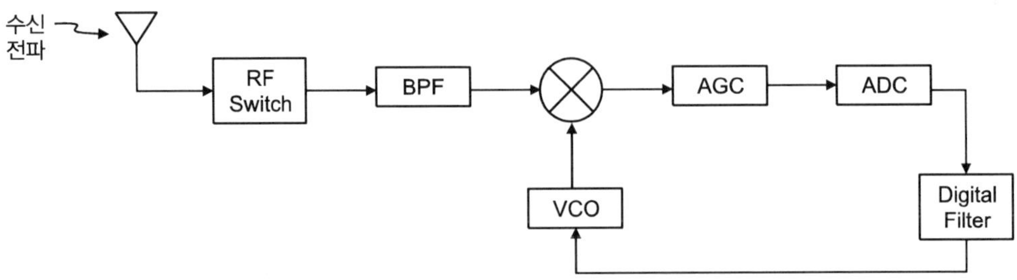

그림 7-13 반송파 동기용 PLL 구성도

■ 비트 동기

비트 동기는 수신 신호의 디지털 샘플의 최대값에 해당하는 시점을 알아내고 지속적으로 최대값을 추적하는 기능을 말한다. 비트 동기는 심볼 동기라고도 부르며 동기의 원리는 동일하다. 일반적으로 널리 사용하는 동기 방식에는 Early-Late 비트 동기 방식이 있으며 기본 구성은 그림 7-14와 같다.

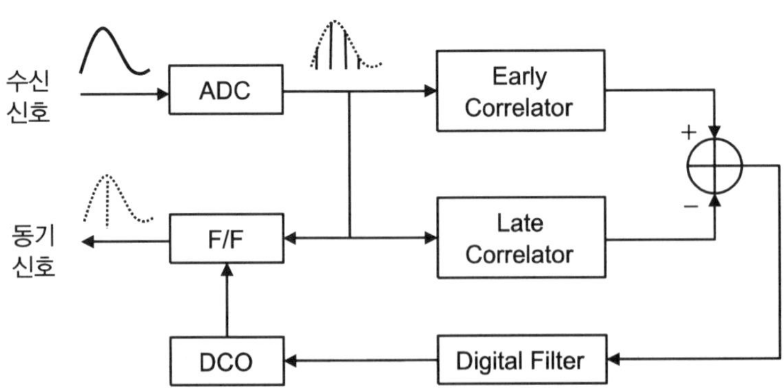

그림 7-14 Early–Late 비트 동기 구성도

아날로그 수신 신호는 ADC에서 디지털 샘플 신호로 변환이 된다. 디지털 샘플링에 대한 Nyquist 이론에 의하면 아날로그 신호가 가지고 있는 신호 대역폭이 B라고 가정하면 고유 성분을 유지하기 위한 샘플링의 속도는 2B 이상이어야 한다. 비트 동기에서는 수신 신호의 변화와 시간의 관계를 세밀하게 관찰하기 위하여 일반적으로 신호의 대역폭 B의 4B로 샘플링한다.

DCO(Digital Controlled Oscillator)는 수신신호의 1비트 시간을 주기로 하는 클럭을 생성을 하며 디지털 필터의 출력에 따라서 클럭을 전진 또는 지연시킴으로써 위상의 변화를 주게 된다. DCO 클럭이 "0"에서 "1"로 변화하는 시간에 기준 시점이라고 할 때 임의의 ζ 시간 만큼 전진하거나 ζ 만큼 지연하는 클럭을 만들어 낸다.

Ealry Correlator는 ζ 시간 만큼 전진한 시간을 기준으로 디지털 샘플 신호를 1비트 시간 만큼 적분하는 것이고 Late Correlator는 ζ 시간 만큼 지연한 시간을 기준으로 디지털 샘플 신호를 1비트 시간 만큼 적분하는 것을 말한다. 즉, 기준 시간을 중심으로 전진한 시간에서의 상호 상관값과 후진한 시간에서의 상호 상관값을 계산하여 위상의 에러를 알 수 있게 된다. DCO 출력은 디지털 샘플의 최고값을 위치하고 있으며 D-Flip/Fop을 통과함으로 디지털 샘플 신호가 1비트 구간 동안 일정한 값을 유지하는 NRZ 신호가 된다. 이 신호는 복조기의 입력 데이터가 되는 것이다.

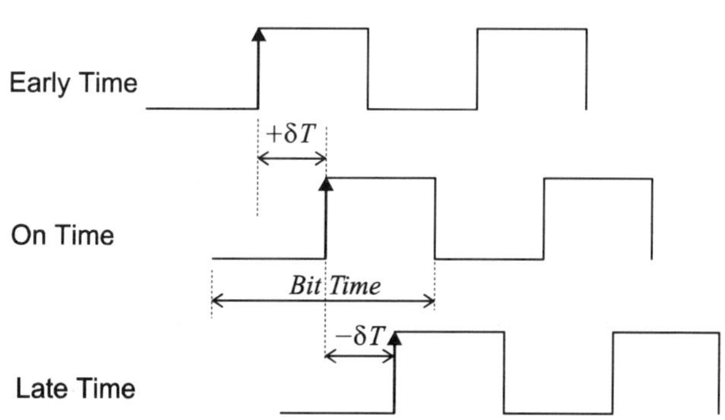

그림 7-15 Early–Late 비트 시간

이러한 비트 동기 회로는 PLL 원리에 따라 동작하게 된다. 루프 필터의 값이 시간적으로 빠르게 변화하면 DCO의 비트 클럭의 위상이 빠르게 변화하게 되고 동기가 빠르게 이루어지게 되지만 타이밍 지터는 크게 나타난다. 반면에 루프 필터의 변화가 서서히 변하게 되면 동기가 서서히 이루어지며 타이밍의 지터는 적어지는 특성을 가지게 된다. 그러므로 이러한 동기회로는 Early Correlator와 Late Correlator에 인가되는 전진 또는 지연을 결정하는 ζ 시간과 루프 필터의 대역폭에 의하여 성능이 결정된다.

그림 7-16은 Early-Late 비트 동기의 S 커브 특성을 보여 준다.

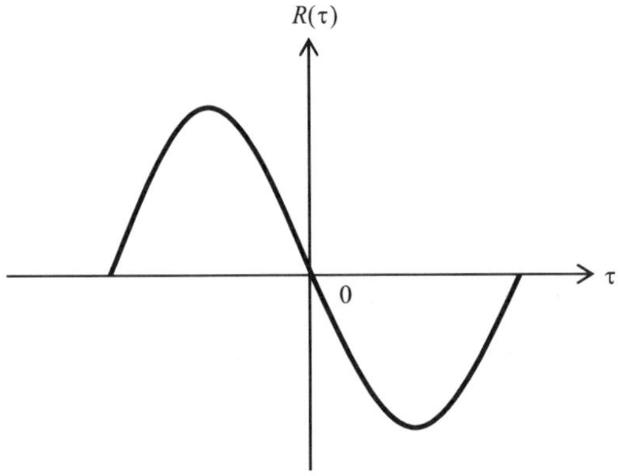

그림 7-16 Early–Late 비트 동기의 S 커브 특성

■ 복조

수신 패킷의 헤더 구간에는 시작점을 알아내는 초기 동기와 비트 시점을 맞추게 된다. 그리고 Payload 구간에 비트 데이터로부터 송신기에서 보내 신호를 복원하는 복조 기능을 수행하게 된다.

송신기에서 보낸 반송파 주파수 동기가 맞은 수신 신호는 신호 크기 성분 $a(t)$, 위상 에러 성분 $\phi_e(t)$, 그리고 잡음 $n(t)$으로 간략하게 표현할 수 있다.

$$r(t) = a(t) \cdot \cos\phi_e(t) + n(t) \tag{7-20}$$

복조는 수신 크기 성분을 찾아내는 과정이므로 위상 에러를 보상해주고 신호 성분 $a(t)$를 찾아낼 수가 있는데 이러한 방식을 동기 복조(Coherent Demodulation) 방식이라고 말한다. 이러한 위상 에러를 보상하는 기능이 없이 수신 신호를 제곱하여 신호 성분을 찾아내는 방식을 비동기 복조(Non-coherent Demodulation)라고 말한다.

동기식 복조는 그림 7-17과 같이 수신 신호의 위상 에러 성분을 추정하고 추정된 위상 에러를 곱하고 한 비트 시간을 적분함으로서 위상 에러를 제거한다. 수신 신호의 위상 성분과 위상의 추정값을 곱하면 그 결과는 아래 수식과 같이 주어진다. 위상 추정이 정확하게 이루어지면 두 번째 항의 값은 $\cos(\phi(t)-\hat{\phi}_e(t)) \approx 1$이 되고 첫 번째 항은 잡음과 곱해지고 적분하게 되면 잡음 성분으로 남게 된다.

$$\cos\phi(t)\cos\widehat{\phi_e}(t) = \frac{1}{2}\left[\cos(\phi(t)+\hat{\phi}_e(t)) + \cos(\phi(t)-\hat{\phi}_e(t))\right] \tag{7-21}$$

적분기의 출력은 수식(7-22)과 같이 표현된다. 그리고 수신 데이터가 "0" 또는 "1" 인지를 판정하여 수신 데이터를 복원하게 된다.

$$\int_o^{T_b}\left[r(t)\cdot\cos\hat{\phi}_e(t)\right]dt \approx \frac{1}{2}[a(t)+n(t)] \tag{7-22}$$

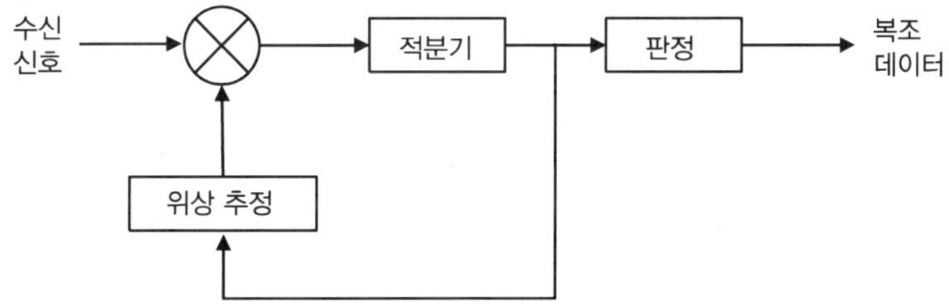

그림 7-17 동기식 복조

초기에 위상 추정이 어려운 경우에 비동기식 복조 방식을 사용한다. 비동기식 복조는 수신 신호를 제곱하여 적분한 다음 비트 판정을 하여 데이터를 복원한다. 이러한 비동기 복조는 위상 추정을 하지 않은 장점이 있으나 성능이 저하되는 특징을 갖는다. 수신 신호를 제곱하고 적분한 결과는 다음과 같이 표현된다. 그림 7-18은 비동기식 복조를 보여 준다.

$$
\begin{aligned}
r(t)^2 &= \int_o^T a(t)^2 \cdot \left[\cos\phi_e(t)^2 + 2\cos\phi_e(t)n(t) + n(t)^2\right]dt \\
&= \int_o^T a(t)^2 \cdot \left[\frac{1}{2}(1+\cos\phi_e(t)] + 2\cos\phi_e(t)n(t) + n(t)^2\right]dt \\
&\approx \frac{a(t)^2}{2} + n(t)^2
\end{aligned}
\tag{7-23}
$$

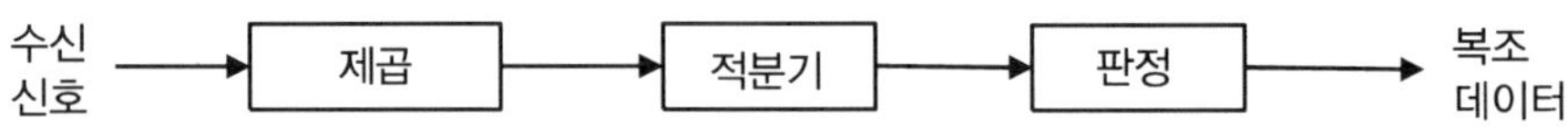

그림 7-18 비동기식 복조

동기 복조에서는 SNR = 1의 값을 갖는데 비해 비동기 복조에서는 SNR = 1/2이 된다. 즉, 비동기 복조에서는 성능이 3 dB 떨어지는 것을 알 수 있다. 비동기 복조는 동기 복조에 비해서 성능이 떨어지는 단점이 있으나 초기에 위상 에러를 정확히 알 수 없는 경우에 사용하는 복조 방식이다.

수신 신호로부터 송신 데이터를 복원하는 과정은 디지털 샘플의 신호처리를 하게 된다. 아날로그 기저대역 신호로 디지털 기저대역 신호로 변환하는 ADC의 비트 레벨을 1비트로 처리하고 판정하는 것을 경판정(Hard Decision) 복조 방식이라 부르고 2비트 이상으로 처리하여 판정하는 것을 연판정(Soft Decision)이라고 부른다. 채널 디코딩 과정에서 경반정 방식에 비해 연판정 방식을 적용하면 성능이 개선되는 효과를 얻게 된다.

7.2 이론적인 성능 분석

수신 신호는 무선 채널을 통하여 수신기에 도달하며 무선 채널은 6장에서 설명한 것과 같이 가우시안 채널, 라이시안 채널, 레이레이 채널이 있다. 가우시안 채널을 열잡음으로 수신기 자체에서 발생하므로 복조기의 이론적인 성능 분석은 가우시안 채널만이 존재하는 경우 성능 분석으로 하고 라이시안 채널 또는 레이레이 채널에서의 성능 분석을 하게 된다.

변조 신호는 디지털 방식만을 다루며 가장 기본적인 ASK 방식, BPSK와 QPSK 방식, OFDM 방식에 대하여 가우시안 채널, 라이시안 채널, 레이레이 채널에서의 성능 분석에 대하여 설명한다.

무선 전송시스템의 일차적인 성능 분석은 가우시안 채널 모델을 적용하는데 열잡음이 가우시안 확률분포를 가지므로 확률적으로 해석이 가능하다. 일차적인 성능 해석에 적용되고 있다.

■ SNR 정의

송신 신호는 S, 외부에서 추가되는 가우시안 잡음을 N, 무선 채널을 H, 그리고 수신 신호를 R이라 표기하면, 수신 신호 R은 송신 신호와 가우시안 잡음의 합이 되는 채널 모델을 가우시안 채널 모델이라고 한다. 즉, 수신 신호 $r(t)=s(t)+n(t)$가 되는 것이다. 그림 7-19는 가우시안 채널 모델을 보여 준다.

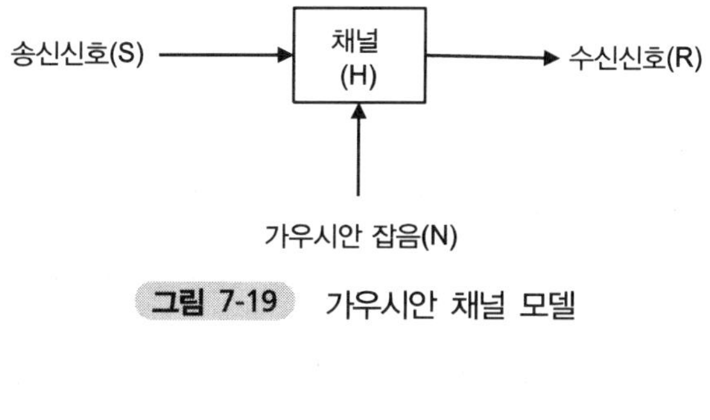

그림 7-19 가우시안 채널 모델

복조의 이론적인 성능 분석은 그림 7-20과 같이 수신 신호와 잡음 신호의 비인 SNR(Signal to Noise Ratio)와 비트 오율 BER(Bit Error Rate)를 정의한다. 수신 신호의 1비트(또는 심볼) 시간을 기준하여 신호가 가지고 있는 에너지를 의미하며 단위는 Watt 또는 Jule/sec가 되며 열잡음도 1비트당 잡음으로 정의한다. 1비트 시간을 기준으로 신호 성분의 에너지와 잡음 성분을 에너지 비율을 SNR이라 부르며 E_b/N_o이 된다. 수신 신호의 SNR이 주어질 때 전체 수신한 비트 수를 기준으로 복조기에 비트 판정시에 발생하는 비트 에러 수를 BER이라고 정의한다. 이론적인 성능 분석은 수신기의 SNR 대비 BER을 분석하는 것으로 SNR이 증가하면 BER이 감소하는 특징을 갖는다. 연속적인 비트를 전송하는 회선 통신(Circuit Communication)에서는 SNR과 BER 관계를 분석하지만 ITS 통신에서는 불연속적으로 패킷을 전송하는 패킷 통신(Packet Communication)에서는 패킷 에러율(Packet Error Rate)를 분석하기도 한다.

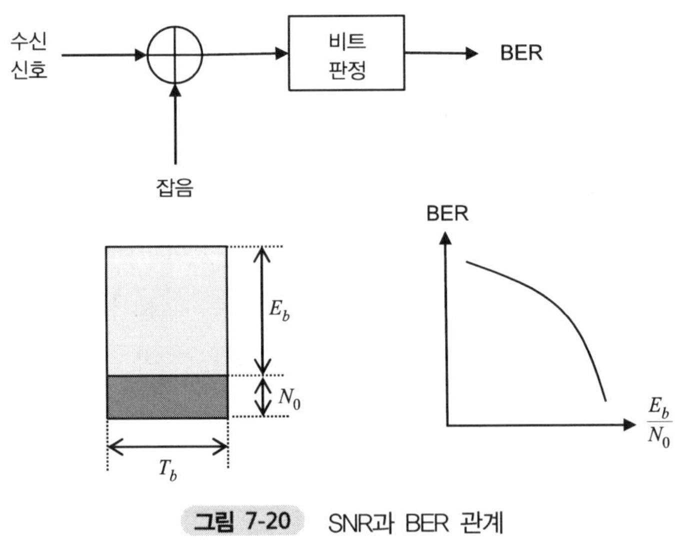

그림 7-20 SNR과 BER 관계

SNR은 신호의 전력과 잡음의 전력의 비로 정의한다. 신호의 전력은 신호가 가지는 평균 전력이고 잡음의 전력도 잡음의 평균 전력을 의미한다.

수신 신호가 그림 7-21과 같은 파형을 가지는 경우 $r(t)=a(t)\cos(2\pi f_c t+\phi)$로 표현이 된다. 신호의 크기 변화를 나타내는 $a(t)$는 신호의 에너지 성분을 포함하고

$\cos(2\pi f_c t + \phi)$는 반송파의 성분을 포함하고 있다. 신호 성분 $a(t)$는 하나의 비트 시간 T를 주기를 정보를 매팅하여 정보를 전송하게 되며 정보의 주파수 스펙트럼은 반송파 주파수를 중심으로 1/T 주파수 대역폭 특성을 갖게 된다. 시간 영역에서의 신호는 수학적으로 포리에(Fourier) 변환을 하여 주파수 영역에서의 신호 스펙트럼 분석을 한다. 그림 7-21, 그림 7-22는 시간 영역의 반송파 신호와 주파수 영역에서의 반송파 스펙트럼을 보여 준다.

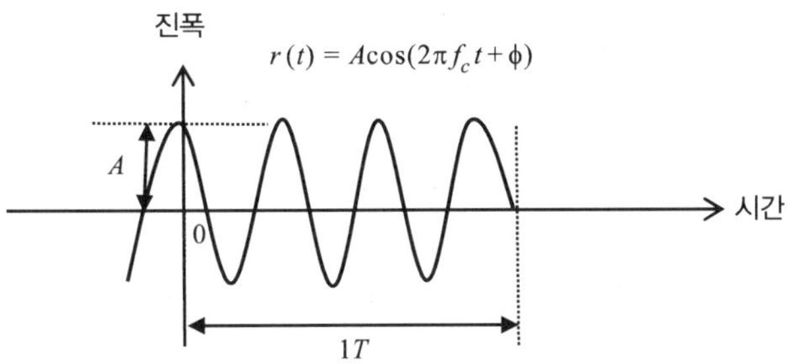

그림 7-21 시간 영역에서 수신 신호 파형

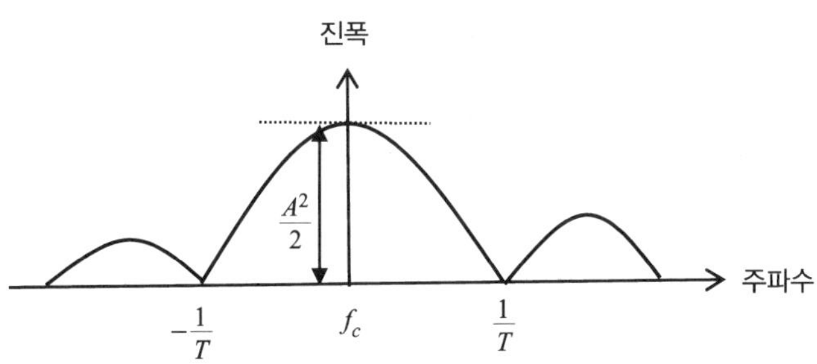

그림 7-22 주파수 영역에서 반송파 신호 스펙트럼

반송파 신호는 수신기에서 반송파 복조 및 ADC를 통과하여 기저대역 신호로 변환이 된다. 이 기저대역은 그림 7-23과 같이 하나의 비트 시간 동안 "1" 또는 "0" 값을 갖는 구형 파형이 된다. 이러한 구형 파형을 포리에 변환을 하게 되면 주파수 스페트럼을 알 수 있게 되며 구형파에 대한 주파수 변환은 Sinc 함수가 된다. 그림 7-24는 기저대역에서 신호 스펙트럼을 보여 준다. 실제로 수신기에서는 LPF (Low Pass Filter)를 통과하게 되므로 신호가 급격하게 변화는 구형파가 아니고 서

서히 변화하는 신호 파형이 된다.

정보에 대한 스펙트럼 분석은 반송파에서의 주파수 스펙트럼과 기저대역에서의 주파수 스펙트럼이 동일하므로 성능 분석에 있어서도 반송파 레벨에서의 성능 분석은 기저대역에서의 성능 분석과 동일하다고 가정한다.

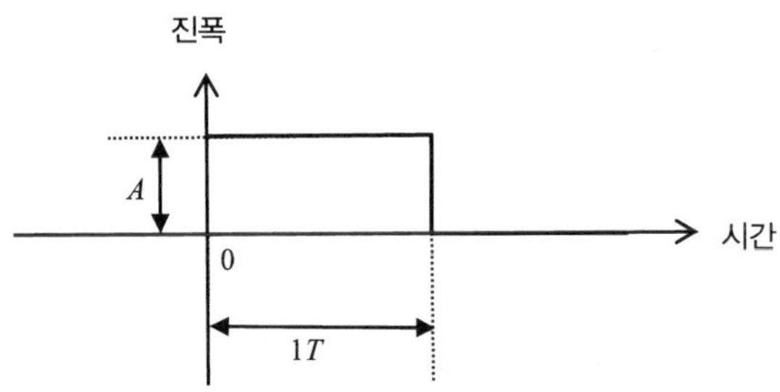

그림 7-23 시간 영역에서 기저대역 신호 파형

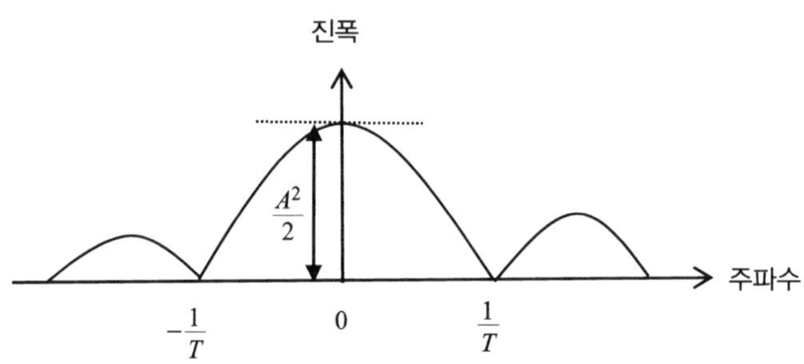

그림 7-24 주파수 영역에서 기저대역 신호 스펙트럼

수신 신호 $r(t) = a(t)\cos(2\pi f_c t + \phi)$의 1비트 시간이 T라면, 한 비트 시간에 대한 수신 신호의 비트 에너지를 구하면 다음과 같이 된다.

$$\begin{aligned} E_b = E(r(t)^2) &= \int_0^T (A\cos(2\pi f_c t + \phi))^2 dt \\ &= \frac{A^2}{2}\int_0^T (1 + \cos(4\pi f_c t + 2\phi))dt \\ &= \frac{A^2 T}{2} \end{aligned} \tag{7-24}$$

수식(7-24)에서 두 번째 항은 0으로 수렴하므로 비트당 에너지는 $\frac{A^2T}{2}$이 된다. 진폭 A값이 $\sqrt{\frac{2}{T}}$ 값을 가지면 E_b 값은 1로 정규화된다. 그러므로 정규화된 수신 신호는 $r(t) = \sqrt{\frac{2}{T}}\cos(2\pi f_c t + \phi)$로 표현한다. 기저대역 신호는 일반적으로 NRZ (Non-Reutrn to Zero)을 사용하지만 이 방식은 한 비트 시간 동안 일정한 신호 레벨을 유지하므로 비트 동기를 하는데 어려움이 있으므로 1비트 시간동안 인위적으로 신호의 천이를 하는 RZ(Return to Zero) 방식이 있다. RZ 방식은 NRZ 방식에 비해 주파수 대역폭이 2배가 된다.

반송파 신호 정보

반송파 신호는 반송파 주파수, 신호 스펙트럼, 채널 대역폭에 관한 정보를 포함하고 있다. 반송파 주파수는 무선 채널의 전파 특성, 신호 스펙트럼은 신호의 파형 설계, 그리고 채널 대역폭은 신호의 비트 시간(T) 및 데이터 속도와 관련이 있다는 것을 이해하고 시스템 설계 및 평가에 적용할 수 있어야 한다.

잡음 신호는 시간 영역에서 보면 그림 7-25와 같이 신호의 크기가 랜덤하게 변화하는 특정을 가지므로 선형적인 함수로 표현할 수 없다. 진폭이 A를 갖는 잡음 신호에 대한 1비트 T 시간에 해당하는 에너지를 구하면 다음과 같이 표현할 수 있다. 이러한 랜덤 신호는 평균값이 0이고 일정한 분산값을 갖게 되는데, 분산값이 "1"인 경우 정규화된 가우시안 분포를 갖는다고 한다.

$$E_n = E(n(t)^2) = \int_0^T n(t)^2 dt = N_o T \tag{7-25}$$

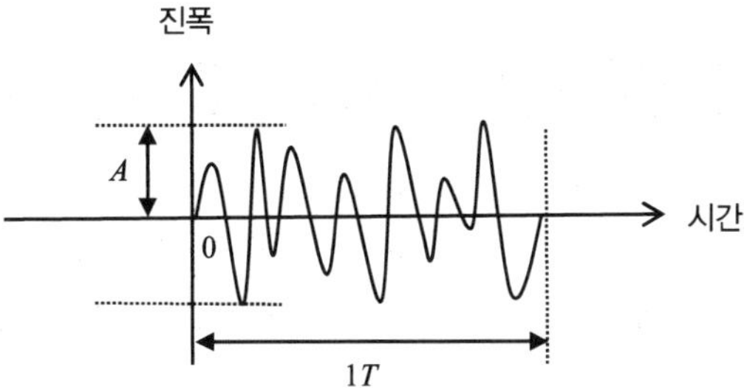

그림 7-25 시간 영역에서 잡음 신호 파형

잡음 신호는 반송파 신호의 주파수 영역을 보면 잡음의 밀도와 주파수 대역폭의 곱으로 계산이 된다. 반송파에서의 주파수 대역폭에서 양측 주파수 대역에 대해 잡음이 존재하므로 정규화된 잡음의 전력은 $\frac{N_o}{2}$ 값을 갖게 된다. 그림 7-26과 그림 7-27은 반송파 주파수 대역과 기저 주파수 대역(Baseband)에서의 잡음 스펙트럼을 보여 준다.

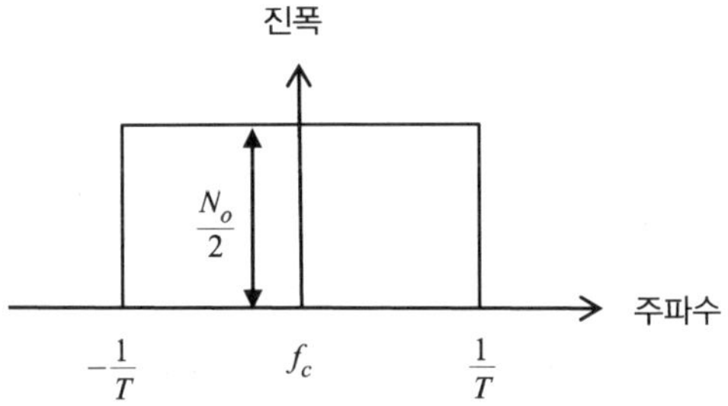

그림 7-26 반송파 주파수 대역에서 잡음 스펙트럼

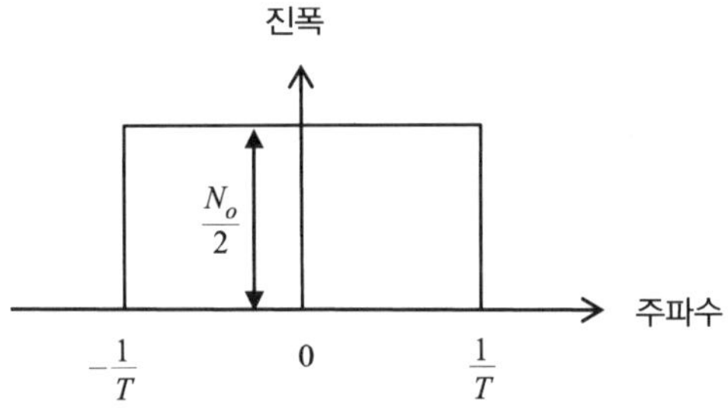

그림 7-27 기저 주파수 대역 잡음 스펙트럼

시스템 성능 기준

신호 대 잡음비(SNR: Signal to Noise Ratio)는 시스템 성능에 기본적인 기준이 된다. 시간 영역에서는 1비트 시간을 기준으로 하고 주파수 영역에서는 채널 대역폭(2/T)을 기준하여야 한다. 변조 방식에 따라 신호의 크기가 변화하므로 정규화된 SNR 기준을 적용하여야 한다.

따라서 비트 신호 에너지와 열잡음의 비는 다음과 같이 계산된다.

$$E_b/N = \frac{A^2}{2N_0} \tag{7-26}$$

■ 변조 방식의 신호 특성

ASK 변조 방식은 그림 7-28과 같은 신호 성상도를 가지며 데이터를 송신하는 경우 $b_0 = 1$이고 데이터를 송신하지 않는 경우 $b_0 = 0$이다. 신호의 평균 전력은 (1+0)/2 =1/2이 된다. 그러므로 비트당 에너지는 $E_b/2$이 되고 scaling을 위해 신호 크기에 $1/\sqrt{2}$을 곱해 주어야 한다.

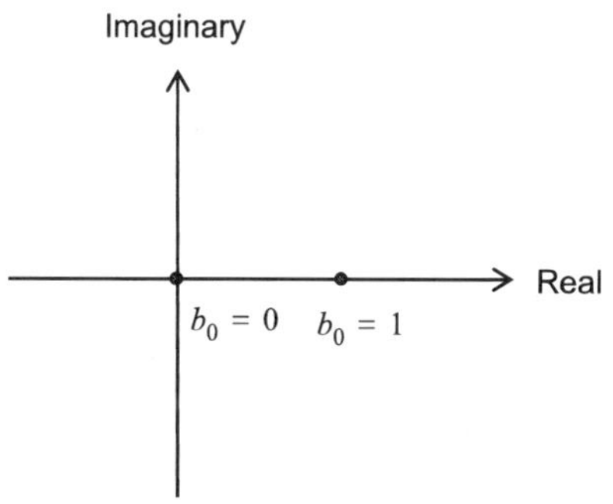

그림 7-28 ASK 방식의 신호 성상도

BPSK 변조 방식은 그림 7-29와 같은 신호 성상도를 가지며 데이터가 1이면

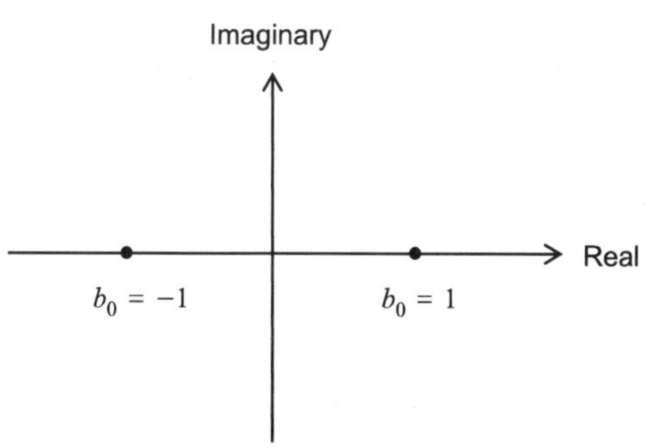

그림 7-29 BPSK 방식의 신호 성상도

$b_0 = 1$이고 데이터가 0이면 $b_0 = -1$을 수신한다. 신호의 평균 전력은 (1+1)/2=1이 된다. 그러므로 비트당 에너지 E_b이 된다.

QPSK 변조 방식은 그림 7-30과 같은 Real과 Imaginary 영역에서의 신호 성상도를 가지며 데이터 비트가 2비트 b_0b_1가 00, 01, 10, 11으로 변화함에 따라 사분면에 매핑이 된다. 이러한 매핑된 신호의 평균 전력은 (2×4)÷4 = 2가 된다. 신호 전력 1을 기준하여 환산을 위해 신호 전력은 1/2, 신호 크기는 $1/\sqrt{2}$를 곱해 주어야 한다.

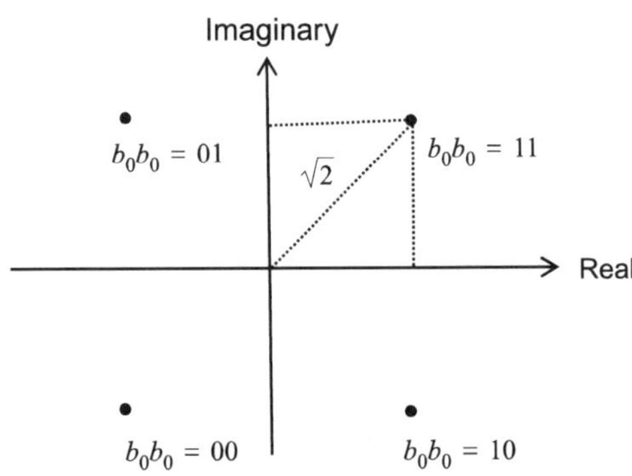

그림 7-30 QPSK 방식의 신호 성상도

QAM 변조은 16QAM, 64QAM, 256QAM, 1024QAM 변조 방식이 사용되며 정보를 전송하기 위해 할당하는 비트가 N이면 변조 지수는 2^N이 된다. 예를 들어 16QAM 변조는 정보를 할당하는 비트가 4비트이고 그림 7-31과 같은 Real과 Imaginary 영역에서의 신호 성상도를 갖는다. 데이터 비트가 4비트 $b_0b_1b_2b_3$가 0000에서 1111로 변화함에 따라 사분면에 매핑이 된다. 이러한 매핑된 신호의 평균 전력은 (2×4)+(8×10)+(18×4)÷16 = 10가 된다. 신호 전력 1을 기준하여 환산을 위해 신호 전력은 1/10, 신호 크기는 $1/\sqrt{10}$를 곱해 주어야 한다.

변조 방식에 따른 신호의 크기가 달라지게 되므로 신호의 평균 전력이 "1"을 기준하여 신호의 크기를 Scaling 해 주는 것이 필요하다. 변조 신호의 평균 신호 전력이 M이라고 가정하면 신호 전력의 크기는 1/M을 곱하고 신호의 크기는 $1/\sqrt{M}$

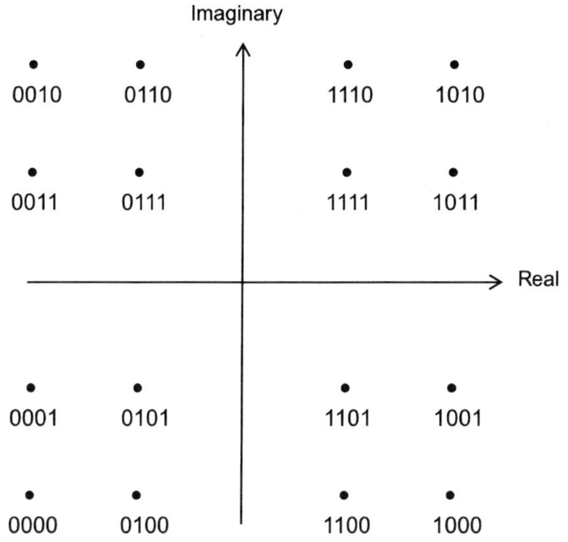

그림 7-31 16QAM 변조 신호 성상도

을 곱해 주어야 한다. 표 7-2는 변조 방식에 따른 변조 비트 수와 신호 크기의 Scaling 값을 보여 준다.

잡음 전력 $N = N_o \cdot T_b = N_o / R_b$으로 계산할 수 있다. 신호 평균 전력과 마찬가지로 잡음 전력의 크기도 Normalized 하여 $N_o/2$가 되며 신호의 scaling은 $1/\sqrt{2}$이 된다.

❙ 표 7-2 ❙ 변조 방식에 따른 Scaling Factor

변조 방식	변조 비트수	Scaling Factor
ASK	1	$1/\sqrt{2}$
BPSk	1	1
QPSK	2	$1/\sqrt{2}$
16QAM	4	$1/\sqrt{10}$
64QAM	6	$1/\sqrt{42}$
256QAM	8	$1/\sqrt{190}$
1024QAM	10	$1/\sqrt{682}$

수신되는 신호의 크기가 a_i이고 이 신호가 전송하는 비트 시간이 T_b라고 가정하면 비트당 수신되는 에너지 E_b와 잡음 N은 다음과 같이 계산한다.

$$(E_b)^2[(a_1)^2+(a_0)^2]/2 \cdot T_b = \frac{E_b}{2}T_b \tag{7-30}$$

$$N = \frac{N_o}{2} \cdot T_b \tag{7-31}$$

여기서, E_b와 N_o 단위는 Watt/Herts 이다.

그러므로 ASK 변조의 SNR은 E_b/N_0이 된다. 마찬가지로 BPSK 경우는 $2E_b/N_0$, QPSK 병식의 경우는 E_b/N_0이 된다는 것을 알 수 있다. 변조 방식별로 성능 분석을 함에 있어서 SNR 기준에 따라 성능 분석 결과가 달라지므로, SNR 기준을 정확하게 설정하는 것이 중요하다.

■ ASK 복조 성능 분석

ASK 방식의 복조기는 그림 7-32와 같이 적분기와 검지기로 구성되며 복조 기능면에서Integrate-and-dump 회로라고 부르기도 한다. 송신 신호는 잡음 신호가 더해진 수신 신호가 적분기에 입력이 된다. 적분기는 1비트 시간 동안 적분을 하고 최대 에너지를 값는 시점에서의 값을 보고 정보가 "1"인지 "0"인지를 검지한다. 만약에 수신되는 신호의 비트 타이밍 구간과 최대 에너지 값을 아는 비트 동기가 이루어지지 않으면 복조가 정상적으로 이루어질 수 없으므로 비트 동기가 정확히 이루어졌다고 가정을 하며 ASK 방식에서 널리 사용하고 있는 OOK(On-Off Keying)

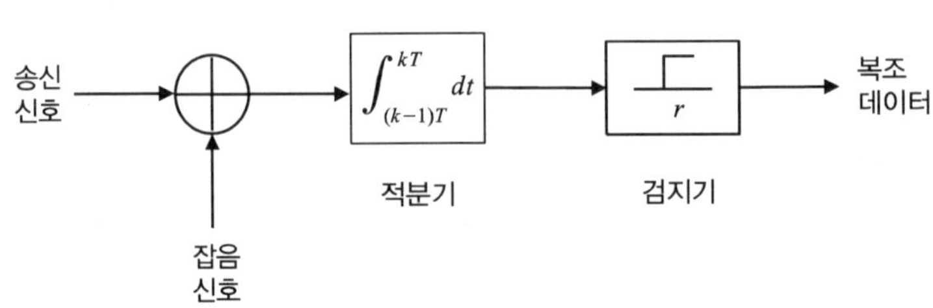

그림 7-32 ASK 복조기 모델

방식에 대하여 성능 분석을 한다.

OOK 송신 신호와 열잡음이 더해진 수신 신호는 가우시안 분포를 갖는다고 가정한다. 송신 신호가 "1"인 경우에는 $\sqrt{E_b/2}$의 신호 크기를 갖는 가우시안 분포를 갖고 송신 신호가 0 이면 신호 크기는 "0"인 가우시안 분포를 갖는다. 검지기는 적분기에서 입력되는 값이 임계치 γ 보다 크면 "1"로 검지하고 임계치 γ 보다 작으면 "0"으로 검지하므로 다음과 같은 확률적인 방법으로 검지에 대한 에러율을 계산할 수 있다.

송신 신호가 "1" 또는 "0"인 경우 검지기에서 "1" 또는 "0"으로 결정하는 확률은 $P(R=1/S=1)$, $P(R=0/S=0)$로 표현하며 정상적인 복조가 이루어진다. 그러나 수신 신호가 "1" 또는 "0"이 입력되는데 검지기가 "0" 또는 "1"로 결정하는 에러 확률은 $P(R=0/S=1)$, $P(R=1/S=0)$로 표현하며 그림 7-33과 같이 설명할 수 있다.

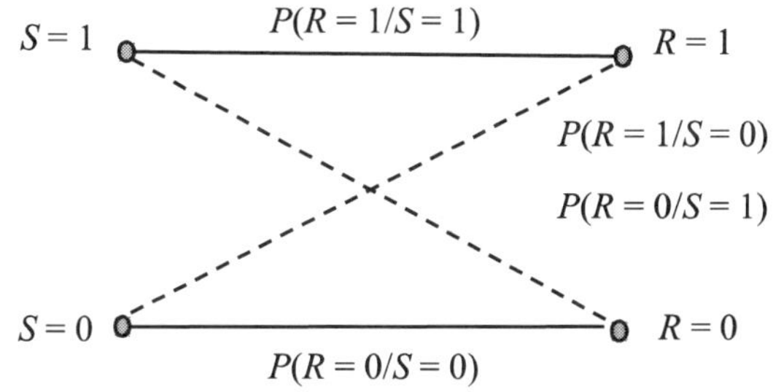

그림 7-33 복조 에러 확률 모델

송신 신호가 "1"인 경우 에러는 임계값 γ 보다 작은 경우에는 "0"으로 판단하는 경우이므로 에러가 발생할 확률이 된다. 송신 신호가 "0"인 경우 에러는 임계값 γ 보다 큰 경우에 "1"으로 판단하므로 에러가 발생할 확률이 된다. 이를 확률적인 수식으로 표현하면 다음과 같다. 수식 7-32는 송신기에서 "0"을 전송하였을 때 수신기에서 열잡음으로 인하여 검지기의 임계값보다 크게 되어 "1"로 판정하게 되는 확률을 의미한다. 수식 7-33는 송신기에서 "1"을 전송하였을 때 수신기에서 열잡음으로 인하여 검지기의 임계값보다 작게 되어 "0"로 판정하게 되는 확률을 의미

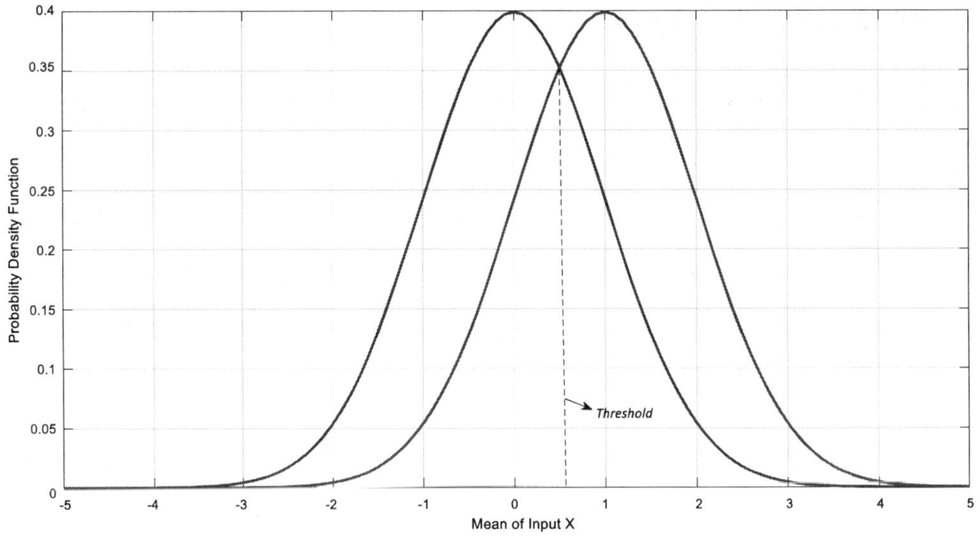

그림 7-34 OOK 신호의 에러 확률 분포

한다. 이러한 가우시안 채널에서의 에러 확률 개념은 그림 7-34와 같이 나타난다.

$$P_e(r=1|H_0)=P(r>\gamma\,|\,H_0)P(H_0) \tag{7-32}$$

$$P_e(r=0|H_1)=P(r<\gamma\,|\,H_1)P(H_1) \tag{7-33}$$

이러한 두 가지 검지 에러 확률은 1/2 값으로 동일하다고 하면 전체 에러 확률은 다음과 같이 Q 함수로 정의가 된다.

$$\begin{aligned} P_e &= \frac{1}{2}\left[\int_{\gamma}^{\infty} p(z|s_0)dz + \int_{-\infty}^{\gamma} p(z|s_1)dz\right] \\ &= \frac{1}{2}Q\left(\frac{\mu-\gamma}{\sigma}\right)+\frac{1}{2}Q\left(\frac{\gamma}{\sigma}\right) \end{aligned} \tag{7-34}$$

수식 7-34에서 $\gamma=\frac{\mu}{2}$이면 에러 확률은 $Q\left(\frac{\mu}{2\sigma}\right)$가 된다. OOK 의 신호의 평균값은 $\sqrt{E_b/2}$이고 열잡음은 $\sqrt{N_0}$이 되므로 OOK 에러 확률은 수식7-35와 같이 주어지며 BER 성능 특성은 그림 7-35와 같다.

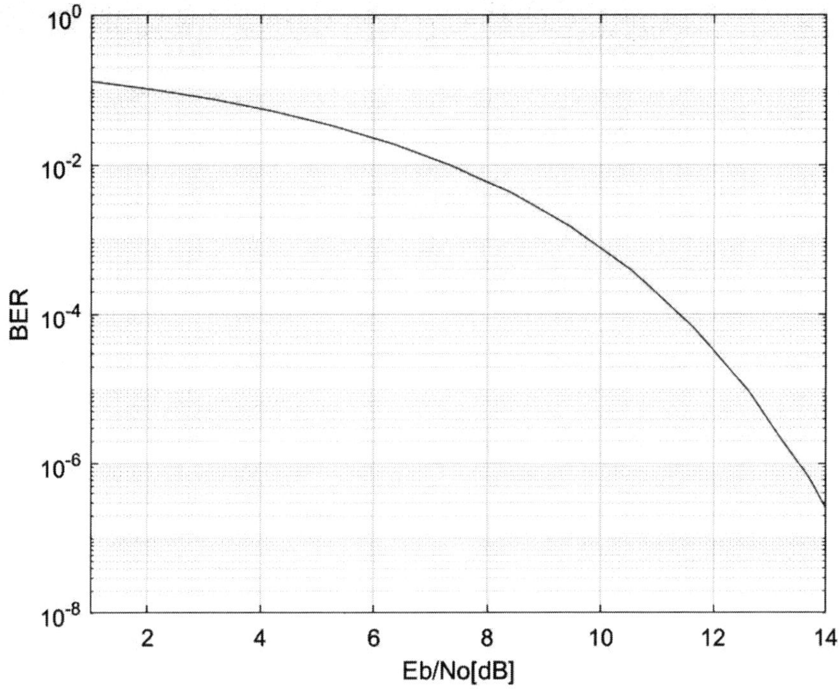

그림 7-35 가우시안 채널에서의 OOK BER 특성

$$P_e = Q\left(\sqrt{\frac{E_b}{2N_o}}\right) \tag{7-35}$$

BER 성능 곡선은 서비스에서 요구되는 BER과 수신기 SNR 관계를 설명하며 시스템의 설계 기준을 정하는데 적용이 된다. 예를 들어, OOK를 사용한 패킷 데이터 전송시스템에서 요구되는 BER이 10^{-6}이라면 SNR 이 약 13 dB 이상이어야 함을 알 수 있다. 시스템의 수신기에서 입력되는 SNR이 13 dB에서 10^{6}개 데이터 중에서 1개의 에러가 발생할 수 있도록 시스템을 설계해야 한다는 것을 의미하는 것이다.

Q 함수 정의

가우시안 정규분포를 갖는 랜덤 변수 r 평균값이 A이고 분산이 σ^2일 때 랜덤 변수 r 가 0보다 작은 경우의 확률은 다음과 같이 정의된다.

$$Q\left(\frac{A}{\sigma}\right)=\frac{1}{\sqrt{2\pi}}\int_{\frac{A}{\sigma}}^{\infty}e^{(-s^2/2)}ds$$

여기서, $s=\dfrac{r-A}{\sigma}$

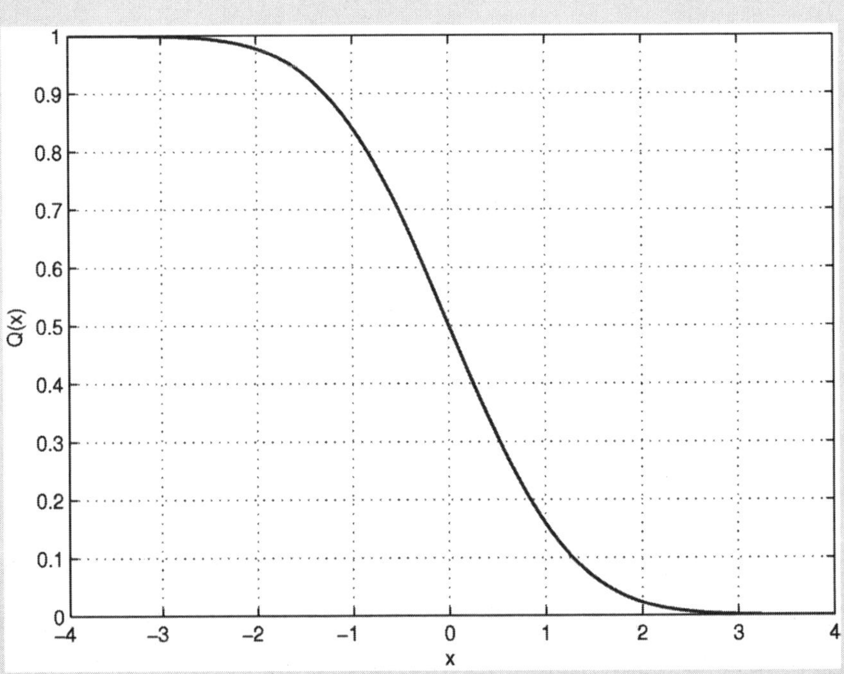

그림 7-36 Q 함수 그래프

Q 함수는 가우시안 정규 분포를 갖는 수신 신호의 평균값과 분산값에 의해 결정되는 함수로 수신 신호의 평균값은 신호의 에너지 성분을 의미하고 수신 신호의 분산값은 잡음 성분을 의미하므로 수신신호의 신호 대 잡음비에 따른 에러율 계산에 적용되고 있다.

■ PSK 성능분석

PSK 방식은 채널 대역폭이 고정된 상태에서 데이터 전송율을 높이고 주파수 효율성을 증대시킬 수 있는 위상 천이 방식은 디지털 통신에서 광범위하게 사용되고 있다. PSK 방식은 ASK와 결합된 QAM 변조 방식과 다중 반송파 변조 방식인 OFDM 변조 방식에도 공통적으로 사용하는 변조 방식이다.

BPSK 변조 방식은 동일 위상 채널에서 전송하는 데이터가 1/0 에 따라 위상값이 $0/\pi$ 값을 매팅하여 전송하는 신호가 1/−1로 매팅되는 변조 방식이다. QPSK 변조 방식은 동일 위상 I 채널과 직교 위상 Q 채널에 데이터를 매핑하여 전송하는 방식으로 BPSK 방식을 확장하는 개념으로 성능은 동일하고 전송하는 속도가 BPSK 방식에 비해 2배가 증가하는 장점이 있다.

그러므로, BPSK 변조 방식의 복조기 모델에 대하여 설명하고자 한다. BPSK 복조기는 그림 7-37과 같이 구성이 된다. 송신 신호와 잡음이 더해지고 수신기의 대역 필터를 통과하면 수신 신호가 얻어진다. 이 수신 신호는 VCO에서 생성된 동일 위상 반송파와 곱해지고 한 비트 시간동안 적분을 하고 검지기에 입력이 된다. 검지기는 1 또는 0인지를 판단하게 되어 복조된 데이터를 얻게 된다.

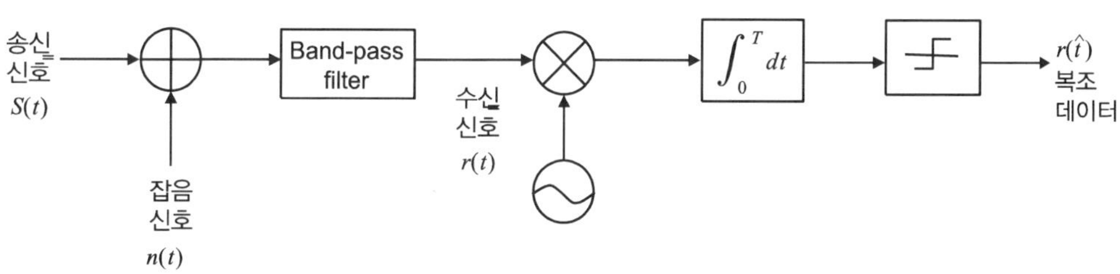

그림 7-37 QPSK 복조기 모델

이러한 과정에서 비트 동기를 완전하다고 가정하고 열잡음이 가우시안 확률 분포를 갖는 경우 송신 신호의 크기가 a_i이고 이 신호가 전송하는 비트 시간이 T_b이므로 비트당 수신되는 에너지 E_b와 잡음 N은 다음과 같이 계산한다.

$$E_b = E_b[(a_1)^2 + (a_{-1})^2]/2 \cdot T_b = E_b T_b \quad (7\text{-}36)$$

$$N = \frac{N_o}{2} \cdot T_b \quad (7\text{-}37)$$

BPSK 성능은 가우시안 채널에서의 성능은 ASK에서 모델링한 과정과 동일하며 BPSK의 SNR은 $2E_b/N_o$가 된다. BER은 다음과 같이 주어진다. BPSK은 I-채널만 있으나 QPSK은 I/Q 채널이 있으며 SNR은 BPSK과 동일한 값을 갖는다.

$$P_e = \frac{1}{2} erfc\left(\sqrt{\frac{2E_b}{N_o}}\right) = Q\left(\sqrt{\frac{2E_b}{N_o}}\right) \quad (7\text{-}38)$$

ASK 변조 방식과 BPSK 변조 방식에 대한 BER 성능은 수식7-38을 적용하여 계산하며 BER 성능은 그림 7-38과 같다. 그림에서 알 수 있듯이, BPSK 경우 BER = 10^{-6}를 만족하기 위해서는 E_b/N_o이 10 dB 이상이어야 하고, ASK 경우는 E_b/N_o이 13 dB 이상이어야 한다. 그리고 동일한 신호의 전력을 사용하는 경우에 BPSK 방식의 BER이 ASK 방식의 BER보다 작다는 것을 알 수 있다.

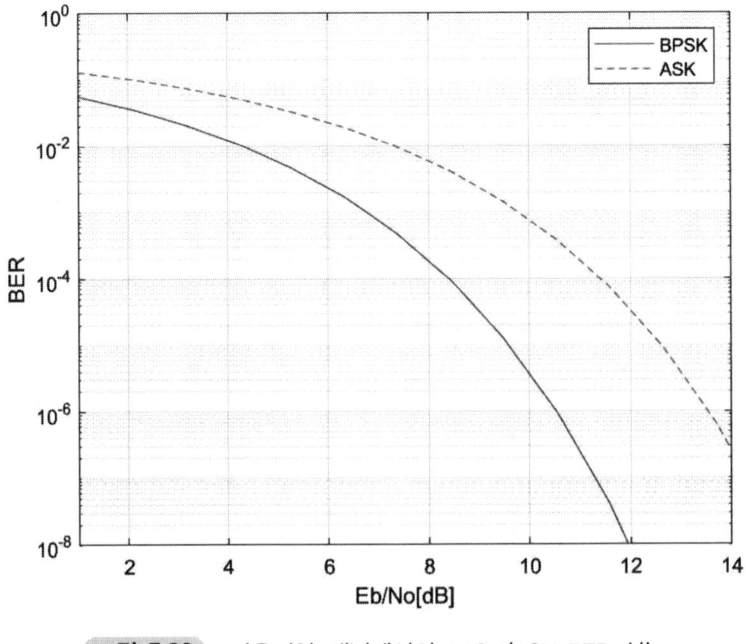

그림 7-38 가우시안 채널에서의 BPSK/ASK BER 성능

■ QAM 성능분석

Mary ASK 방식과 Mary PSK 방식이 결합된 QAM 방식은 대역 제약이 있는 채널에서 데이터 전송 속도를 높일 수 있는 방식으로 고속 패킷 데이터 전송을 요구하는 무선랜, 셀룰러 통신 방식에서는 널리 사용되는 변조 방식이다. 일반적으로 고속 이동 환경에서는 16QAM을 사용하였으나 미세한 주파수 및 채널 추정 기술의 발달로 인하여 64QAM이 사용되고 있으며 128QAM 이상의 변조 방식도 연구가 되고 있다.

QAM의 이론적인 성능 분석은 ASK, PSK 방식도 동일하게 이루어지며 신호에 대한 에어지와 잡음에 대한 에너지를 계산하여 SNR을 구하면 Q 함수로 주어지며 다음과 같은 수식이 된다.

$$P_e = \frac{2\sqrt{M}-1}{\sqrt{M}} Q\left(\sqrt{\frac{6\beta}{M-1}}\sqrt{\frac{E_b}{N_o}}\right) \tag{7-39}$$

여기서, M은 변조 지수로 QAM 경우 2, 16QAM 경우 4이다. β는 표 7-3에 있는 scaling factor를 의미한다. 가우시안 채널 환경에서 디지털 변조 방식에 대한 BER 성능에 관한 수식은 표 7-3과 같이 주어진다.

❙표 7-3❙ 변조 방식별 BER 성능 수식

변조 방식	BER
OOK	$Q\left(\sqrt{\frac{E_b}{2N_o}}\right)$
BPSK	$Q\left(\sqrt{\frac{E_b}{N_o}}\right)$
QPSK	$Q\left(\sqrt{\frac{E_b}{N_o}}\right)$
Mary QAM	$2\frac{\sqrt{M}-1}{\sqrt{M}} Q\left(\sqrt{\frac{6\beta}{M-1}}\sqrt{\frac{E_b}{N_o}}\right)$
FSK	$Q\left(\sqrt{\frac{E_b}{N_o}}\right)$

QAM 변조 방식은 주어진 주파수 대역폭에서 전송 비트 효율을 높이는 변조 방식으로 16QAM, 64QAM 방식이 사용되고 있다. 16QAM 변조 방식은 고속 이동 환경에서도 안정적으로 동작하며, 64QAM 변조 방식의 경우는 정확한 채널 추정이 필요하다.

그림 7-39는 BPSK 방식과 16QAM 변조 방식에 대한 BER성능을 보여 준다. BPSK 경우 BER = 10^{-6}를 만족하기 위해서는 E_b/N_o이 10 dB 이상이어야 하고, 16QAM 경우는 E_b/N_o이 16 dB 정도가 되어야 한다. 즉, 16QAM 방식은 BPSK 방식에 비해 4배의 주파수 효율을 갖으나 E_b/N_o이 약 6 dB 이상 증가되어야 한다.

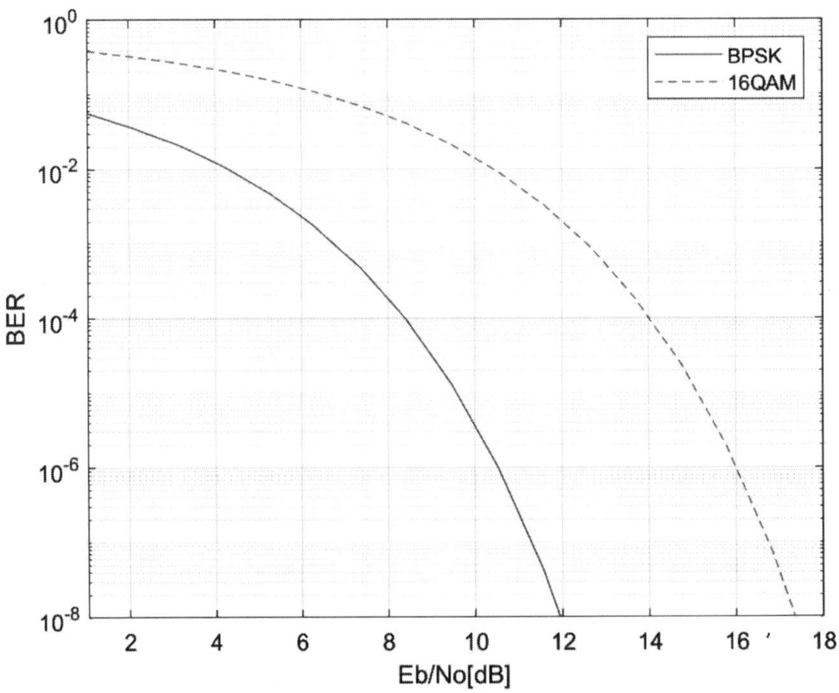

그림 7-39 가우시안 채널에서의 BPSK/16QAM BER 성능

7.3 라이시안 채널에서의 성능 분석

전파 신호는 지형적인 전파 환경으로 인하여 직접파와 반사파가 동시에 수신이 되는데 이러한 무선 채널을 두 개의 경로를 갖는 라이시안 채널(Two-ray Rician)이라고 부른다.

송신 신호 $s(t)$가 라이시안 채널 $h(t)$를 통해 수신이 된다고 가정하면 수신 신호 $r(t)$는 다음과 같은 수식으로 표현이 된다.

$$r(t) = s(t)h(t) + n(t) \tag{7-40}$$

여기서, $n(t)$는 가우시안 잡음을 의미하며 잡음의 평균값이 1이고 표준편차가 1의 값을 갖는다. 라이시안 채널 $h(t)$는 다음의 수식으로 표현이 된다.

$$h(t) = \delta(t) + \alpha e^{j\phi}\delta(t-\tau) \tag{7-41}$$

$$K = \frac{1}{E[\alpha^2]} \tag{7-42}$$

라이시안 채널은 직접파와 반사파의 합으로 형성이 되므로 시간 영역에서 임펄스 응답으로 표현이 된다. 수식7-41에서 첫째 항은 $\delta(t)$는 신호 크기가 "1"인 직접파를 의미하며 둘째 항은 신호 크기가 "α"이고 시간 지연이 "τ", 그리고 위상 값이 "ϕ"값을 갖는 반사파를 의미한다. 일반적은 반사파는 직접파의 반사로 인하여 생성된 신호이므로 반사파 신호 크가 α는 정규화된 송신 신호 크기로 1보다 작은 값을 갖게 된다. 따라서, 수식7-42에서 정의한 반사파 계수 K는 1보다 큰 값을 갖는다.

이러한 Rician 채널의 신호 크기 특성은 다음과 같은 확률분포를 갖는 것으로 모델링이 된다.

$$P(x) = \frac{x}{\sigma^2} exp\left(-\frac{x^2}{\sigma^2} - \frac{K^2}{2}\right) I_o(Kx) \tag{7-43}$$

여기서, $I_o(Kx)$는 베셀 함수를 의미하며 라이시안 계수 K 값에 따라서 라이시안 확률 특성이 달라지게 된다. $K=1$인 경우는 직사파와 반사파가 동일한 전력을 갖게 되어 레이레이 분포가 된다. 그러나 K가 증가하며 10 이상이 되면 직접파만 존재하는 경우가 되므로 가우시안 채널 특성을 갖게 된다. 그림7-40은 K 값에 따른 라이시안 확률 분포 함수를 보여준다.

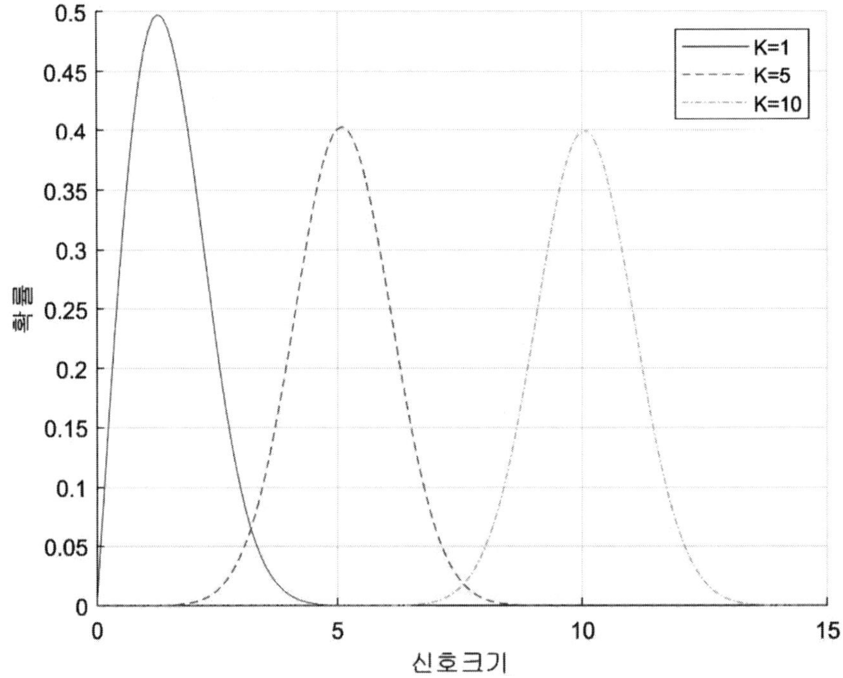

그림 7-40 라이시안 계수 K 값에 따른 확률 분포

임의의 임계치 γ를 기준으로 수신 비트를 판정할 때 BER은 라이시안 누적분포함수가 되며 다음과 같다.

$$P(x) = \int_{-\infty}^{r} \left[\frac{x}{\sigma^2} exp\left(-\frac{x^2}{\sigma^2} - \frac{K^2}{2} \right) I_o(Kx) \right] dx \tag{7-44}$$

ASK 변조 신호에서 "0"를 전송하는 경우를 S_2라고 가정하면 신호의 평균값은 "0"이고 분산 값은 "σ_2^2"를 갖는 확률분포를 갖는다. ASK 변조 신호에서 "1"를 전송하는 경우를 S_1라고 가정하면 신호의 평균값은 " $\sqrt{E_b/2}\,T_b$"이고 분산 값은 "σ_1^2"를 갖는 확률분포를 갖는다. 두 신호 S_2, S_1 신호의 발생 확률적으로 동일하고 신호를 검출할 때 임의의 기준값 γ로 판정을 할 때 수신신호의 에러 확률은 수식 (7-45)에 의해 결정이 된다.

$$P_b = \frac{1}{2}\left[\int_{\gamma}^{\infty} p(z|s_2)dz + \int_{-\infty}^{\gamma} p(z|s_1)dz\right] \tag{7-45}$$

$p(z|s_2)$는 신호가 없는 경우 결정변수 z의 확률밀도함수이고 평균값은 "0"이고 분산은 "σ_2^2"이다. $p(z|s_1)$는 신호가 있는 경우 결정변수 z의 확률밀도함수이고 평균값은 " $\sqrt{4P}\,T_b$"이고 분산은 "σ_1^2"이다. 비트 에러 확률은 무신호시에 주어진 임계를 넘어서 신호가 있다고 판단하는 확률과 신호가 있는데 임계치보다 낮아서 신호가 없다고 판단하는 확률로 계산이 된다.

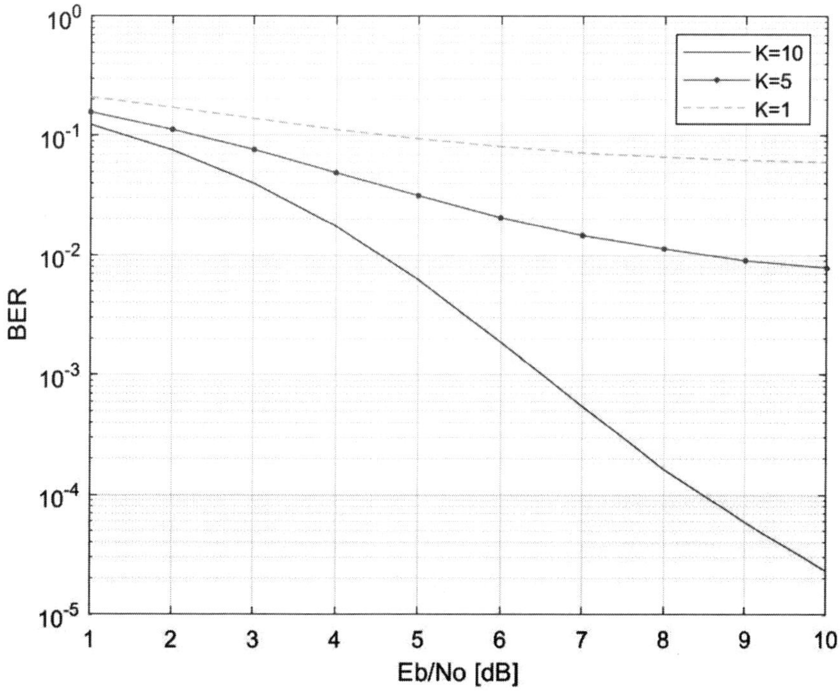

그림 7-41 ASK 신호의 BER 성능(K = Rician Factor)

라이시안 계수에 따른 ASK 신호의 에러 성능은 그림 7-41에서 보여 준다. K값이 감소함에 따라 성능이 저하되며 다경로 페이딩의 성능과 동일하게 되며 K값이 크면 가우시안 채널의 성능과 동일하게 된다.

7.4 레이레이 페이딩 채널에서의 성능 분석

송신기와 수신기가 이동하면서 통신하게 되면 이동으로 인하여 송수신기 간에 다수의 전파 경로가 발생하고 전파 신호의 진폭과 주파수, 시간 지연에 변화가 발생하게 된다. 이러한 무선 채널을 다경로 페이딩(Multi-path Fading) 채널이라고 부른다.

송신 신호 $s(t)$가 다경로 페이딩 채널 $h(t)$를 통해 수신이 된다고 가정하면 수신 신호 $r(t)$와 페이딩 신호 $h(t)$는 다음과 같은 수식으로 표현이 된다.

$$r(t) = s(t)h(t) + n(t) \tag{7-46}$$

$$h(t) = h_r(t) + jh_i(t) \tag{7-47}$$

여기서, $n(t)$는 가우시안 잡음을 의미하며 잡음의 평균값이 $m=1$이고 표준편차가 $\sigma=1$의 값을 갖는다. 그리고 $h_r(t)$, $h_i(t)$는 무선 채널 $h(t)$의 Real 성분과 Imaginary 성분을 의미한다. 가우시안 잡음 $n(t)$와 페이딩 신호 $h(t)$에 대한 확률 분포는 수식7-48과 수식7-49와 같다.

$$p(n) = \frac{1}{\sqrt{2\pi}\,\sigma} e^{-(n-m)^2/2\sigma^2} \tag{7-48}$$

$$p(h) = \frac{h}{\sigma^2} e^{-h^2/2\sigma^2} \tag{7-49}$$

수식7-46의 첫 번째 항을 $h(t)$나누고 수신 신호는 다음과 같이 표현이 된다.

$$r(\hat{t}) = s(t) + n(t)/h(t) = s(t) + n(\hat{t}) \tag{7-50}$$

$$n(\hat{t}) = n(t)/h(t)$$

수식7-46에서 페이딩 신호 $h(t)$에 대한 비트 에러율은 다음과 같이 계산할 수 있다.

$$P_b(h) = \frac{1}{2} erfc\left(\sqrt{\frac{|h|^2 E_b}{N_o}}\right) = \frac{1}{2} erfc(\sqrt{\gamma}) \tag{7-51}$$

$$\gamma = \frac{|h|^2 E_b}{N_o} \tag{7-52}$$

$|h|$는 레이레이 확률 분포를 갖고 $|h| LSUP2$는 ch-sqaure 분포를 갖는다고 가정하면 수신 신호에 대한 확률 분포와 BER은 다음과 같이 계산이 된다.

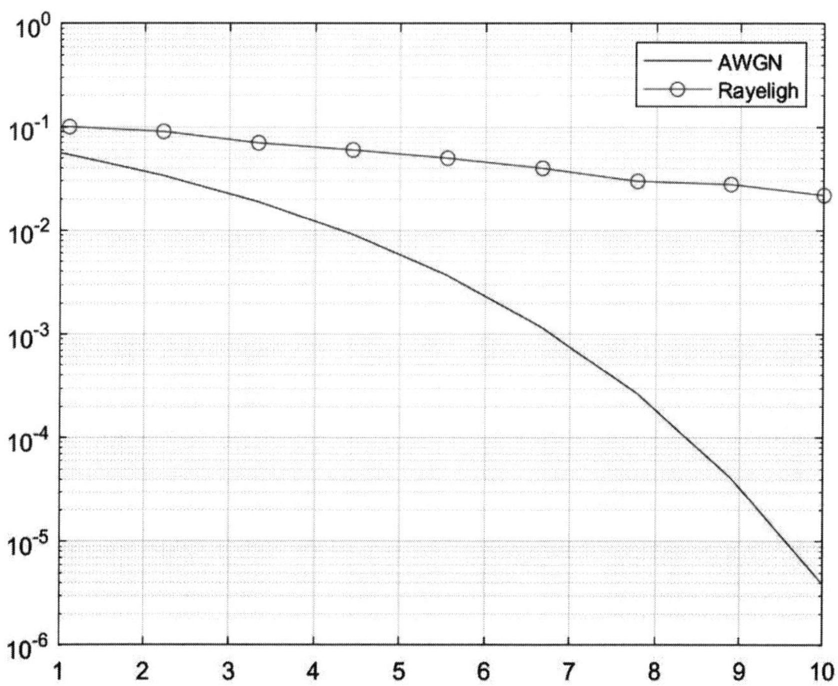

그림 7-42 Rayleigh 채널에서의 BPSK 신호의 BER 성능

$$p(r) = \frac{1}{(E_b/N_o)} e^{\frac{-\gamma}{(E_b/N_o)}}, \ \gamma \geq 0 \tag{7-53}$$

$$P_b(r) = \int_0^\infty \frac{1}{2} erfc(\sqrt{\gamma}) p(\gamma) d\gamma = \frac{1}{2}\left(1 - \sqrt{\frac{E_b/N_o}{E_b/N_o + 1}}\right) \tag{7-54}$$

BPSK 변조 신호가 페이딩을 통해 수신되는 경우 비트 에러율은 수식7-54를 이용하여 계산할 수 있다. 그림 7-42는 가우시안 잡음과 페이딩 채널에의 비트 에러율을 보여 준다.

무선 채널에 따른 성능 분석

이론적인 BER 성능 분석에 있어서 가우시안 채널에서의 성능 분석을 하는 것이 우선적으로 필요하며. 변조 방식에 대한 기본적인 성능을 평가할 수 있다. 실제 무선 채널 환경은 라이시안(Rician) 또는 레이레이(Rayleigh) 페이딩 채널 환경이므로 이러한 채널 환경에서의 추가적인 성능 저하를 고려함으로써 실제 환경에서의 성능 분석을 할 수 있다.

요약

- 무선통신시스템의 성능을 분석하는 방법에는 수학적 모델을 이용한 성능 해석과 컴퓨터를 이용한 시뮬레이션 방법, 그리고 계측기를 이용한 성능 측정 방법이 있다.
- 프레임 동기는 패킷의 시작을 알아내는 과정으로 송수신기간에 미리 약속한 일정한 길이의 디지털 기준 코드를 이용한다.
- 프레임 동기는 수신 단에 저장된 동기 패턴과 수신 신호간의 상관값을 계산하고 상관값이 설정한 임계치 값보다 크면 프레임의 시작이라고 판단하는 논리회로에 의해 구현이 된다.
- PLL 기술은 수신 반송파의 주파수의 에러를 추정하고 추적하는 반송파 동기, 수신 신호의 비트 타이밍을 추정하고 추적하는 비트 동기, AGC 등에 사용이 된다.
- 복조의 이론적인 성능 분석은 수신 신호와 잡음 신호의 비인 SNR(Signal to Noise Ratio)와 비트 오율 BER(Bit Error Rate)의 관계를 분석한다.
- 가우시안 채널에서의 성능 분석은 시스템 성능을 평가하는 기본 과정이다. 실제 무선 채널 환경은 라이시안(Rician) 또는 레이레이(Rayleigh) 페이딩 채널 환경이므로 이러한 채널 환경에서의 추가적인 성능 저하를 고려함으로써 실제 환경에서의 성능 분석을 할 수 있다.

참고문헌

[1] Terry, John, and Juha Heiskala. OFDM wireless LANs: A theoretical and practical guide. Sams publishing, 2002.

[2] Haykin, Simon S., Michael Moher, and Tiecheng Song. An introduction to analog and digital communications. Vol. 1. New York: Wiley, 1989.

[3] Best, Roland E., Phase Looped Lock: Design, Simulation and Application, McGraw-Hill, 2007.

[4] Stensby, John L, Phase Looped Lock : Theory and Application, CRC Press, 1997.

[5] Oh, Hyunseo, et al. "5.8 GHz DSRC packet communication system for ITS services." Gateway to 21st Century Communications Village. VTC 1999-Fall. IEEE VTS 50th Vehicular Technology Conference (Cat. No. 99CH36324). Vol. 4. IEEE, 1999.

[6] Bladsjö, David, Marie Hogan, and Stefano Ruffini. "Synchronization aspects in LTE small cells." IEEE Communications Magazine 51.9 (2013): 70-77.

제 8 장

시스템 시뮬레이션

컴퓨터 시뮬레이션은 무선통신시스템 기능을 모델링하고 성능 파라미터를 설정하여 성능 분석하는 것이다. 이러한 컴퓨터 시뮬레이션은 무선통신시스템이 성능 요구사항을 만족하는지를 분석하고 평가하기 위해 실시하며 시뮬레이션 결과는 시스템 규격과 시스템 설계에 반영되므로 필수 과정이다. 컴퓨터 시뮬레이션의 성능 결과는 실제 시스템의 성능 결과와 오차가 크면 시뮬레이션의 의미가 없으므로 정확한 시뮬레이션 모델링이 아주 중요하다.

이 장에서는 Matlab 컴퓨터 시뮬레이션 Tool을 이용한 시뮬레이션 모델링을 설명하고 디지털 변조 방식에 대한 성능 분석, 채널 코딩에 따른 성능 분석, 동기에 대한 성능 분석, 고속 이동 환경에서의 OFDM 방식의 채널 추정과 LTE-R 성능 분석을 소개한다.

8.1 통신 시뮬레이션 모델

무선통신 시스템의 시뮬레이션 모델은 통신시스템을 수학적인 컴퓨터 프로그램으로 구현하고 시스템의 성능 파라미터에 의한 성능 분석과 평가를 하는 과정을 말한다.

그림 8-1은 일반적인 시뮬레이션 모델로 송신 신호 생성 모델, 변조 및 복조 모델, 무선 채널 모델링, 동기 모델링, BER/PER 분석 기능으로 구성된다. 통신시스템 규격에 따라서 시뮬레이션 모델링이 변경될 수 있으며 채널 코딩과 디코딩, 대역 확산 및 역확산 기능이 추가될 수 있다.

송신 신호 생성 모델은 디지털 비트 정보를 연속적으로 생성하여 랜덤한 특성을 갖는 비트 정보를 생성하며 패킷 전송 방식에서는 임의의 길이를 갖는 패킷 송신 신호를 생성할 수 있다. 변조 모델은 기저대역에서 변조 신호를 생성하는 기능으로 ASK, PSK, FSK, OFDM 등의 변조 방식이 사용되며 수신부의 복조 모델은 수신기에서의 복조 기능을 구현한다.

무선 채널 모델링에서 변조 신호가 무선 채널 상에서 신호의 진폭, 주파수 및 위상 성분에 변화가 발생하는 것을 의미하며 가우시안 채널, 라이시안 채널 그리고 레이레이 페이딩 채널을 선택적으로 적용할 수 있다.

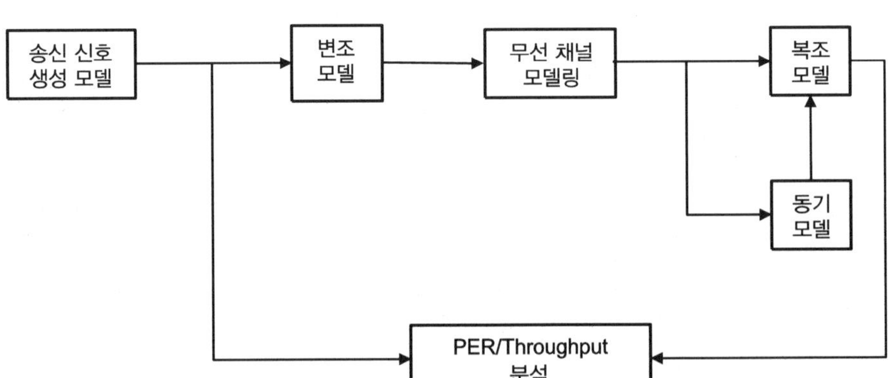

그림 8-1 통신 시뮬레이션 모델

동기 모델은 수신기에서 패킷을 수신하는 시점이나 비트의 신호 에너지가 최대인 시점을 얻을 수 있도록 시각 정보를 추출하는 기능으로 동기를 획득하는 시간과 시각의 타이밍 오차를 분석한다.

변복조 성능 분석은 송신기에서 비트 단위로 보낸 정보 비트와 수신기의 복조 모델에서 복원된 정보 비트를 비교하여 비트 에러율을 계산하거나, 패킷 단위로 송신한 패킷 수와 복조 모델에서 복원된 패킷 에러를 비교하여 패킷 에러율을 계산하는 것이다.

수신한 신호의 복조 모델은 동기식과 비동기식으로 구분하여 설명한다. 동기식 방식은 무선 채널을 통해 수신한 신호의 위상 성분을 정확히 추정하여 복조하는 방식이고 비동기식은 수신 신호의 위상 성분에 무관하게 복조하는 방식을 의미한다.

무선통신 시스템의 시뮬레이션은 각각의 모델링의 기능과 파라미터를 설정함에 따라서 시뮬레이션 항목이 결정된다. 예를 들어, 가우시안 채널에서 BPSK 성능 분석을 하고자 모델링 파라미터를 다음과 같이 선택하는 것이다.

- 송신 신호 생성 모델 : 랜덤 신호
- 변조 모델 : BPSK
- 무선 채널 모델 : 가우시안
- 복조 모델 : 동기식 또는 비동기식

표 8-1은 무선통신시스템의 시뮬레이션 항목과 주요 파라미터를 보여 준다.

| 표 8-1 | 시뮬레이션 항목 및 파라미터

구분	시뮬레이션 항목	파라미터
송신 신호 생성 모델	랜덤 신호, 일정 패턴	시간 주기, 생성 시간
변조 모델	ASK, PSK, FSK, OFDM, QAM	위상 및 주파수 에러
무선 채널 모델	가우시안, 라이시안, 레이레이	SNR, 라이시안 팩터(K), 다경로 페이딩 파라미터
복조 모델	동기식, 비동기식	채널 추정 알고리즘
동기 모델	초기 동기, 연속 동기	동기 알고리즘

8.2 변조 방식에 따른 성능 분석

디지털 변조 방식은 주파수 채널의 효율성을 결정한다. 주파수 채널의 효율은 1 Hz당 전송할 수 있는 비트 수(비트 수/Hz)로 정의한다. 예를 들어, 주파수 대역폭이 10 MHz이고 ASK 변조 방식으로 적용하면 데이터 전송율이 1 Mbps가 되며 주파수 효율은 0.1비트/Hz가 된다. 주어진 주파수 채널 대역폭에서 더 많은 정보를 전송하기 위해서는 BPSK, QPSK, 16QAM, 64QAM 방식을 사용하게 된다.

이러한 변조 방식의 성능 분석은 AWGN 채널에서 신호 대 잡음비(SNR)과 BER 관계를 분석함으로써 서비스 품질을 얻기 위한 SNR 값을 도출한다. 이 SNR 값은 변조 방식의 성능을 평가하고 시스템의 링크 버짓 설계에 활용이 된다.

무선 링크 시뮬레이션은 C 언어를 사용하여 프로그램을 개발하거나 상용 시뮬레이션 Tool을 사용할 수 있다. C 언어를 사용하는 경우는 개발자가 원하는 기능을 모델링하는 장점이 있으나 프로그램에 논리적인 에러가 없는지를 검증하는데 시간이 걸리는 단점이 있다. 상용 시뮬레이션 Tool를 사용하면 개발자가 원하는 시뮬레이션 모델을 구현할 수 있도록 검증된 라이브러리 형태로 제공하므로 시뮬레이션 모델링과 분석을 단기간에 할 수 있다는 장점이 있다. 여기서는 수학적인 컴퓨터 모델로 널리 알려진 Matlab 기반의 Simulink Tool을 사용하여 변복조 시뮬레이션 모델링과 성능 분석을 한다.

대표적인 디지털 변조 방식으로 널리 사용되고 있는 ASK, BPSK, QPSK, 16QAM에 대한 시뮬레이션 모델링과 성능 분석 절차는 그림 8-1를 참조하여 다음과 같은 과정을 통하여 이루어진다.

① 송신 신호 생성 모델링

랜덤한 이진 신호를 발생하는 기능으로 Simulink에서 제공하는 라이브러리를 사용하여 파라미터를 세팅한다.

② 변조 신호 생성 모델링

랜덤한 이진 신호를 변조 신호로 생성 기능으로 Simulink에서 제공하는 라이브러리를 사용하여 파라미터를 세팅한다.

③ 무선 채널 모델링

변조 신호의 신호(S)와 열잡음 신호(N)을 각각 생성하고 신호 대 잡음비(SNR)를 가변하는 모델링을 하며 Simulink에서 제공하는 라이브러리를 사용하여 파라미터를 세팅한다.

④ 복조 기능 모델링

수신 신호를 복조하여 송신 데이터를 복원하는 기능을 모델링하며 복조 방식은 동기식과 비동기식을 적용할 수 있다. Simulink에서 제공하는 라이브러리를 사용하여 파라미터를 세팅한다.

⑤ 동기 기능 모델링

송수신 신호 간 동기 에러가 존재하는 것을 모델링하며 변복조 성능분석 시 동기에 에러가 없다고 가정한다. 동기 기능 모델링은 변복조 성능 시뮬레이션과 별도로 수행한다.

⑥ BER/PER 기능 분석

주어진 채널에서 SNR 값이 가변됨에 따라서 송신 데이터와 복원된 데이터가 동일한지 또는 차이가 있는지를 비교하여 전체 비트에 대한 에러율 또는 패킷에 대한 에러율을 계산한다. Simulink에서 제공하는 라이브러리를 사용하여 파라미터를 세팅하며 SNR 값을 1 dB 간격으로 가변하면서 BER 결과를 분석한다.

■ BPSK 통신 시뮬레이션 모델

BPSK 변조 방식은 널리 사용하는 기본적인 변조 방식이므로 Simulink를 이용한 시뮬레이션의 예를 설명한다.

그림 8-2은 Simulink에서 제공하는 라이브러리를 사용한 BPSK 시뮬레이션 모델을 보여 준다. 이 모델은 랜덤한 정수를 생성 모델, BPSK 변조 및 가우시안 통신 채널 시뮬레이션 모델링을 한다. 그리고 BPSK 복조를 통해 송신 신호를 복원하는

모델링을 사용한다. AWGN 채널의 신호대 잡음비에 따라서 송신 신호와 복원 신호의 비트 차이를 비교하여 비트 에러를 계산한다.

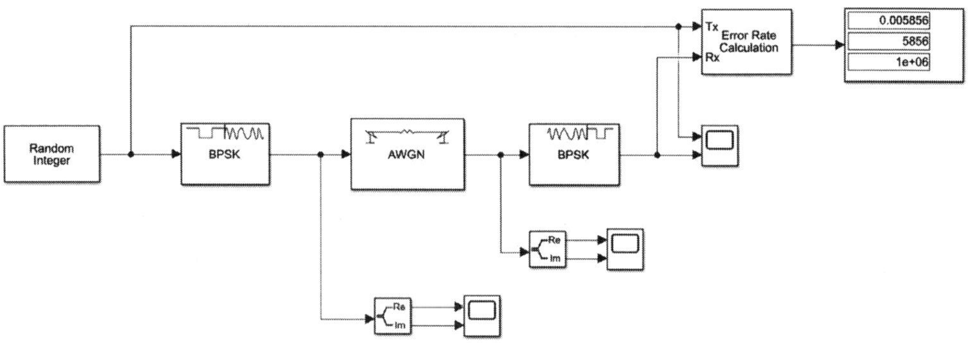

그림 8-2 AWGN 채널 환경에서 BPSK 시뮬레이션 모델링

■ BPSK 통신 시뮬레이션 결과

AWGN 환경에서 SNR 값이 0~10 dB까지 1 dB 간격으로 변경하면서 10^6개의 비트를 생성하고 AWGN 채널을 통하여 수신하였을 때 SNR 값과 BER 값을 얻을 수 있으며 표 8-2와 같다.

표 8-2 AWGN 환경에서 BPSK BER 결과

SNR [dB]	BPSK
0	0.078
1	0.056
2	0.037
3	0.022
4	0.012
5	0.0058
6	0.0023
7	0.00078
8	0.00020
9	0.00003
10	0.000001

아래 그림 8-3은 AWGN 채널에서 이론적인 BER 성능 결과와 시뮬레이션을 통한 BER 성능 결과를 보여 준다.

변조 방식별 SNR과 BER 관계를 보여 주는데, SNR이 증가하면 BER 이 감소하는 특징을 갖는다. 원하는 서비스 품질은 BER 값으로 설정할 수 있는데 음성 서비스 품질은 BER = 10^{-3}이고, 데이터 서비스 품질은 BER = 10^{-6} 이상으로 가정한다. BER = 10^{-3}인 경우, 이를 만족하기 위한 BSPK 방식의 SNR 값은 약 6.5 dB가 요구되고 BER = 10^{-6}인 경우, 이를 만족하기 위한 BSPK 방식의 SNR 값은 10 dB 이상이 요구된다는 것을 알 수 있다. 여기에서, 위상 에러가 없는 경우는 이론적인 성능과 동일하지만 위상 에러가 존재하는 경우 BER 성능이 저하하게 된다. 그림 8-3 시뮬레이션은 BPSK 위상 에러가 없는 경우 BER 성능 결과를 보여 준다.

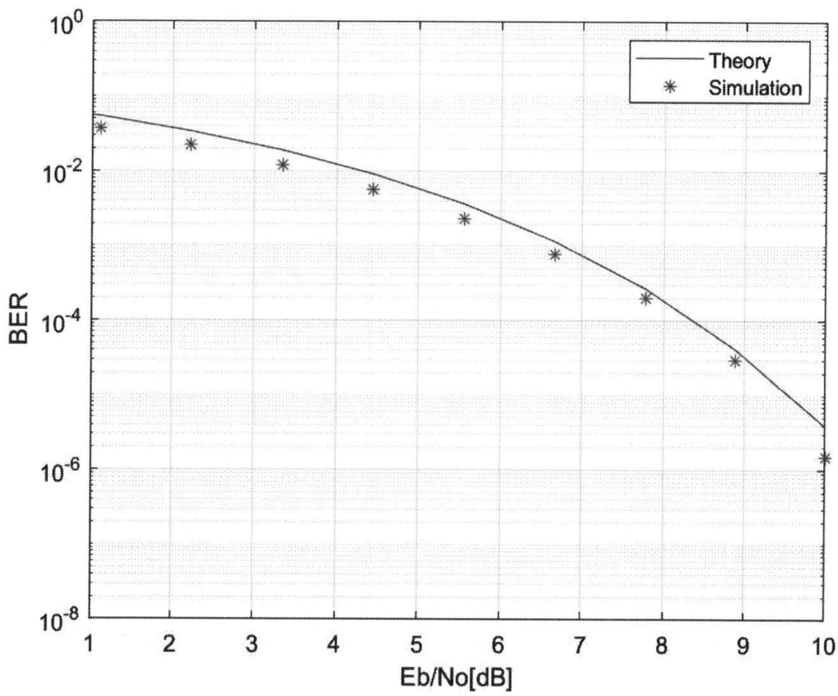

그림 8-3 AWGN 채널 환경에서 BPSK 변조 방식 성능

8.3 무선 채널에 따른 성능 분석

본 절에서는 전파의 채널 환경이 라이시안 또는 레이레이 페이딩 채널에서의 시뮬레이션 성능을 소개한다.

■ 라이시안 채널에서 BPSK 시뮬레이션 모델

라이시안 페이딩 채널은 송수신기 간에 직접파가 존재하는 채널로 직접파와 반사파의 비로 정의하는 K 팩터에 의해 채널의 특성이 결정된다. 여기서는, K 값이 1, 5, 10인 경우에 라이시안 채널에서 성능 분석을 설명한다.

그림 8-4는 라이시안 채널에서의 BPSK 시뮬레이션 모델을 보여 준다. 이 모델은 랜덤한 정수를 생성 모델, BPSK 변조 및 라이시안 통신 채널 시뮬레이션 라이브러리를 사용하여 시뮬레이션 모델링을 한다. 그리고 BPSK 복조를 통해 송신 신호를 복원하는 기능 모델을 사용한다. 송신 신호와 복원 신호의 비트 차이를 비교하여 비트 에러를 계산하는 방식을 사용하며, AWGN 채널 모델은 신호대 잡음비를 설정하는 기능을 제공한다.

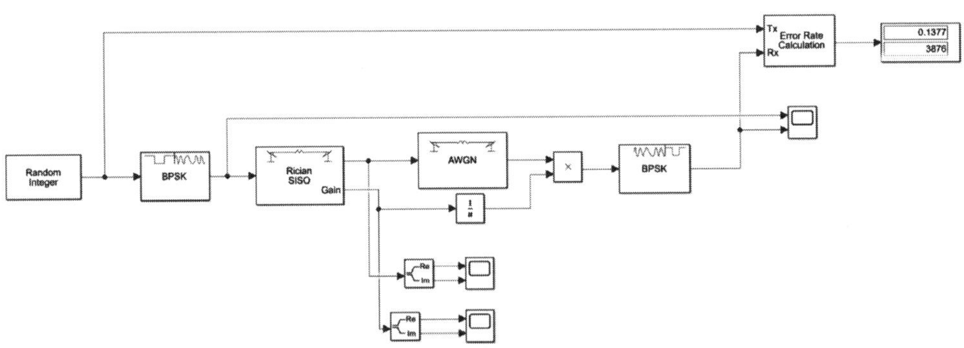

그림 8-4 라이시안 채널 환경에서 BPSK 시뮬레이션 모델링

■ 라이시안 채널에서 통신 시뮬레이션 결과

라이시안 환경에서 SNR 값이 0~10 dB까지 1 dB 간격으로 변경하면서 10^6개의 비트를 생성하여 AWGN 채널을 통하여 송수신하였을 때 BPSK 변조에서 SNR 값과

BER 값의 시뮬레이션 결과를 얻을 수 있으며 표 8-3와 같다.

| 표 8-3 | 라이시안 채널 환경에서 BPSK BER 결과

SNR [dB]	라이시안 채널		
	K = 10 dB	K = 5 dB	K = 1 dB
0	0.093	0.1	0.14
1	0.073	0.083	0.12
2	0.053	0.064	0.1
3	0.038	0.049	0.09
4	0.024	0.037	0.07
5	0.016	0.025	0.058
6	0.016	0.019	0.05
7	0.0086	0.011	0.04
8	0.0026	0.0075	0.03
9	0.00013	0.0050	0.028
10	0.00068	0.00032	0.021

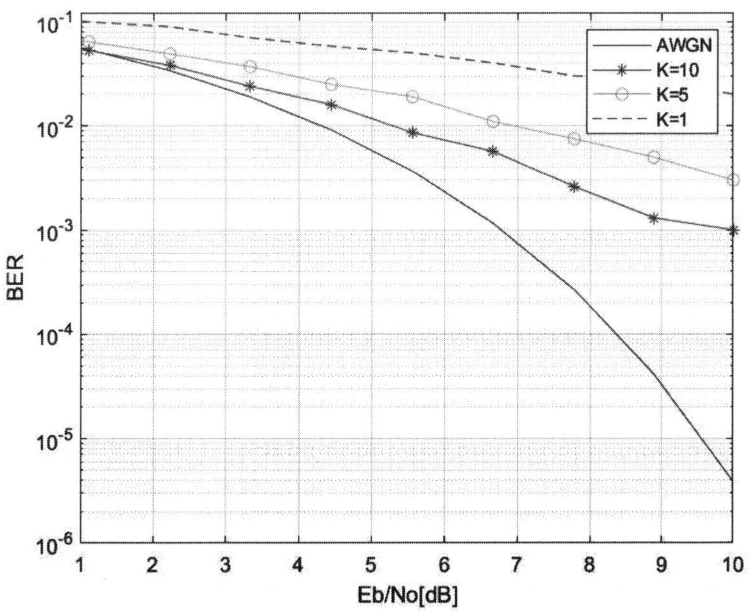

그림 8-5 라이시안 채널 환경에서 BPSK 변조 방식 성능

그림 8-5는 K 값이 1, 5, 10인 경우에서 BER 결과를 보여 준다. K 값이 증가함에 따라 가우시안 채널에서 성능에 근접한다는 것을 알 수 있다. 일반적으로 직접파가 존재하는 라이시안 채널에서 K 값은 5~10이다.

■ 레이레이 페이딩 채널에서 BPSK 시뮬레이션 모델

그림 8-6는 레이레이 채널에서의 BPSK 시뮬레이션 모델을 보여 준다. 이 모델은 랜덤한 정수를 생성 모델, BPSK 변조 및 레이레이 통신 채널 시뮬레이션 라이브러리를 사용하여 시뮬레이션 모델링을 한다. 그리고 BPSK 복조를 통해 송신 신호를 복원하는 기능 모델을 사용한다. 송신 신호와 복원 신호의 비트 차이를 비교하여 비트 에러를 계산하는 방식을 사용하며, AWGN 채널 모델은 신호대 잡음비를 설정하는 기능을 제공한다.

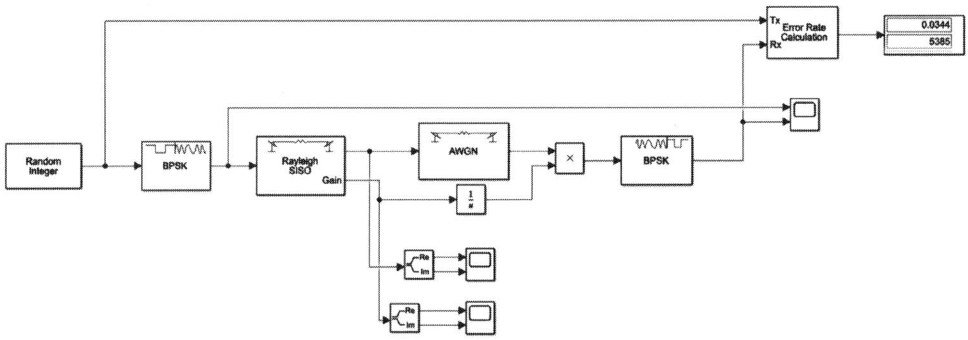

그림 8-6 레이레이 채널 환경에서 BPSK 시뮬레이션 모델링

■ 레이레이 페이딩 채널에서 통신 시뮬레이션 결과

레이레이 페이딩 채널 경우 SNR 값이 0~10 dB까지 1 dB 간격으로 변경하면서 10^6개의 비트를 생성하고 레이레이 채널을 통하여 송수신하였을 때 BPSK 변조에서 SNR 값과 BER 값의 시뮬레이션 결과를 얻을 수 있으며 표 8-4와 같다.

그림 8-7은 SNR 값에 따른 단일 경로를 갖는 레이레이 페이딩에서 BER 결과를 보여 준다. 가우시안 채널에서 비해 성능이 현저히 저하되며 SNR 값이 증가해도

BER 값이 포화되는 현상이 일어난다.

표 8-4 레이레이 채널 환경에서 BPSK BER 결과

SNR [dB]	레이레이 페이딩 채널
0	0.14
1	0.12
2	0.10
3	0.09
4	0.07
5	0.06
6	0.05
7	0.04
8	0.03
9	0.0028
10	0.022

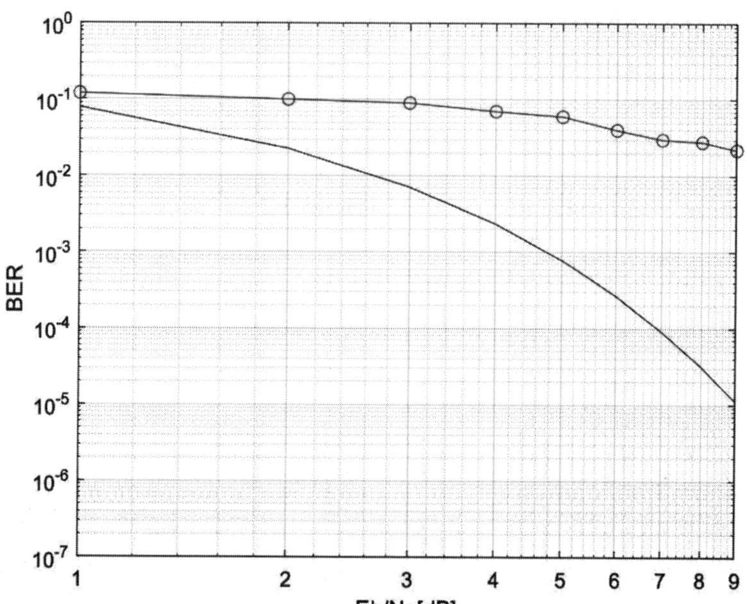

그림 8-7 레이레이 채널환경에서 BPSK 변조 방식 성능

8.4 채널 코딩에 따른 성능 분석

BPSk 변조 방식에서 채널 코딩 방식이 콘벌루션 코딩인 경우에 성능 분석을 한다.

■ 콘벌루션 코드를 사용한 시뮬레이션 모델

송신 신호는 랜덤한 비트 정보를 생성하고 콘벌루션 코딩과 BPSK 변조 과정을 거쳐 생성된다. 송신 신호는 AWGN 채널을 통하여 잡음 신호가 더해지고 수신이 된다. 수신부에서는 BPSK 복조와 비터비 디코딩을 통하여 원신호를 복원하게 된다.

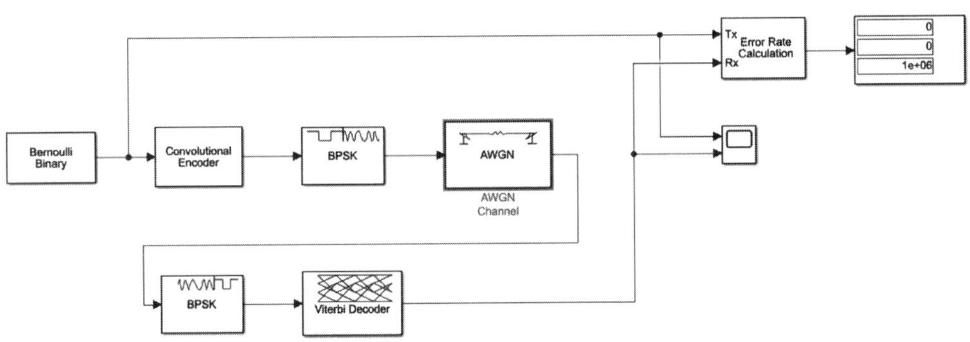

그림 8-8 AWGN 환경에서 Coded BPSK 시뮬레이션 모델링

■ 콘벌루션 코드를 사용한 BPSK 시뮬레이션 결과

AWGN 환경에서 SNR 값이 0~10 dB까지 1 dB 간격으로 변경하면서 10^6개의 비트를 생성하여 AWGN 채널을 통하여 수신하였을 때 코딩을 적용한 경우와 적용하지 않은 경우의 SNR 값과 BER 값을 얻을 수 있으며 표 8-5와 같다.

콘벌루션 코딩을 적용하면 송신 신호에 코딩을 위한 추가 비트를 보내기 때문에 정보량이 증가하는 단점이 있으나, 수신 신호의 에러를 검출하고 정정할 수 있으므로 코딩으로 인한 이득을 얻을 수 있는 장점이 있다. 그림 8-9에서 BER = 10^{-3}인 경우 코딩으로 인한 이득은 약 3.7dB인 것을 알 수 있다.

표 8-5 AWGN 채널 환경에서 Coded BPSK BER 결과

SNR[dB]	Uncoded	Coded
0	0.078	0.033
1	0.056	0.012
2	0.037	0.004
3	0.022	0.0011
4	0.012	0.0028
5	0.0058	0.0040
6	0.0023	0.00074
7	0.00078	0.000022
8	0.00020	5×10^{-6}
9	0.00003	1×10^{-6}
10	0.000001	1×10^{-6}

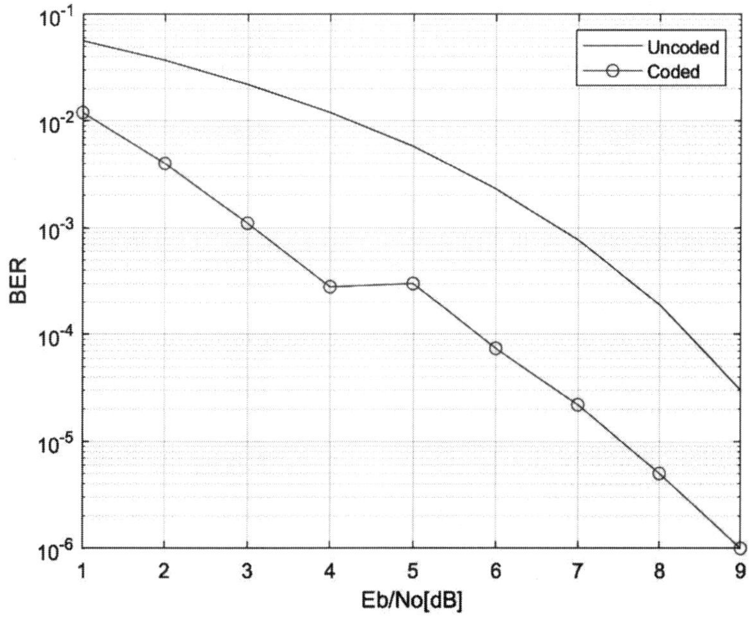

그림 8-9 AWGN 채널환경에서 Coded BPSK 성능

8.5 동기에 대한 성능 분석

동기는 수신기에 필요한 기능에 따라서 반송파를 검출하고 추적하는 반송파 동기, 기저대역수신 신호에서 비트 타이밍을 검출하고 추적하는 비트 동기, 기저대역 수신 신호의 위상을 검출하고 추적하는 위상 동기가 있으며 이러한 동기 기능은 디지털 방식의 PLL(Phase Looped Lock)을 원리에 기반을 두고 있다.

수신 신호를 정상적으로 복조하기 위해서는 수신 신호의 최대 에너지값을 값는 시점의 타이밍에서 신호를 수신하고 연속적으로 추적하는 비트 동기가 이루어진다. 여기서는, 일반적으로 널리 사용되는 Early-Late 비트 동기 시뮬레이션에 대하여 알아본다.

■ 시뮬레이션 모델링

Early Late 비트 동기는 그림 8-10과 같이 Simulink 상에서 모델링된다. 이 시뮬레이션 모델은 1초 주기를 갖는 비트 시간을 기준으로 16개 이상의 디지털 샘플로 비트 시간을 세분화한다. 기준 비트 시간을 중심으로 Early 시간과 Late 시간을 검출하고 이 검출된 신호를 적분하여 평균값을 구한다. 그리고 이 값은 1/2비트 시간 만큼 지연하여 디지털 VCO에 입력한다. 즉, Early 시간이 검출되면 마이너스 값이 인가되어 비트 시간이 지연되고 Late 시간이 되면 플러스 값이 인가되어 비트 시간이 전진하게 된다.

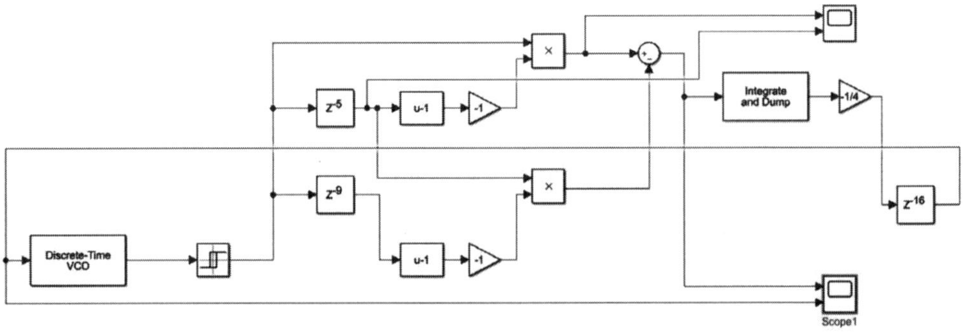

그림 8-10 비트 동기 시뮬레이션 모델링

Early Late 비트 동기는 VCO의 감도와 비트 위상의 검출기, 그리고 검출된 신호를 평균화하는 필터의 특성에 의하여 비트 동기의 에러 성능이 결정된다.

■ 시뮬레이션 결과

그림 8-11은 비트 동기 시뮬레이션은 위상 에러가 감소하는 동작을 보여 준다. 비트 타임을 갖는 자체 클럭과 입력되는 클럭과의 위상 차이를 검출한다. 이 위상차의 값은 한 비트 시간 동안 적분하고 적분된 값은 디지털 VCO에 입력이 되어 클럭의 위상을 제어하게 된다. 이러한 동작은 PLL 동작 원리와 동일하다.

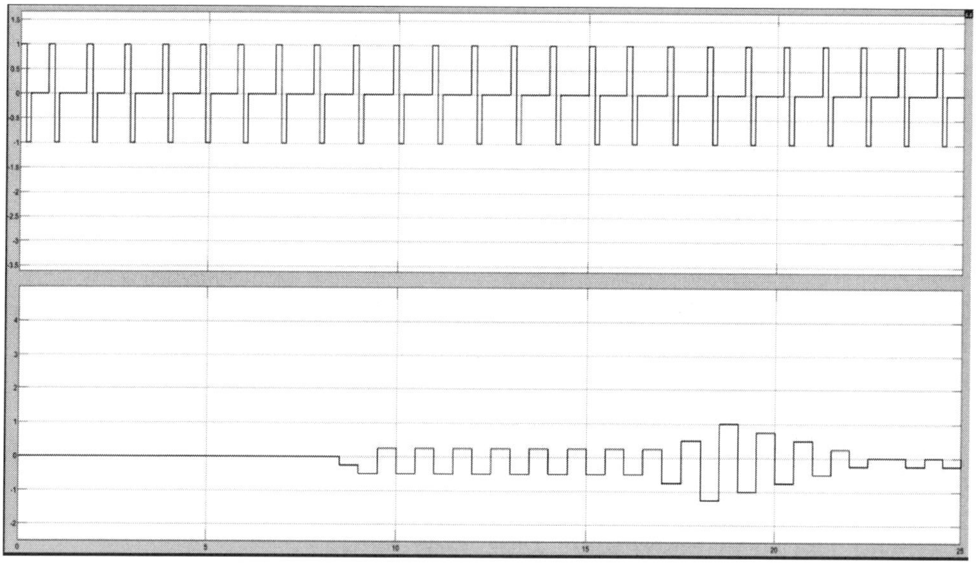

그림 8-11 비트 동기 동작

8.6 수신기의 채널 추정 방식에 따른 성능 분석

IEEE 802.11p OFDM 방식에서 수신기에서 채널 추정은 성능에 크게 영향을 미친다. OFDM 수신기에서 Decision Feedback 다이버시티를 적용한 경우 시뮬레이션에 의한 성능 분석을 설명한다.

■ OFDM 시뮬레이션 모델

OFDM 성능 분석 시뮬레이션 모델은 그림 8-12와 같이 OFDM 변조기, 다경로 페이딩 채널과 복조기로 구성된다. 패킷 데이터 생성은 래덤한 데이터를 생성하여 OFDM 변조기로 보내고 패킷 에러 카운터는 송신 데이터와 수신된 데이터를 비교하여 패킷 에러율을 계산한다.

OFDM 변조기는 OFDM 변조 신호를 생성하고 수신 단에서 패킷 검출과 동기를 위하여 기준 신호를 추가한다. 변조 신호 X는 다경로 페이딩 채널을 통과할때 신호의 진폭과 위상 성분에 왜곡이 발생한다. 다경로 페이딩 채널은 TDL 필터로 모델링이 된다. 수신 신호 Y는 다경로 페이딩을 거친 신호로 복조기에 입력이 된다. OFDM 시뮬레이션 모델은 아래 그림 8-12와 같다.

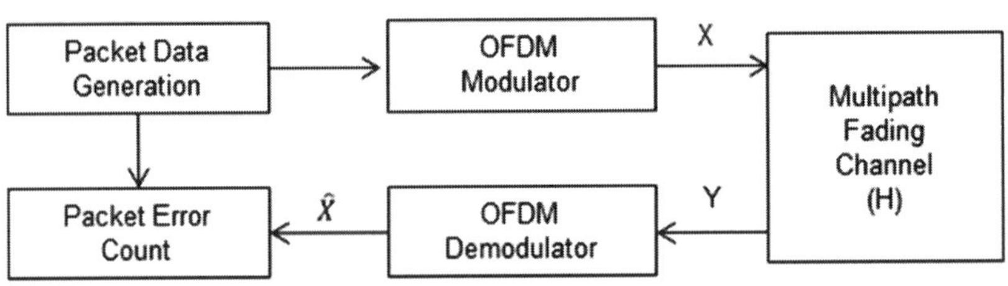

그림 8-12 OFDM 시뮬레이션 모델

■ OFDM Decision Feedback 채널 추정 방식

그림 8-13은 OFDM 신호를 수신하는 일반적인 Decision Feedback 채널 추정 방식의 복조기를 보여 준다. 수신기는 자체 기준 신호와 상관값을 계산하여 수신 신호로부터 패킷의 시작점을 알며 이것을 패킷의 초기 동기라고 부른다. 패킷 검출이 되면 FFT 신호 처리를 하고 LS(Least Square) 알고리즘에 의한 채널 추정을 통해 채널값 H을 추정한다. 그리고 수신 신호 Y와 곱하고 Demapping과 Descrambling을 하여 최종적으로 수신 데이터를 복원하게 된다. IEEE802.11p는 초기 동기를 위한 정보를 제공하므로 연속적인 동기를 위해 수신 신호를 Feedback 하여 채널 추정에 적용하는 Decision Feedback 방식을 사용하며 보다 정교한 채널 추정을 위

한 MMSE 채널 추정 방식을 적용할 수도 있다.

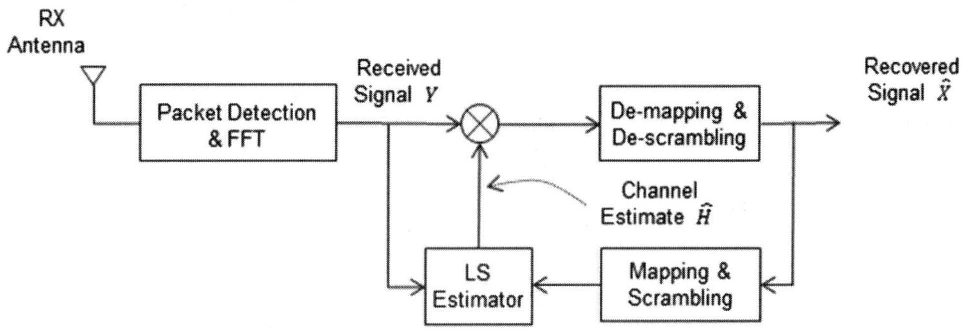

그림 8-13 일반적인 Decision Feedback 채널 추정

■ OFDM Decison Feedback 채널 및 안테나 다이버시티 방식

IEEE 802.11p OFDM 신호는 패킷 해더에 초기 동기 정보를 전송한다. Decision Feedback 채널 추정 방식은 이러한 구조에서 연속 동기를 할 수 있는 효과적인 방법이다. 차량이 고속으로 주행하는 다경로 페이딩 채널 환경에서 안테나 다이버시티 기술은 효과적이라 알려져 있다. 여기서는 Decision Feedback Channel Estimation (DFCE) 방식과 안테나 다이버시티를 적용한 Decision Feedback Channel Estimation (DFCE)-Antenna Diversity(AD) 방식의 성능을 분석한다. 안테나 다이버시티 방식은 안테나 수신 신호를 동일하게 Weighting을 주어 합하는 동일 이득 더하는 방식, 안테나 수신 신호 중에 신호 크기가 큰 것을 선택하는 방식, 그리고 안테나 수신 신호의 크기에 비례하여 Weighting을 주어 더하는 MRC(Maximal Ratio Combining) 방식이 있다. 여기서는 MRC 방식을 적용한다.

DFCE 방식과 DFCE-AD 방식을 적용한 시스템의 시뮬레이션 모델은 아래 그림 8-14와 같다.

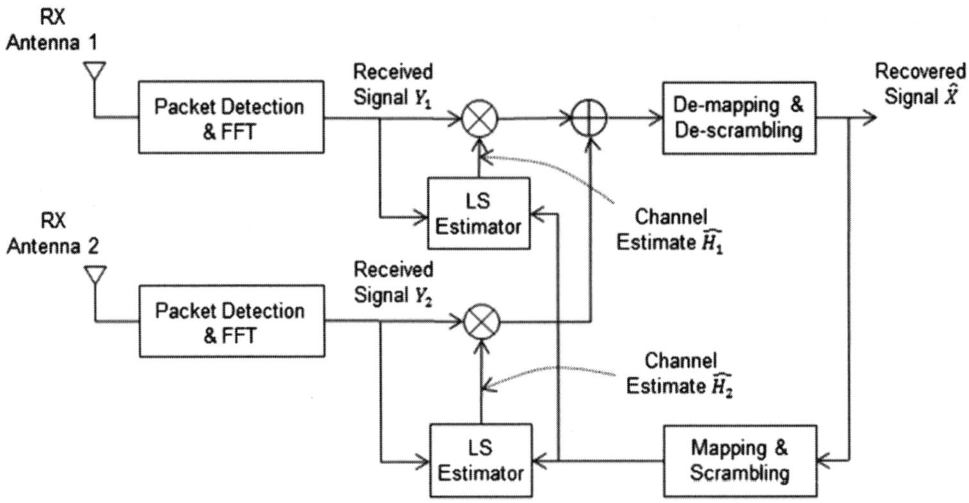

그림 8-14 제안된 Decision Feedback 안테나 다이버시티(DFCE–AD) 방식

통신 시뮬레이션은 성능에 영향을 미치는 변수를 정의하고 값의 범위를 설정한다. 차량 안전 및 C-ITS 서비스의 패킷 사이즈는 평균적으로 300바이트이고 긴 패킷은 1000바이트로 가정한다. 변조 방식은 BPSK, QPSK, 16QAM, 64QAM 방식을 적용하고 페이딩 채널에 결정적인 변수인 차량의 속도에 대해서는 140 km/h를 설정한다. 그리고 채널 추정 방식은 DFCE 방식과 안테나 다이버시티를 적용한 DFCE-AD 방식을 적용한다.

| 표 8-6 | DFCE–AD 시뮬레이션 파라미터

항목	시뮬레이션 조건
패킷 사이즈	300 bytes, 1 Kbytes
변조 방식	BPSK, QPSK, 16QAM, 64QAM
페이딩 모델	140 km/h 이동하는 TDL 채널
채널 추정 방식	DFCE, DFCE–AD(Antenna Diversity)
SNR	1～25dB

■ OFDM 시뮬레이션 결과

시뮬레이션은 10,000개의 패킷을 발생하여 OFDM 신호로 전송하였을 때 주어진 파라미터에 따라 수신되는 PER을 계산함으로 파라미터에 따른 성능의 영향을 분석할 수 있다. 그림 8-15는 140 km/h 주행 환경에서 300바이트를 전송하는 경우 BPSK, QPSK, 16QAM, 64QAM 변조의 성능을 보여 준다. 변조 지수가 증가할수록 요구되는 SNR이 증가함을 알 수 있다.

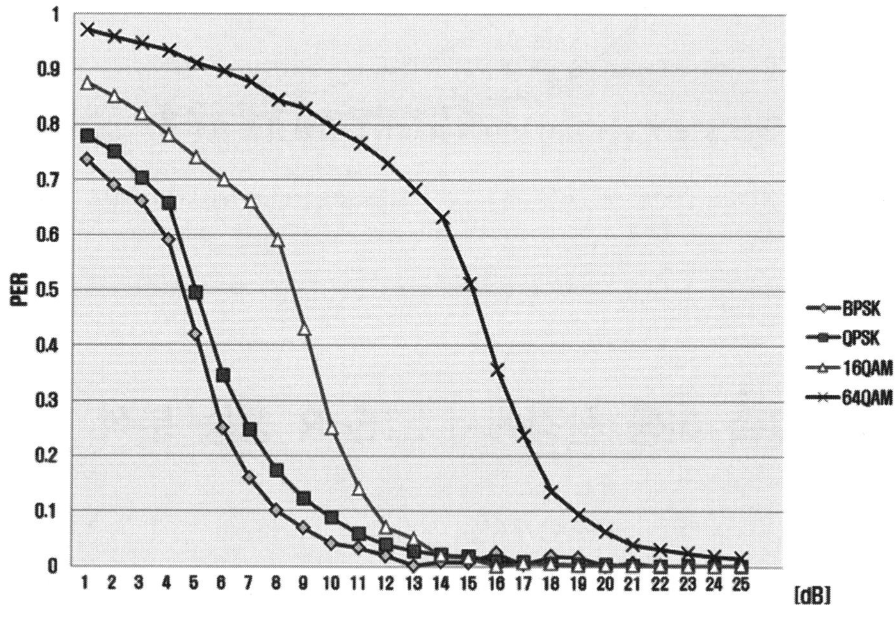

그림 8-15 DFCE 채널 추정에 따른 시뮬레이션 결과(140km/h 속도, 300바이트 조건)

그림 8-16은 QPSK 변조방식의 DFCE에 대해서 DFCE-AD 방식과의 성능 비교 결과를 보여 준다. DFCE-AD 방식은 DFCE 방식에 비해 PER이 10% 조건에서 6 dB 개선 효과가 있으며 SNR이 10 dB 조건에서 PER이 20% 정도 향상된다는 것을 보여 준다. 즉, 안테나 다이버시티 성능의 개선 효과가 있음을 보여 주는 것이다.

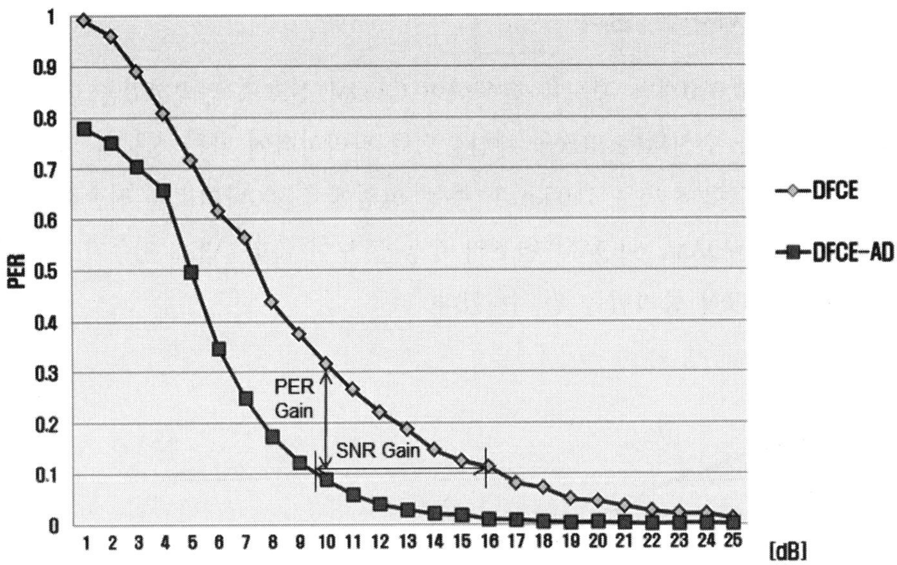

그림 8-16 DFCE와 DFCE-AD 채널 추정 방식 시뮬레이션 결과(140 km/h 속도, 300바이트 조건)

8.7 고속 이동 환경에서 LTE-R 성능 분석

한국의 고속열차 KTX는 2004년 개통을 시작으로 300 km/h 열차 고속화 시대를 열었다. 2010년 700 MHz 철도통합 주파수 대역을 이용한 LTE-R 통신기술연구가 착수되어 350 km/h 주행속도에서 LTE-R 통신 성능시험을 완료하고 무선통신시스템을 구축하고 있다. 열차는 350 km/h 이상 고속화되고 자동화하는 방향으로 발전하고 있으며 인프라 기반의 열차제어 방식에서 무선통신 기반의 열차제어 방식으로 변화하고 있다.

열차 주행속도가 350 km/h 이상일 경우 LTE-R 무선링크 성능에 미치는 영향을 분석한다. 열차가 350 km/h 이상의 주행하는 경우 현차 시험에 제약이 있으므로 LTE-R 통신시스템 구조와 성능에 미치는 요소를 살펴보고 무선링크 시뮬레이션을 통하여 성능에 미치는 영향을 분석한다.

■ LTE-R 시스템 개요

LTE-R 철도통신시스템의 구성은 그림 8-17과 같이 무선 엑세스망, 코어망, 관제센터 및 서버로 구축이 된다. 무선 엑세스 망을 통하여 전달되는 서비스는 PTT 음성, 일반 데이터, 영상, 그리고 열차 제어 데이터를 포함한다. 특히, 열차제어 데이터는 RBC(Radio Block Center)가 열차의 이동을 실시간으로 모니터링하고 제어권 정보를 전송하므로 열차 제어 데이터의 통신 신뢰성과 무결성, 보안성이 중요한 시스템 요구사항이 된다.

열차에 탑재되는 단말기는 기관실에 탑재하는 차상 이동국과 승무원이 사용하는 휴대 단말이 있다. 차상 이동국은 외부의 차상 안테나를 이용하므로 열차의 투과 손실이 없는 특징이 있다.

LTE-R 통신 인프라 시스템에는 RRU(Remote Radio Unit), DU(Digital Unit), L3 스위치, 코어망, 관제 센터와 서버로 구성된다. 무선 억세스 망에 서비스 품질은 RRU 간격에 크게 영향을 받게 되는데 순방향 링크의 RSRP(Reference Signals Received Power) 값이 -110 dBm 이상이 되도록 RRU를 설치하도록 권고하고 있다.

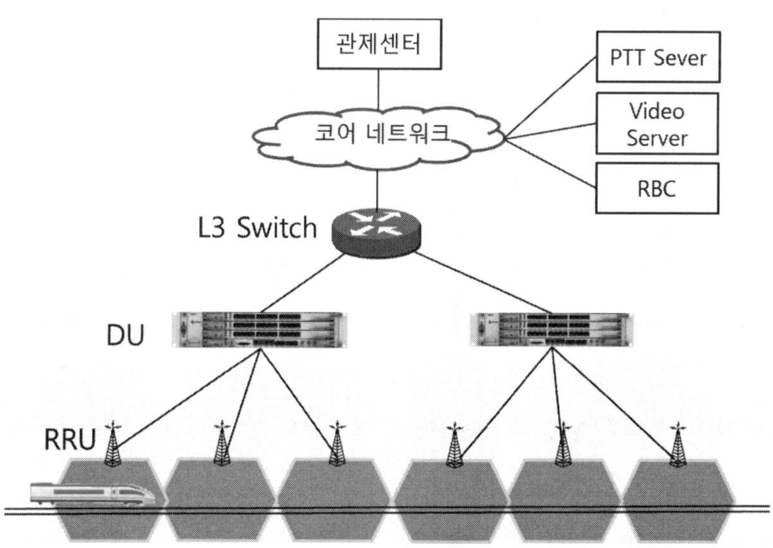

그림 8-17 LTE-R 무선통신시스템 구조

LTE-R 통신시스템이 제공하는 서비스 품질의 목표는 표 8-7에 설명되어 있다. LTE-R에서는 IP 패킷을 기반으로 하며 패킷 수신 성공률이 99% 이상, 패킷 전송 지연시간이 300 ms 이내의 특징을 가지고 있다. 열차 제어 데이터의 경우 패킷 수신 성공률은 99.99% 이상이어야 한다. 이러한 서비스 성능은 350 km/h 주행속도를 가정하고 있으므로 주행속도가 증가함에 따라 서비스 성능에 미치는 영향을 분석하는 것이 필요하다.

| 표 8-7 | LTE-R 서비스 품질 목표

구분	서비스 품질 목표
PTT(Push To Talk) 음성 통화	• 호 접속율: 1초 이내 99%
일반 데이터	• 패킷 수신 성공률 99% • 패킷 전송지연시간 300 ms 이내
영상 서비스	• 패킷 수신 성공률 99% • 패킷 전송지연시간 300 ms 이내
열차제어 데이터	• 패킷 수신 성공률 99.99%, • 패킷 전송지연시간 300 ms 이내
핸드오버	• 핸드오버 성공률 99%

■ 고속주행이 LTE-R 시스템에 미치는 영향

열차 주행 속도가 증가함에 따라 LTE-R 무선통신시스템의 성능에 미치는 영향은 도플러 주파수로 인한 무선링크 성능 저하, 빈번한 핸드오버, 그리고 DU와 RRU 간 거리 변화로 설명할 수 있다.

첫째로 열차의 주행속도로 인한 도플러 주파수는 열차 속도에 비례하고 전파의 파장에 반비례하는 특징을 갖는다. 예를 들어 725.5 MHz 전파를 사용하고 열차 속도가 500 km/h 로 주행하면 전파의 파장은 41.35 cm이고 도플러 주파수 335 Hz가 된다. 이것은 전파의 위상이 335 Hz로 변화하는 것을 의미하며 이로 인한 무선링크 성능 저하가 발생한다.

둘째로 열차가 빠르게 이동하게 되면 셀 점유시간이 줄어 들기 때문에 빈번한 핸드오버가 발생한다. 무선망 구성이 그림 8-18과 같은 조건에서 열차가 고속으로 이동하게 되면 RRU에 의해 형성되는 무선셀 간 핸드오버와 DU간 핸드오버의 횟수 증가하는 현상이 발생하게 된다. 이러한 핸드오버 회수를 줄이는 방법으로는 다수의 RRU를 하나의 무선랜으로 묶어서 동작하게 하여 핸드오버 회수를 줄일 수 있다. 이러한 방법을 Copy cell 방식이라고 부르는데 보통 2개의 RRU를 하나의 셀로 구성하여 운용하는 효과적인 방법이 있다. 아래 그림 8-18은 셀간 핸드오버, DU간 핸드오버, RBC간 핸드오버 개념을 보여 준다.

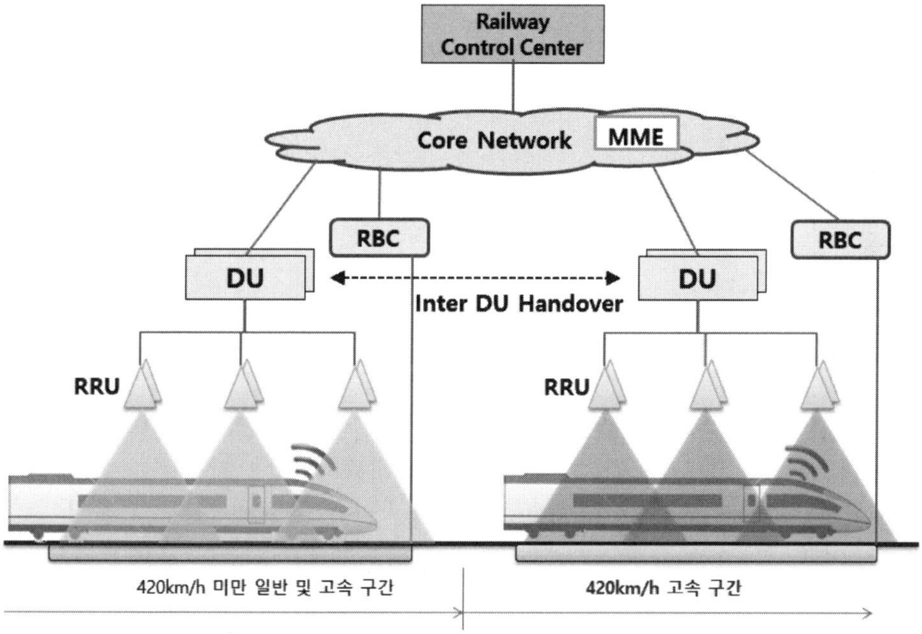

그림 8-18 셀 간 핸드오버 개념

셋째로는 DU와 RRU가 직접 연결되지 않고 광 케이블로 연결이 되어 있어서 DU와 RRU간 시간 지연이 발생하고 업 링크와 다운 링의 전파 위상 차이가 발생하게 되므로 두 링크간 위상을 유지하기 위한 DU와 RRU 거리 제한이 있게 된다. 일반적으로 DU와 RRU 최대 허용거리는 사용하는 반송파 주파수와 주행속도에 의해 결정이 된다. 이것은 LTE 통신에서는 MIMO 방식을 사용하며 MIMO가 정상적으로 동작하기 위해서는 전파의 업 링크와 다운 링크 채널 위상이 유지되는 조건을 만족해야 하며 반송파의 파장의 3% 정도로 가정한다. 즉, 700 MHz 주파수 대역에서 중심 주파수를 725 MHz로 간주하면 파장은 41.5 cm가 되고 3% 구간은 12.3 cm가 된다. 이러한 조건에서 열차의 주행 속도와 DU-RRU 한계 거리는 그림 8-19와 같으며 300 km/h 주행시 DU-RRU 거리가 15 km이며, 450 km/h 주행 시 DU-RRU 거리는 10 km 이내가 되어야 MIMO가 정상적으로 동작한다는 것을 의미한다.

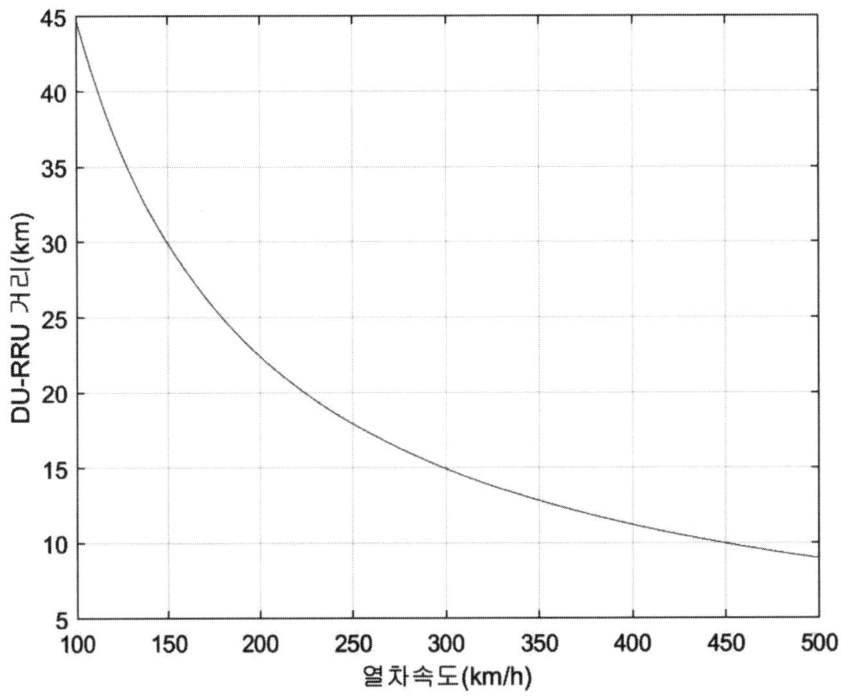

그림 8-19 열차 속도에 따른 DU-RRU 간격

■ 무선링크 채널 구조 및 특성

LTE-R 규격의 데이타 프레임 길이는 10 ms이다. 이 데이터 프레임은 1 ms 시간의 서브 프레임 10개로 구성되며, 이 서브 프레임은 500 usec 시간 길이를 갖는 타임 슬롯 2개로 구성이 된다. 한 개의 타임 슬롯은 7개 OFDM을 할당할 수 있으므로 한 개의 서브 프레임에는 14개의 OFDM 심볼이 된다. 그림 8-20은 LTE-R 순방향 링크 프레임 구조를 보여 준다.

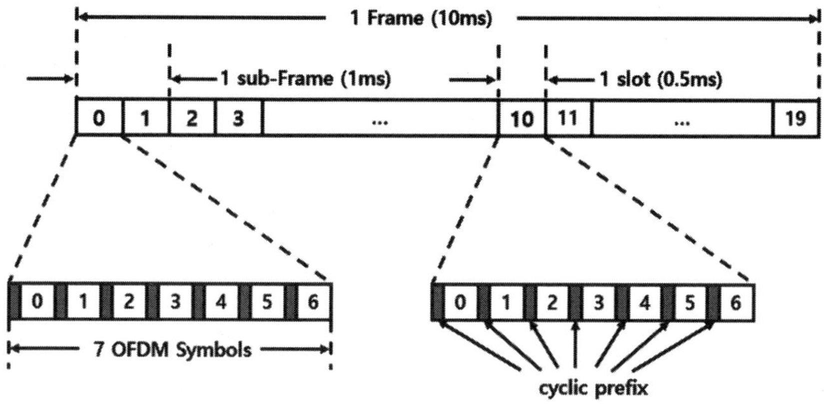

그림 8-20 LTE-R 순방향 프레임 구조

LTE-R 순방향 대역폭은 10 MHz를 이용하며 이론상 최대 Throughput은 대역폭에 따른 Resource Block(RB) 수, RB 당 서브 캐리어 수, 변조 방식에 따른 비트 수의 곱으로 구할 수 있다. LTE-R에서는 변조 방식과 코딩율을 조합한 29가지 MCS (Modulation Coding Selection) 조합이 있다. 실제 운용시 Throughput은 Primary Synchronization Signal(P-SS), Secondary Synchronization Signal(S-SS), Broadcast Channel(BCH), Physical Downlink Control Channel(PDCCH), 기준 신로에 쓰이는 비트 수를 빼고 계산해야 한다.

MCS 선택은 변조 방식과 코딩 방식별로 29가지를 제공하기 때문에 Transport Block Size(TBS) 계산하는 Look-up table은 3GPP TS 36.213에 기초하여 제작되었으며 MCS에 따른 TBS를 확인 후 채널대역폭에 따른 RB 수를 확인 후 Look-up table에서 TBS를 확인하여 MCS에 따른 이론상 최대 Throughput을 계산할 수 있다.

표 8-8은 LTE-R 순방향 MCS별 이론상 최대 Throughput을 보여 준다.

| 표 8-8 | LTE-R 순방향 MCS별 이론상 최대 Throughput

MCS	변조 방식	최대 데이터 속도(Mbps)	MCS	변조 방식	최대 데이터 속도(Mbps)
0	QPSK	1.384	15	16QAM	14.112
1	QPSK	1.8	16	16QAM	15.264
2	QPSK	2.216	17	64QAM	15.264
3	QPSK	2.856	18	64QAM	16.416
4	QPSK	3.624	19	64QAM	18.336
5	QPSK	4.392	20	64QAM	19.848
6	QPSK	5.16	21	64QAM	21.384
7	QPSK	6.2	22	64QAM	22.92
8	QPSK	6.968	23	64QAM	25.456
9	QPSK	7.992	24	64QAM	27.376
10	16QAM	7.992	25	64QAM	28.336
11	16QAM	8.76	26	64QAM	30.576
12	16QAM	9.912	27	64QAM	31.704
13	16QAM	11.448	28	64QAM	36.696
14	16QAM	12.96			

LTE-R 순방향의 서브 프레임 구조는 역방향의 서브 프레임 구조와 다르다. 역방향의 경우 그림 8-21와 같이 서브 프레임만 분할하여 사용한다. 역방향 또한 이론적

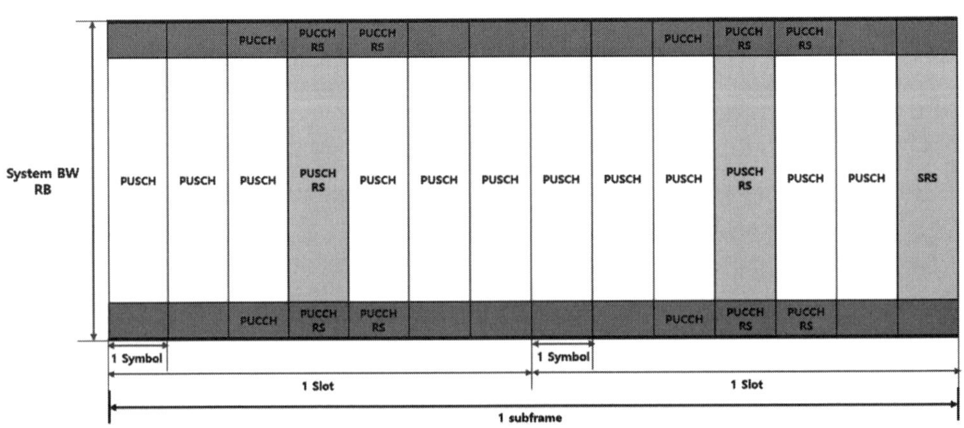

그림 8-21 LTE-R 역방향 프레임 구조

최대 Throughput 값을 순방향과 동일하게 계산할 수 있다. 실제로 운용 시 Throughput은 Physical Uplink Control Channel(PUCCH), PUCCH RS, PUSCH RS, Sounding Reference Signal(SRS)을 포함하는 오버헤드를 제외하고 계산하여야 한다. 표 8-8와 마찬가지로 역방향의 이론상 최대 Throughput 값은 표 8-9와 같다.

| 표 8-9 | LTE-R 역방향 MCS별 이론상 최대 Throughput

MCS	변조 방식	최대 데이터 속도(Mbps)	MCS	변조 방식	최대 데이터 속도(Mbps)
0	QPSK	1.384	15	16QAM	14.112
1	QPSK	1.8	16	16QAM	15.264
2	QPSK	2.216	17	16QAM	16.416
3	QPSK	2.856	18	16QAM	18.336
4	QPSK	3.624	19	16QAM	19.848
5	QPSK	4.392	20	16QAM	21.384
6	QPSK	5.16	21	64QAM	21.384
7	QPSK	6.2	22	64QAM	22.92
8	QPSK	6.968	23	64QAM	25.456
9	QPSK	7.992	24	64QAM	27.376
10	QPSK	8.76	25	64QAM	28.336
11	16QAM	8.76	26	64QAM	30.576
12	16QAM	9.912	27	64QAM	31.704
13	16QAM	11.448	28	64QAM	36.696
14	16QAM	12.96			

■ 무선링크 시뮬레이션 성능 분석

무선링크 성능 분석은 컴퓨터를 이용한 시뮬레이션 모델링 방법으로 비엔나 시뮬레이터는 Matlab 툴을 이용한 검증된 시뮬레이터로 알려져 있다.

고속으로 주행하는 열차의 무선 채널에 대한 채널 측정과 모델링 연구는 중국에서

평야, 산악, 계곡, 플랫폼에서의 다경로 페이딩 특성과 직접파가 존재하는 라이시안 채널을 측정한 사례가 있다. 이 사례 연구에서 개활지에서는 채널 모델은 표 8-10과 같다. 그리고 터널 구간에서는 직접파가 존재하므로 라이시안 채널 모델을 적용하며 K-factors는 평균 5 dB 정도로 추정하였다. 무선링크 시뮬레이션 모델은 그림 8-22와 같으며 송신 신호 생성 모델, 변조 모델, 페이딩 채널 모델과 복조 모델로 구성되며 송신 신호와 복조된 신호를 비교하여 패킷 에러율(PER) 또는 Data Througput을 분석한다.

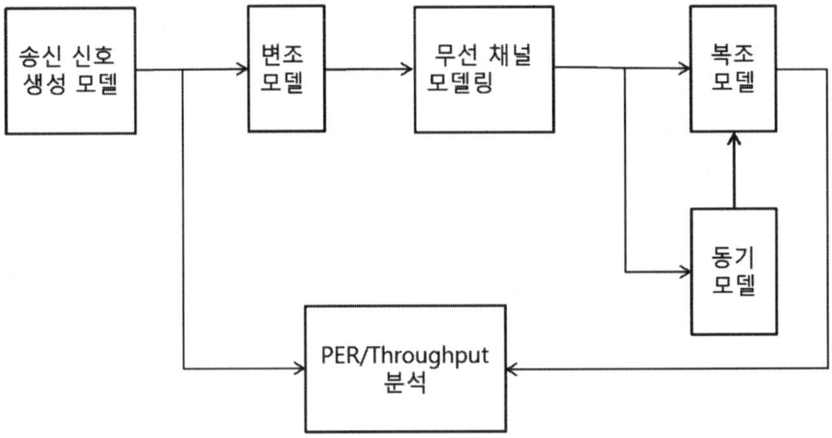

그림 8-22 무선링크 시뮬레이터 모델

표 8-10 다경로 페이딩 채널 모델

Tap 수	시간 지연(ns)	평균 이득(dB)
1	0	0
2	300	–7.6
3	600	–22

순방향 링크 분석은 SINR값이 가변함에 따라 최대 Throughput 값을 가지는 MCS와 100, 300, 420 km/h 속도에 대하여 진행하였다. QPSK와 16QAM 경우 속도와 무관한 성능 특성을 보인다. 그러나 64QAM 경우는 성능 저하가 현저하게 일어나는 것을 확인하였다.

그림 8-23과 그림 8-24는 주행속도가 증가함에 따른 순방향 링크의 전체 Throughput과 MCS별 Throughput에 대한 시뮬레이션 결과를 보여 준다. 속도가 증가함에 따라 Throughput이 감소하는 것은 QPSK와 16QAM 경우 속도에 영향을 받지 않으

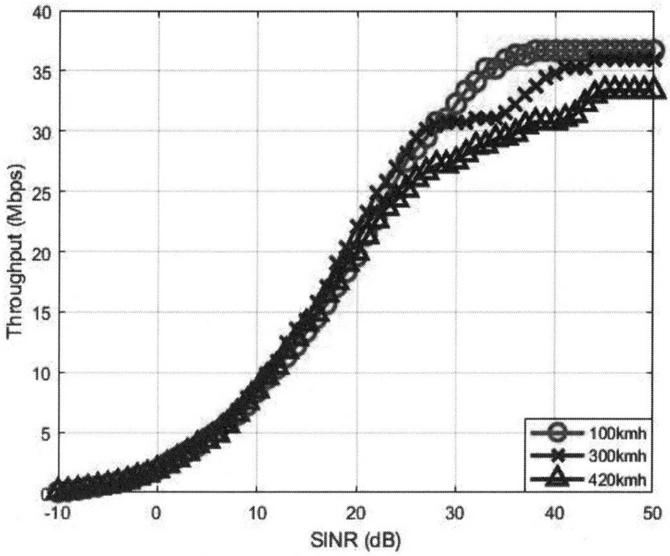

그림 8-23 순방향 무선링크 Throughput 성능

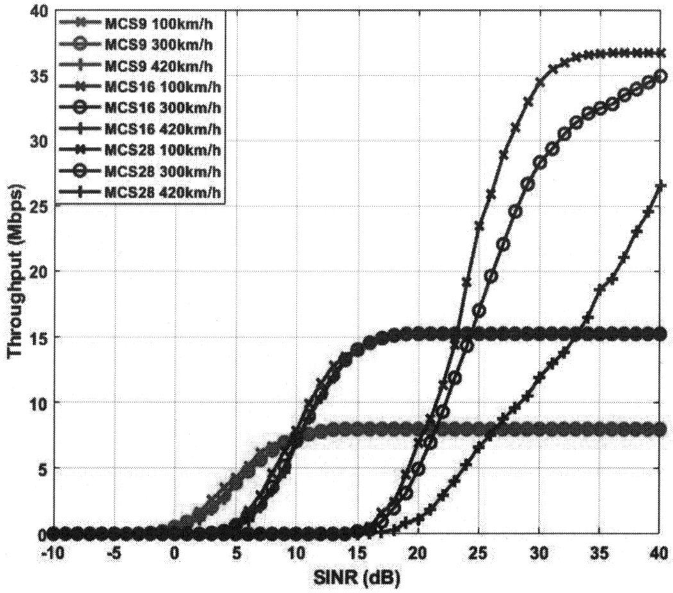

그림 8-24 열차 속도와 MCS 별 순방향 무선링크 Throughput 성능

나 64QAM 경우는 성능 저하가 발생하기 때문이다.

그림 8-25과 그림 8-26은 주행속도가 증가함에 따른 역방향 링크의 전체 Throughput과 MCS별 Throughput에 대한 시뮬레이션 결과를 보여 준다. 역방향 링크에서도

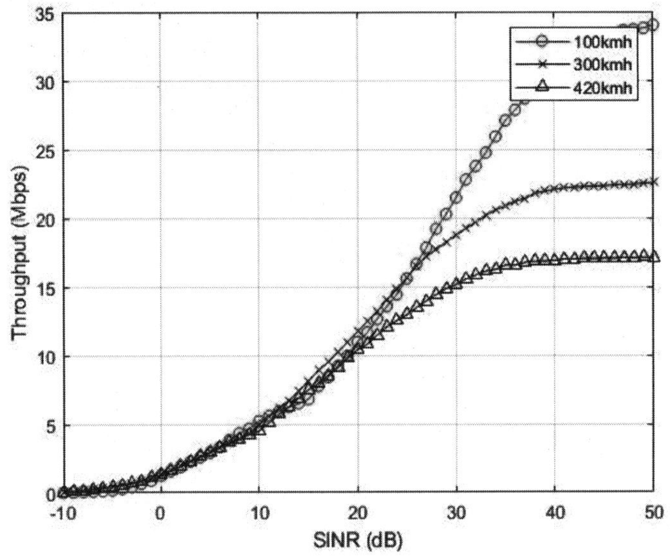

그림 8-25 역방향 무선링크 Throughput 성능

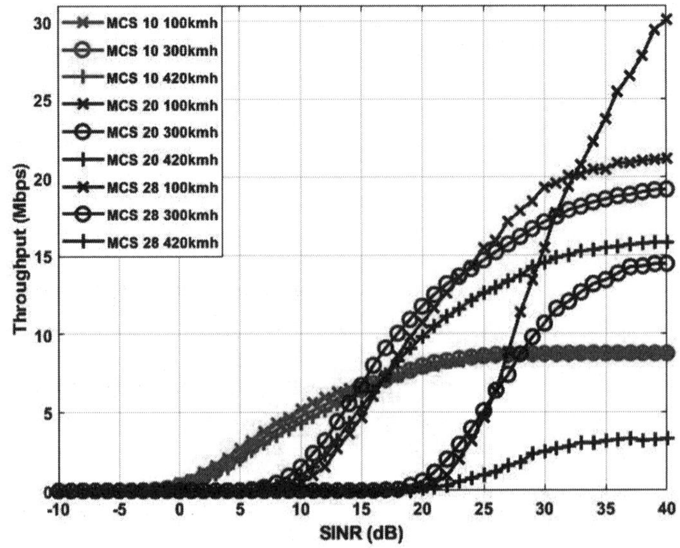

그림 8-26 열차 속도와 MCS 별 역방향 무선링크 Throughput 성능

64QAM 경우는 속도가 증가함에 따라 성능 저하가 크게 발생하는 것을 확인하였다.

■ 계측기를 통한 무선링크 성능 평가

열차가 고속으로 주행하는 환경에서의 무선링크 성능을 분석하는 방법으로 계측기를 사용할 수 있다. 그림 8-27은 Rodhe Schwarz 사가 제공하는 LTE 기지국 시뮬레이터 CMW 500 장비와 500 km/h 속도까지 채널 시뮬레이터 AMU 200A를 이용한 시험 환경을 보여 준다. 페이딩 채널 시뮬레이터는 무선통신 주파수 대역과 열차주행 속도, 그리고 페이딩 시간 지연(Delay Spread), 신호 감쇄 정보를 세팅할 수 있다.

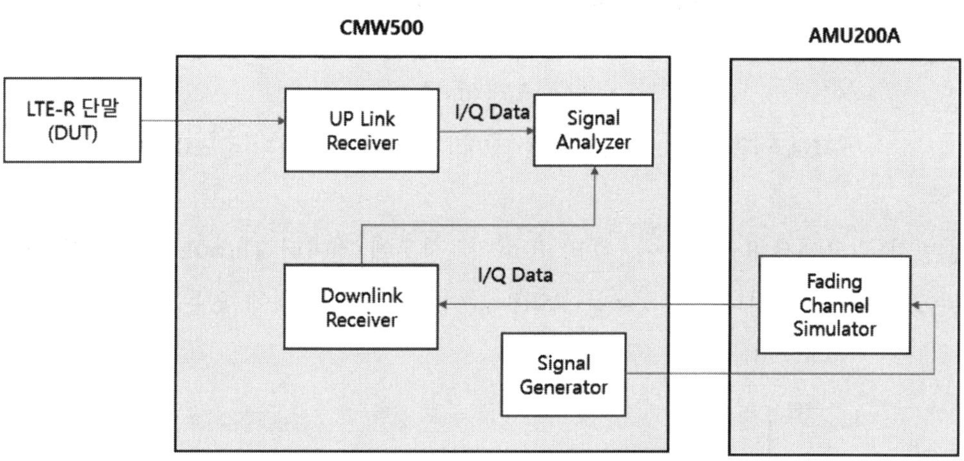

그림 8-27 계측기를 이용한 고속 페이딩 시험 환경 구축

순방향 링크에서 RSRP 값이 −80 dBm 인 경우에 대하여 데이터 Throughput을 분석한다. 이 경우는 RSRP 값이 충분히 큰 경우를 말하며 무선 셀의 중심 부근에 있다는 것을 의미한다. 이 조건에서 열차 속도가 100 km/h에서 500 km/h 까지 가변하는 경우 QPSK, 16QAM, 64QAM 변조 방식의 데이터 Throughput 측정 결과는 그림 8-28와 같다.

QPSK와 16QAM 경우는 이동 속도에 큰 영향을 받지 않지만 64QAM 경우는 데이터 속도가 현저하게 감소하는 것을 보여 준다. 즉, 고속 이동시 64QAM 의 데이터 속도가 감소하므로 이는 순방향 링크의 Throughput 감소가 현저히 나타나는 것을 알 수 있다.

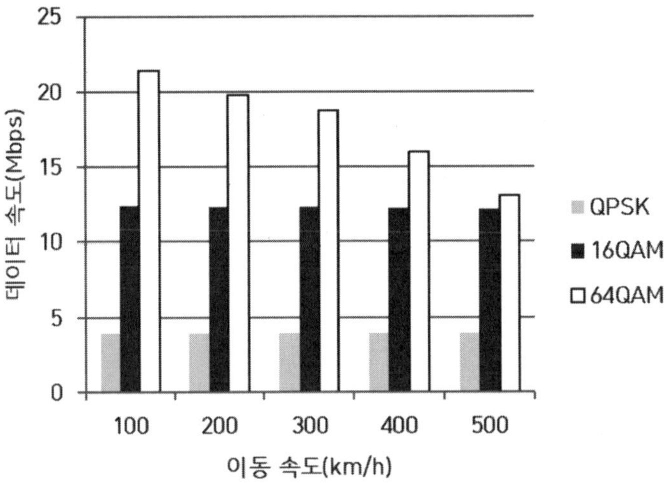

그림 8-28 고속 이동에 따른 데이터 Throughput(RSRP = −80 dBm)

순방향 링크에서 RSRP 값이 −110 dBm 인 경우에 데이터 Throughput 측정 결과는 그림 8-29와 같다. 이 경우는 RSRP 값이 무선 셀 에지에 있는 경우를 의미한

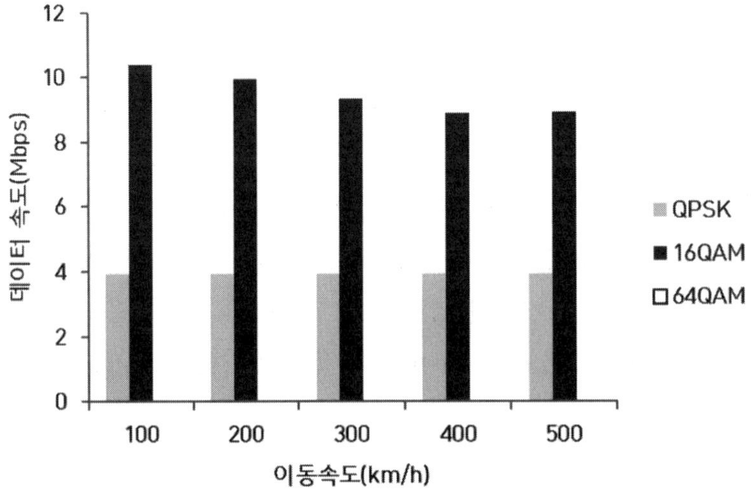

그림 8-29 고속 이동에 따른 데이터 Throughput(RSRP = −110dBm)

다. 페이딩 시뮬레이터에서 열차 속도가 100 km/h에서 500 km/h까지 가변하는 경우 QPSK, 16QAM, 64QAM 변조 방식의 데이터 Throughput를 측정한 결과 QPSK은 이동속도에 무관하지만 16QAM 경우는 이동속도에 따라 Throughput이 감소하며 64QAM 경우는 수신 SNR 값이 적으므로 64QAM이 동작하지 않음을 보여 준다.

■ 시뮬레이션 결과 고찰

700 MHz 주파수 대역을 사용하는 LTE 무선통신시스템은 규격에서 최대 이동 속도가 350 km/h를 제시하고 있으므로 열차 주행속도가 350 km/h 이상인 조건에서 LTE-R 무선링크의 성능 영향을 분석하였다. 계측기와 비엔나 시뮬레이터를 이용하여 무선링크 성능을 분석한 결과 QPSK, 16QAM 변조 방식에서는 성능의 영향이 미미하지만 64QAM 방식은 이동 속도에 영향이 크다는 것을 확인하였다.

이러한 성능 분석을 통하여 열차의 이동 속도가 증가함에 따른 정량적인 무선링크의 평가 방법을 제시하였으며, 무선망 구축을 위한 Cell Planning 시뮬레이션과 핸드오버 최적화 시뮬레이션의 입력 파라미터로 활용이 가능하다.

무선링크 시뮬레이션이나 계측기를 이용한 성능 분석은 특정한 조건에서의 결과이다. 실제 무선 채널 환경에서는 시스템과 무선 채널에서의 추가적인 열화가 발생할 수 있음을 고려해야 한다.

요약

- 무선링크 시뮬레이션 모델링은 송신 신호 생성 모델, 변조 및 복조 모델, 그리고 무선 채널 모델로 구성이 된다.
- 무선링크 시뮬레이션 모델링과 성능 분석은 C 언어나 상용 Tool을 사용할 수 있으며, Matlab 또는 Simulink Tool은 모델링이 정확하고 결과에 대한 그래픽 가시화가 뛰어나다.
- 무선링크 시뮬레이션의 성능 분석결과에 대한 검증은 가우시안 잡음 환경(AWGN)에서 이론적인 성능 결과와 동일한지 비교함으로 이루어진다.
- 무선링크 성능 분석은 연속적인 통신(서킷 통신)은 비트 에러율(BER)을 분석하고, 불연속적인 통신(패킷 통신)은 패킷 에러율(PER)을 분석한다.
- 성능 분석을 하는 대상에 따라서 성능 기준이 다를 수 있다. 예를 들어, 변조방식과 채널 코딩 방식의 성능 기준은 비트 에러율이지만, 패킷 프레임 동기는 검출 확률 또는 오율(False Alarm)이고, 비트 동기는 동기 획득 시간과 타이밍 오차가 된다.
- 무선링크 시뮬레이션은 개발하는 시스템의 성능을 분석하여 서비스의 요구사항을 만족하는지를 평가할 수 있다. 그리고 무선통신망 구축에 필요한 링크 버짓 파라미터 입력에도 활용이 된다.

참고문헌

[1] Giordano, Arthur A., and Allen H. Levesque. Modeling of digital communication systems using SIMULINK. John Wiley & Sons, 2015.

[2] Oh, Hyun Seo, and Do Wook Kang. "Performance analysis on channel estimation with antenna diversity of OFDM reception in multi-path fast fading channel." Wireless Personal Communications 103.3 (2018): 2423-2431.

[3] 권유철, 최준성, 오현서, 김성철 "열차 고속 주행환경에서 LTE-R 무선통신시스템 성능 분석." 한국전자통신학회 논문지 17.4 (2022): 587-594.

[4] Azad, Abul. "Teaching Of Digital Modulation Techniques Using A Simulation Environment." 2005 Annual Conference. 2005.

[5] Ndujiuba, Charles U., Oluyinka Oni, and Augustus E. Ibhaze. "Comparative analysis of digital modulation techniques in LTE 4G systems." Journal of wireless Networking and Communications 5.2 (2015): 60-66.

[6] L. Liu, C Tao, T Zou, T Zao, X Yin, H Chen, "A highly efficient channel sounding method based on cellular communications for high-speed railway scenarios." Journal on Wireless Communications and Networking, vol. 307, no. 1, Oct. 2012, pp. 1-16.